变形原子核结构与性质的理论研究

图　雅　著

科学出版社

北　京

内 容 简 介

本书阐述了研究变性原子核结构与性质的常见理论模型，包括 Hartree-Fock 方法、总罗斯面(TRS)方法、投影壳模型、反射不对称壳模型，以及我们近年来建立并发展起来的两种模型，即基于投影壳模型的位能面理论(PTES)和投影后变分(VAP)方法，讨论了这些理论的优缺点；阐明了我们发展新模型的重要性；并将这些理论应用在手征双重带、摇摆运动、旋称反转、八极形变核、超重核、同核异能态等核结构前沿热点问题，阐明了角动量投影相关的超越平均场效应在描述核结构问题中的重要性. 本书研究内容对于丰富核结构，尤其是核形变研究的理论体系具有重要的科学意义，为今后的相关实验工作具有一定的指导作用. 本书结构紧凑、体系完整、内容前沿，具有较好的科学意义.

本书可作为高等院校相关专业本科生、研究生、教师的教材和参考书.

图书在版编目(CIP)数据

变形原子核结构与性质的理论研究/图雅著. —北京：科学出版社，2017.9
ISBN 978-7-03-054457-5

Ⅰ. ①变… Ⅱ. ①图… Ⅲ. ①核结构–研究 Ⅳ. ①O571.21

中国版本图书馆 CIP 数据核字(2017) 第 221847 号

责任编辑：钱 俊 周 涵／责任校对：邹慧卿
责任印制：张 伟／封面设计：迷底书装

科学出版社出版
北京东黄城根北街 16 号
邮政编码：100717
http://www.sciencep.com
北京盛通商印快线网络科技有限公司 印刷
科学出版社发行 各地新华书店经销

2017 年 9 月第 一 版 开本：720 × 1000 B5
2019 年11月第三次印刷 印张：10 3/4
字数：217 000

定价：68.00 元

(如有印装质量问题，我社负责调换)

前　言

原子核是一个多体量子体系, 有多种因素决定原子核的形状, 如原子核作为液滴时的表面张力、质子间的库仑排斥力、转动引起的离心力及微观壳修正等因素, 都使得原子核大都不能呈球形. 原子核形状一直是核结构研究的一个重要内容. 随着现代实验技术的发展, 人们有可能观测到原子核高自旋态更细致的结构, 因此理论上也要不断深入研究, 才能对原子核的形状更准确地描述. 全面了解原子核形状是要靠理论和实验共同的努力.

本书是著者在从事近 20 年核形变相关的核结构理论研究基础上编写的, 全书共 8 章, 具体内容包括: 引言, 变形原子核的研究现状, 总罗斯面 (TRS) 位能面理论及其应用, 投影壳模型 (PSM)/反射不对称壳模型 (RASM) 及其应用, 基于投影壳模型的位能面理论 (PTES) 及其应用, ^{178}Hf 同核异能态的描述, 超重核结构与性质的理论研究, 投影后变分方法在时间反演不对称的平均场中的应用. 这些研究内容不仅包含了研究变形原子核结构与性质的常用理论模型的介绍, 也比较了它们的优缺点, 更是应用到了三轴超形变、手征双重带、摇摆运动、旋称反转、八极形变核、同核异能态、超重核等核结构前沿热点问题, 理论计算的结果与实验数据的比较以图表的形式给出. 阅读本书绝大部分内容, 需具有一般的原子核物理知识和量子力学基础知识.

在本书编写的过程中, 研究生何艳查阅和整理了大量的文献资料. 本书的出版得到国家自然科学基金 (编号：11047171, 11305108)、沈阳师范大学优秀科技人才计划项目, 辽宁省博士启动基金项目和辽宁省“百千万人才工程”资助项目的支持, 在此一并表示感谢.

由于著者水平有限, 书中难免有缺点和不妥之处, 敬请同行专家和读者批评指正.

著　者

2017 年 6 月

目　　录

第1章 引 言

原子核形状一直是核结构研究的一个重要内容. 随着现代实验技术的发展, 人们有可能观测到原子核高自旋态更细致的结构, 因此理论上也要不断深入研究, 才能对原子核的形状作更准确的描述. 全面了解原子核形状要靠理论和实验的共同努力.

起初, 对幻数核的研究表明, 原子核可以认为是球形的; 后来, 在远离幻数核区, 发现了大量的类似于分子转动带的核谱, 并称之为原子核转动带, 人们相信这是由于原子核发生了形变引起的. 1986 年实验第一次发现了其长短轴之比为 2:1 的原子核, 即超形变原子核, 理论上又预言了巨超形变稳定岛的存在, 尚无可靠实验证据. 这些原子核都是轴对称且反射对称的. 然而, 对于有些原子核, 它的形状不拘泥于轴对称形式. 例如, 在以 Xe-Ba-Ce 为中心的核区, 就形成了一个典型的三轴形变岛. 有许多有趣的现象均与三轴形变有关, 如原子核的 γ 带、旋称劈裂和反转、手征二重带、原子核的摇摆运动等. 尤其在 2001 年发现了摇摆运动的实验证据后, 说明了高速转动的原子核确实存在轴对称破缺, 存在稳定的三轴形变. 另外, 有些原子核, 其形状却不具有反射对称性, 被解释为八极形变核, 反映出这些原子核的形状具有反射不对称性. 还有一种原子核, 其形状既不具有轴对称性也不具有反射对称性. 例如, 对 96~108 号元素的反射不对称壳模型计算表明, 非轴对称–八极 (Y_{32}) 关联对重核甚至超重核都非常重要, 当考虑 Y_{32} 关联时, 反射不对称壳模型计算能够非常好地描述 $N = 150$ 的同中子异位素链实验所发现的低能 2^- 带 [7]. 2016 年, 王守宇等发现了 ^{78}Br 核有两对宇称相反的手征双重带和它们之间的电偶极跃迁, 证实多重手征双重带之间存在八极关联. 有的原子核甚至还是超形变原子核. 例如, 最近实验第一次表明, ^{164}Lu 三轴超形变核可能同时具有反射不对称性. 除此之外, 原子核可能还具有更加奇特的形状, 如“土豆”形、“香蕉”形等, 然而这些形状却尚无可靠的实验证据. 寻找并研究原子核的奇特形变, 无论是对于理论还是实验, 都是一个十分有趣的课题.

目前, 理论上已经发展了不少模型用于研究原子核的形状. 最常用的理论方法有平均场理论和推转壳模型 (CSM). 实践证明, 该类方法对原子核结构性质能够给出合理的描述. 例如, Hartree-Fock 平均场理论, 采用变分原理成功地描述了原子核基态的性质. 在 Hartree-Fock 方法中形变作为一种约束条件引入, 即约束 HF 近似 (Constrained Hartree-Fock). 它更主要是用来描述原子核结合能随着核形状变化的问题. 这两种方法致命的缺点是角动量不是好量子数 (除了球形平均场外), 比如 CSM 的计算对应的是转动频率这个经典概念. 然而对原子核形状与角动量之间关系的研究一直是核物理中的一个有趣的课题, 尤其对形变较软的原子核, 具有守恒角动量的理论计算意义重大. 投影壳模型 (PSM) 和反射不对称壳模型 (RASM) 可以通过角动量投影技术恢复被破坏的转动对称性, 该类方法成功地描述了典型的正常形变区 (稀土区) 的能谱, 甚至相当好地描述了原子核的超形变态、三轴形变态和八极形变态等 (孙杨、高早春、陈永寿等的工作), 其显著的优点是理论和实验可以直接比较, 物理图像十分自然且清晰. 然而, 现有的 PSM 和 RASM 计算中, 形变是固定的, 是为了拟合实验数据人为给出的. 因此, 该类模型得出的结果因所采用的形变参数不同而不同, 这将限制该理论的理论预言性. 而位能面理论可以自洽地给出原子核的形变, 而且较重原子核形状的描述一般采用位能面理论. 目前, 位能面计算主要基于推转壳模型 (如 TRS 方法). 实践证明, 在大多数情形下, 该方法可以很好地描述原子核的形变. 然而它致命的缺点也是显而易见的. 与 CSM 方法一样, 在 TRS 方法中推转角频率作为一个经典力学概念, 去描述原子核这一量子多体体系, 有时可能会出现一些偏差. 例如在三轴形变下, 作为一个量子体系, 原子核的转动轴取向比较复杂, 这时我们就无法给这类态定义一个固定转动轴, TRS 方法关于固定转轴的基本假定变得不合理. 因此, 理论上需要进一步发展位能面理论, 以便更准确、更合理地描述原子核这个量子体系的形变. 我们认为, 在上述情形下, 如果摈弃固定转动轴以及转动频率这个经典概念, 而直接采用完全量子的理论去描述原子核的转动和形变, 事情可能会得到解决. 投影壳模型 (PSM) 正是这样一个量子理论, 该理论能给出角动量为好量子数的核态, 并成功地描述了原子核多方面的性质. 我们期望发展一种基于投影壳模型的计算核形变的理论, 能够计算一定角动量和宇称核态的实验室系总能的位能面, 从而给出原子核更合理的形变. 最近, 我们建立了基于投影壳模型的位能面理论, 简称 PTES(Projected Total Energy Surface), 编写了相应的计算程序. 应用于不同核区代表原子核的转动带结构和形变的计算和研究, 结果说明, 本理论是描述高速转动原子核的有效方法. 实践表明, PTES 理论比常用的 TES 理论能更合理和自然地给出核形变随角动量的变化. 无论是 PSM/RASM 理论还是 PTES 理论, 它们的共同点是通过投影技术把原来被破坏的对称性 (如转动对称性和反射对称性) 恢复过来, 这样做不仅理论计算值可以直接与实验值进行比较, 更重要的是考虑了与角动量投影和宇称投影对应的超越平均场效应. 我们的计算表明超越平均场效应, 尤其是角动量投影对应的超越平均场效应对原子核的三轴形变影响特别大. 最近, 我们还发展了新的投影后变分 (VAP) 方法. 原则上, 在 HFB 真空态的基础上做所有被破坏的对称性投影, 就可以得到与壳模型基本一致的结果. 但是我们的计算表明, 在与壳模型做近似时, 只考虑角动量投影就可以得到足够好的壳模型近似值. 另外, 为了使该理论应用到所有的原子核, 即包括偶偶核、奇-A 核和奇奇核, 我们还对 HFB 真空态的时间反演对称性进行了破缺. 实践表明, 我们的 VAP 方法不仅能很好地近似壳模型能量, 也可以很好地近似其他实验可观测量, 如 $B(E2: I \to I-2)$.

同核异能态是原子核的一种长寿命激发态. 由于其较高的激发能, 同核异能态退激可以释放出很大的能量, 尤其对于某些很长寿命的同核异能态可以作为理想的储能介质, 被认为有巨大的潜在应用前景, 例如, 研发新的能量储存技术、高能 γ 激光等. 因此, 掌握原子核同核异能态的形成, 激发和退激机制成为当今核科学研究的新挑战之一. 同核异能态的研究也一直是核结构的前沿领域, 也是各国争相研究的热点课题. 其中, 对 ^{178m2}Hf(16^+) 态的研究最为引人注目. 它不仅有很长的寿命 (31 年), 而且也有很高的激发能 (2.4MeV), 是理想的储能介质. 然而迄今为止, ^{178m2}Hf 的生产和退激机制还没有得到最终解决. 作为 PTES 理论的一个重要应用, 我们将研究特殊激发态 – 同核异能态的形变和结构, 探索 ^{178m2}Hf 的可能退激途径.

长寿命超重元素的存在, 即“超重岛”, 是核物理重要的理论预言之一. 因此, 寻找该“超重岛”成为当今核科学的一个重要目标. 在过去的十几年里, 科学家们在新元素的合成方面做了大量的工作, 取得了重要的进展, 并在 2016 年对新发现的 113, 115, 117 和 118 元素进行了命名.“超重岛”的存在及其位置与原子核单粒子结构有着密切的关系. 因此, 与元素合成实验一样, 核谱学实验研究在寻找“超重岛”的工作中也非常重要. 然而至今为止, 关于超重核结构的信息几乎没有找到. 所以人们建议, 通过研究超锿核区原子核, 尤其是通过研究它们的激发态结构可以获得关于超重核单粒子结构有用的信息. 束内光谱学和 α 衰变或同核异能态衰变对应的光谱学已用来研究 $Z \approx 100$ 和 $N = 150 \sim 160$ 核的结构, 并积累了大量的实验数据. 这些核实际上不是真正的超重核, 但是它们就在超重核区的门口 (Gateway), 并且实验发现它们具有较大、较好的形变. 例如, 实验提取的四极形变参数为 $\beta = 0.25 \sim 0.30$. 由于形变效应, 对“超重岛”的位置较重要的球形子壳中的单粒子轨道可能将接近这些超锿核的费米面, 因此研究这些变形的超锿核可能给超重核的结构研究提供一个间接手段. 超锿核区得到的这些所有实验数据将对超重核理论提供重要的约束. 我们将采用 PTES 方法和 TPSM 方法对 $Z = 100$ 核的 Yrast 带和它们的 γ 自由度进行系统的分析, 主要讨论同时考虑角动量投影和形状变化的情况对 $Z = 100$ 核转动带的性质带来什么样的影响.

本书第 2 章将主要介绍变形原子核的研究现状; 第 3 章将介绍 Hartree-Fock 方法和 TRS 位能面理论及其应用; 第 4 章将介绍投影壳模型、三轴投影壳模型和反射不对称壳模型及其应用; 第 5 章将介绍基于投影壳模型的位能面理论 (PTES) 及其应用, 并将其与其他方法进行比较, 讨论它们各自的优缺点; 第 6 章将应用 PTES

理论研究 ^{178}Hf 带结构及其同核异能态, 并通过进一步分析, 将探索其可能的退激途径; 第 7 章将应用 PTES 理论研究超重原子核 Yrast 带的基本性质; 第 8 章将介绍新发展的投影后变分方法及其应用.

第2章　变形原子核的研究现状

2.1　变形原子核概述

原子核是一个多体量子体系, 有多种因素决定原子核的形状, 如原子核作为液滴时的表面张力、质子间的库仑排斥力、转动引起的离心力及微观壳修正等因素都使得原子核大都不能呈球形. 随着对原子核结构理论研究的不断深入, 人们对原子核的形状有了越来越全面的了解. 起初, 对幻数核的研究表明, 原子核可以认为是球形的; 后来, 在远离幻数核区, 发现了大量的类似于分子转动带的核谱, 并称之为原子核的转动带, 人们相信这是由于原子核发生了形变引起的. 对于相当多变形核, 采用轴对称且反射对称的形变去描述它们的低激发转动带已经足够了.

在这类形状最简单的原子核中, 却出现了一类独特的原子核态 —— 超形变 (Super-Deformed, SD) 态, 其长短轴比接近 2:1 (长轴为对称轴). 相对于超形变而言, 形变较小的原子核就称为正常变形 (Normal-Deformed, ND) 核. 早在 1962 年, Polikanov 等就获得了 ^{242}Am 的裂变同核异能态 (Fissin Isomeric State) ^{242m}Am[3], 它具有大的形变、较低的角动量和较长的寿命, 稍后, 它被解释成由于壳效应所造成的形变态, 原子核处于势能面上第二个谷. 但直到 1986 年 Twin 等才第一次从实验上找到了分离的超形变转动谱, 如图 2.1 所示 ^{152}Dy 的 SD(1) 带的发现 [4], 核结构领域掀起了一股研究超形变核的热潮. 之后的 20 年里, 原子核超形变带的发现如雨后春笋般不断涌现出来, 它们主要集中在 $A \sim 190, 150, 130, 80, 60$ 核区.

可是对于有些原子核, 它们的形状不拘泥于轴对称形式. 例如, 在以 Xe-Ba-Ce 为中心的核区, 就形成了一个典型的三轴 (Triaxial) 形变岛. 有许多有趣的现象均与三轴形变有关, 如旋称劈裂 (Signature Splitting) 和反转 (Signature Inversion)、手征二重带 (Chiral Bands)、原子核的摇摆运动 (Wobbling Motion) 等. 原子核三轴形变已经成为当前核结构研究的热点课题之一.

有些原子核, 其形状却不具有反射对称性. 早在 20 世纪 50 年代, Berkeley 研究小组就首先发现了偶偶核 Ra, Th 有很低的负宇称激发态 [5, 6]. 它们的宇称是通过测量内转换系数和角关联确定的. 进一步的实验表明, 这类负宇称态组成一条自旋为 $1, 3, 5, \cdots$ 的转动带, K 量子数是通过测量 1^- 态到基带的 0^+ 与 2^+ 态的 E1 跃迁分支比确定的, 该比值与假定 $K = 0$ 所得比值非常一致. 由于这些带的 K 量子数为零, 并且由于这些带的能量远低于两准粒子带应有的能量, 它们被解释为八极 (Octupole) 振动带甚至八极形变带, 反映出这些原子核的形状具有反射不对称性. 典型的八极形变核主要集中在 $A\sim220$ 和 140 核区. 研究预言重核, 甚至超重核的结构, 核天体物理中八极形变都起着非常重要的作用, 八极形变越来越成为核结构研究的热点.

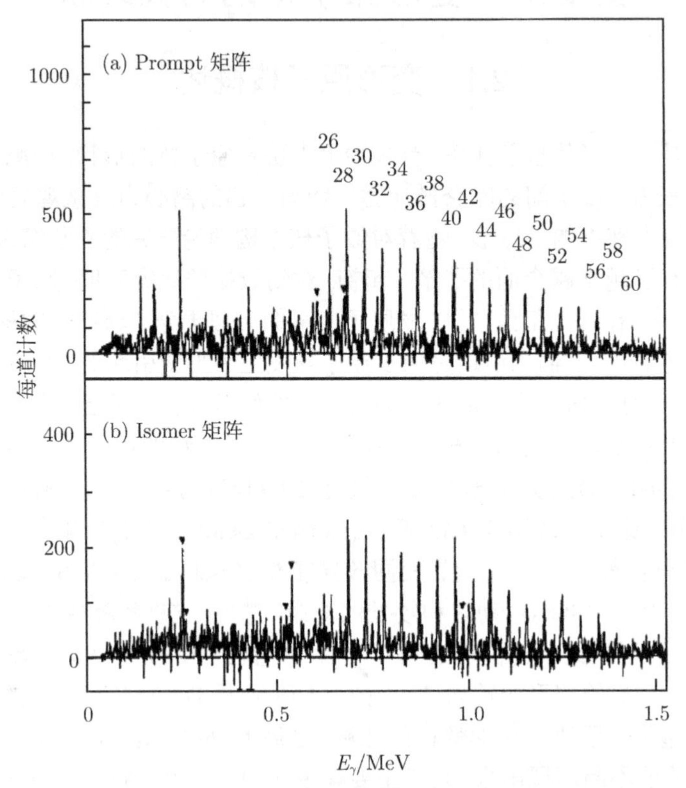

图 2.1　通过 ^{108}Pd(^{48}Ga, 4n)^{152}Dy 得到的第一条超形变转动谱

还有一种原子核, 其形状既不具有轴对称性也不具有反射对称性, 例如, 对 96~108 号元素的反射不对称壳模型计算表明, 非轴对称–八极 (Y_{32}) 关联对重核甚至超重核都非常重要, 当考虑 Y_{32} 关联时, 反射不对称壳模型计算能够非常好地描述 $N=150$ 的同中子异位素链实验所发现的低能 2^- 带 [7]. 2016 年, 王守宇等发现了 ^{78}Br 核有两对宇称相反的手征双重带和它们之间的电偶极跃迁, 证实多重手征双重带之间存在八极关联 [8]. 有的原子核其形状既不具有轴对称性也不具有反射对称性, 而且还是超形变原子核. 例如, 最近实验第一次表明 ^{164}Lu 核三轴超形变带态具有反射不对称性 [9].

除此之外, 原子核可能还具有更加奇特的形状. 例如, 一般认为 ^{12}C 的基态是一个 3α 集团结构, 从整体上看 ^{12}C 就是一个三角形. 然而, 对于中等质量及其以上的原子核, 实验上至今还没有找到这些更加奇特形变的证据. 理论上人们还预言了较重原子核可能有“土豆”形、“香蕉”形等更奇特的形状, 但是这些形状也尚无可靠的实验证据.

寻找并研究原子核的奇特形变, 无论是对于理论还是实验, 都是一个十分有趣的课题. 有关这方面的研究进展将在第 2.3 节中做简要介绍.

2.2 原子核形状的描述

原子核作为质子和中子的集合, 本来没有确定的边界和形状. 但是由于核内核子的分布具有中间比较均匀而边界上仅有一较薄的弥散层的特点, 因此可以近似地把原子核看成一块具有一定大小和形状的核物质, 外包一层薄皮 (弥散层). 为了对原子核的形状有一个直观的认识, 我们首先讨论一下如何描述原子核的各种形状. 在许多应用中, 核表面可以按照球谐函数展开

$$R(\Omega) = c(\alpha)R_0\left[1+\sum_{\lambda=2}^{\lambda_{\max}}\sum_{\mu=-\lambda}^{\lambda}\alpha_{\lambda\mu}Y^*_{\lambda\mu}(\Omega)\right], \tag{2.1}$$

其中, $c(\alpha)$ 由体积守恒条件决定, $R_0 = r_0A^{1/3}$, 上式右方应为一实数, 对每一 λ 有

$$\sum_{\mu=-\lambda}^{\lambda}\alpha^*_{\lambda\mu}Y_{\lambda\mu}(\Omega) = \sum_{\mu=-\lambda}^{\lambda}(-1)^{\mu}\alpha_{\lambda-\mu}Y_{\lambda\mu}(\Omega),$$

$$\alpha^*_{\lambda\mu} = (-1)^{\mu}\alpha_{\lambda-\mu}. \tag{2.2}$$

偶极形变 $\alpha_{1\mu}$ 通过将原子核的质心限定在本体坐标原点

$$\int_v r\mathrm{d}^3r = 0 \tag{2.3}$$

来确定. V 是 (2.1) 式表面包围的体积. 若原子核是轴对称的, 则所有 $\alpha_{\lambda\mu\neq0}$ 为零. 剩下的 $\alpha_{\lambda0}$ 通常被称为 β_λ,

$$\beta_\lambda \equiv \alpha_{\lambda0}, \tag{2.4}$$

由 (2.2) 式知, β_λ 必为实数. 对于四极形变, 应有 5 个自由形变参量 ($\alpha_{\lambda\mu\neq0}$ 是复数, 含两个参量), 可以将它们变换成 3 个 Euler 角及两个内部形变参量 (α_{20},α_{22}, 它们均取实数). 容易看出, 对于 2^λ 极形变, 应有 $2\lambda+1$ 个自由形变参量. 由于 $\alpha_{\lambda\mu}$ 总可以写成 $|\alpha_{\lambda\mu}|\mathrm{e}^{\mathrm{i}\phi_{\lambda\mu}}$, 代入 (2.1) 式会发现, $\phi_{\lambda\mu}$ 的作用是把 $|\alpha_{\lambda\mu}|$ 对应的核形变沿着实验室坐标的 z 轴转动了一个角度. 图 2.2 给出了 (2.1) 式确定的原子核四极 +

多极形变, 图中 $\alpha_{\lambda\mu}$ 均取实数, 对于图中的 α_{21} 形变, 可以用适当的 $\alpha_{20}+\alpha_{22}$ 形变组合通过一定的转动得到.

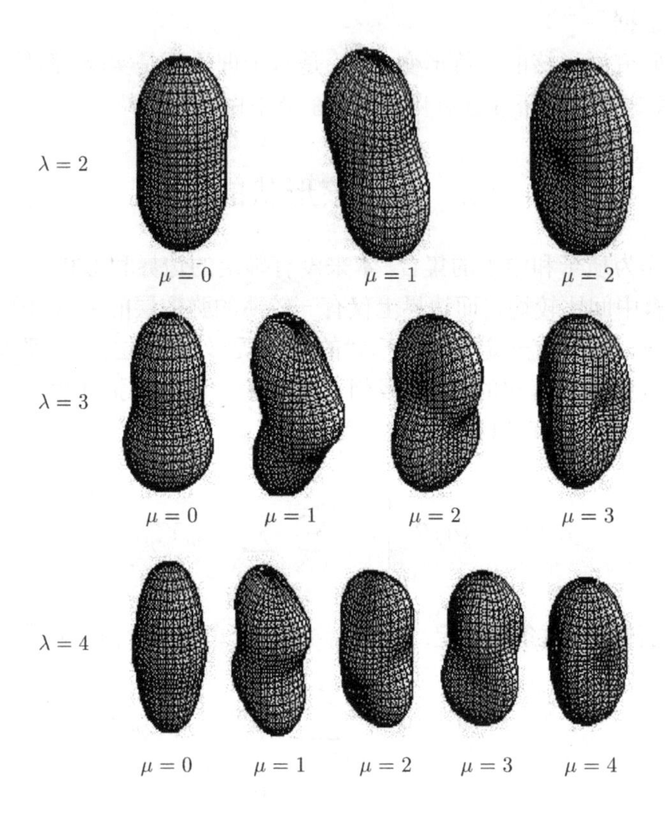

图 2.2　由 (2.1) 式决定的原子核的四极 + 多极形变. 所有形状的 $\beta_2=0.6$, $\alpha_{2\mu}=0.35(\mu\neq 0)$, $\alpha_{3\mu}=0.35$, $\alpha_{4\mu}=0.2$

对于修正的谐振子势 (MHO), 其形状由平均场的等势面决定:

$$R(\varOmega)=R_0/c(\varepsilon)\Bigg/\sqrt{1+\sum_{\lambda=2}^{\lambda_{\max}}\sum_{\mu=-\lambda}^{\lambda}a_{\lambda\mu}Y_{\lambda\mu}^{*}(\varOmega)}, \tag{2.5}$$

其中, $c(\varepsilon)$ 为体积守恒系数, $a_{\lambda\mu}$ 为形变参数, 有与 $\alpha_{\lambda\mu}$ 类似的性质. 图 2.3 给出了 (2.5) 式确定的原子核四极 + 多极形变, 比较图 2.2 和图 2.3 可以看出, 两者的形状是有差别的. 例如, 图 2.2 中的四极形变不是一个椭球曲面, 而图 2.3 中的四极形变是一个标准的椭球曲面.

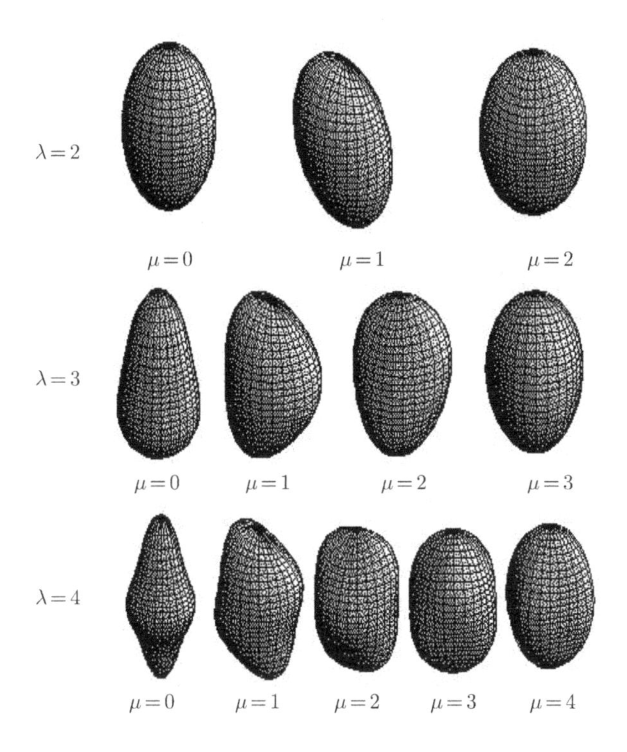

图 2.3 由 (2.5) 式决定的原子核的四极 + 多极形变. 所有形状的 $\alpha_{20}=-0.6$, $\alpha_{2\mu}=-0.35(\mu\neq 0)$, $\alpha_{3\mu}=-0.2$, $\alpha_{4\mu}=-0.2$

2.3 变形原子核的研究进展

2.3.1 原子核的超形变

幻数核为球形是由于壳效应的结果, 远离幻数的核具有稳定的形变也是由于壳效应的缘故, 同理, 高速转动的原子核可以变成稳定的超形变核, 除了高 j 转动准粒子轨道在超形变转动态的形成中起着很重要的作用以外, 最根本的原因还是壳效应 [10]. 所以说稳定的超形变原子核之所以存在, 是因为壳效应起了很重要的作用. 壳效应可以从最简单的谐振子模型来说明.

设核子在纯谐振子势中运动, 其哈密顿量为

$$h=\frac{1}{2m}\hat{p}^2+\frac{1}{2}\hbar(\omega_1 x_1^2+\omega_2 x_2^2+\omega_3 x_3^2), \tag{2.6}$$

则其能量本征值为

$$e(n_1,n_2,n_3)=\sum_{k=1}^{3}\hbar\omega_k\left(n_k+\frac{1}{2}\right), \tag{2.7}$$

这里, n_k 为节点量子数, ω_k 为谐振子频率. 对一个椭球, 其形状可以用形变参数 ε_2 和 γ 描述:

$$\omega_k = \omega_0\left[1 - \frac{2}{3}\varepsilon_2 \cos\left(\gamma + k\frac{2\pi}{3}\right)\right], \tag{2.8}$$

其中, ε_2 是四极形变参数, γ 是三轴形变参数. 如果我们把 X, Y, Z 长半轴分别取为 a, b, c, 则利用原子核体积守恒条件 $a\omega_1 = b\omega_2 = c\omega_3$ 可以得到 a, b, c 和 ε_2, γ 之间的关系. 即

$$\varepsilon_2 = \frac{\sqrt{9(bc + ac - 2ab)^2 + 27(bc - ac)^2}}{2(ab + ac + bc)},$$

$$\gamma = \arctan\left(\frac{\sqrt{3}(b - a)}{a + b - 2ab/c}\right),$$

且

$$a = Rf\left[\varepsilon_2 \cos\gamma + \sqrt{3}\varepsilon_2 \sin\gamma + 3\right]^{-1},$$

$$b = Rf\left[\varepsilon_2 \cos\gamma - \sqrt{3}\varepsilon_2 \sin\gamma + 3\right]^{-1},$$

$$c = Rf\left[3 - 2\varepsilon_2 \cos\gamma\right]^{-1},$$

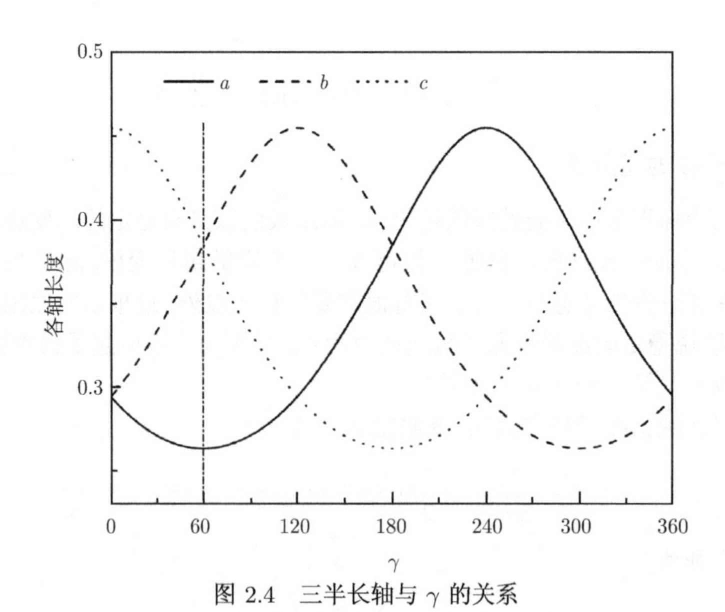

图 2.4　三半长轴与 γ 的关系

其中, $f=\left[-2\varepsilon_2^3\cos 3\gamma-9\varepsilon_2^2+27\right]^{1/3}$, R 是与椭圆有相等体积球形核的半径. 已发现的大多数变形核都是轴对称的 $(a{:}b=1{:}1)$, 即三轴形变 $\gamma=0°$. 对非轴对称核 $(\gamma\neq 0°)$, 三半长轴与 γ 的关系可以用图 2.4 来表示.

从图 2.4 可以看出, $0°\leqslant\gamma\leqslant 60°$ 便足以描述三轴形变原子核的所有 γ 形变. 将 (2.8) 式代入 (2.7) 式, 则有

$$\frac{e}{\hbar\omega_0}=\left(n_1+n_2+n_3+\frac{3}{2}\right)+\frac{\varepsilon_2}{3}\left[(n_1+n_2-2n_3)\cos\gamma+\sqrt{3}(n_1-n_2)\sin\gamma\right]. \tag{2.9}$$

对轴对称原子核, $\omega_1=\omega_2=\omega_\perp$, 并且 $\varepsilon_2=(\omega_\perp-\omega_3)/\overline{\omega}$. 可见, 轴对称谐振子的能量 e 是形变参量 ε_2 的线性函数, 因此图 2.5 中的单粒子能级随 ε_2 变化是一些直线. 图中箭头指向的形变参量值所对应的整数比为沿对称轴的半轴与垂直于对称轴的半轴比. 由图可见, 一定粒子数的闭壳能隙都出现在小整数半轴比的地方上. 在半轴比为 2:1 处, 存在着一系列的闭壳能隙, 它们决定了超形变的稳定性. 当然, 对于较真实的核势, 闭壳粒子数会不同于纯谐振子势, 但是超形变仍然出现在 2:1 附近. 所以说在一定程度上, 超形变是谐振子对称性的结果.

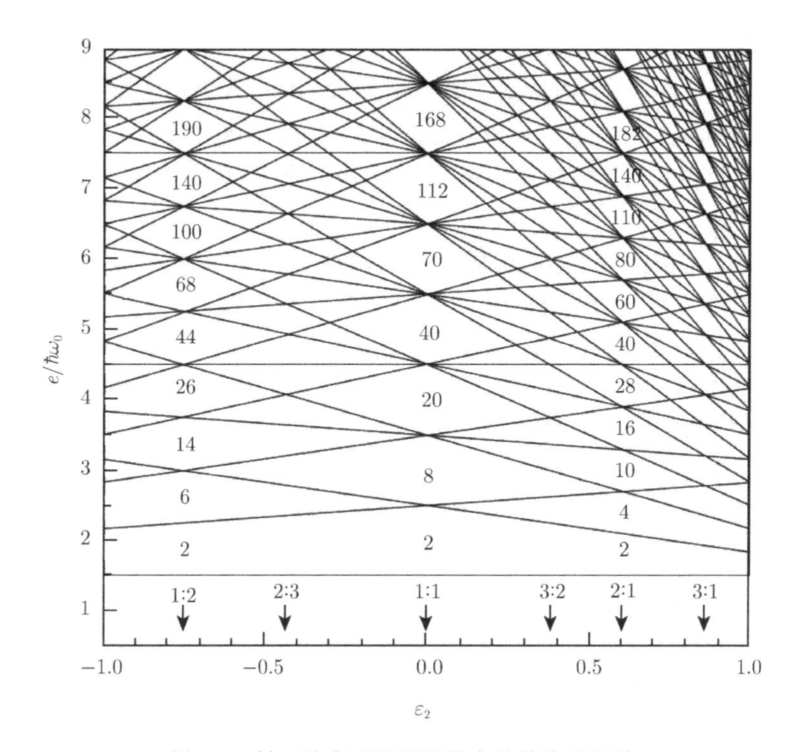

图 2.5　轴对称变形谐振子势中的单粒子能谱

实际上, 在计算位能曲面时, 在 2:1 处由于大能隙的出现, 壳修正能就会出现极小值, 决定了位能曲线在此处会出现第二个谷, 从而形成了双峰位垒的结构.

除了壳效应以外, 库仑能和转动能也都会驱使原子核的形状极度拉长. 对于锕系区重核, 质子之间强大的库仑排斥力消弱了第二位垒的高度, 当原子核处于第二个谷时, 便有裂变的趋势, 而转动会使原子核进一步拉长, 加剧这种裂变的趋势, 因此锕系区的超形变很难看到高自旋态. 这些处于裂变边缘的低自旋超形变态常被称为裂变同核异能态. 实际上, 由于第二位垒的隧道穿透效应, 实验观测的裂变同核异能态都是一些共振态.

相对于质量较轻的核, 库仑排斥效应较弱, 第二位垒很高, 原子核不易发生裂变. 对于轻质量的核, 若不考虑转动, 第一位垒往往很低, 就形不成第二深谷, 因此, 难以形成较稳定的超形变态. 但是随着原子核的转动, 则有利于第二深谷的形成, 因此会出现对高自旋稳定的超形变核态, 而低自旋的超形变态在轻质量核区难以观测. 对于高速转动的状态下, 超形变核的角动量可以高达 $60\hbar$, 并以 10^{20}Hz 的角频率旋转, 由于其中蕴含了相当丰富的物理内容, 并且存在一些未解的难题, 因而一直是极端条件下核结构研究的重要研究方向之一. 以下简要介绍超形变的若干有趣问题.

2.3.1.1　超形变带的布居和退激

超形变带的布居和退激是超形变核物理的一个极有兴趣的课题, 也是一个大难题. 在理论研究方面, 无论对超形变带的布居还是退激的研究工作都处于初始阶段, 还没有取得实质性的进展. 目前实验上布局原子核高自旋态主要有以下三种途径.

(1) 重离子熔合–蒸发反应. 用加速到一定能量的重离子束流打在靶核上产生复合核. 复合核通过蒸发粒子退激能量, 但发射的粒子不能带走很多角动量, 于是形成具有高自旋的剩余核, 再通过级联跃迁退激到基态. 通过熔合–蒸发反应可以得到非常高的自旋态. 但是也存在一些缺点. 比如, 由于蒸发粒子的种类和数目不同, 会产生多个生成核, 不容易确定不同核素发射的 γ 射线的归属等. 此方法适用于缺中子核. 实验发现, 超形变带的强度只占总强度的 1% 左右, 由此可以近似地估计出, 在通过重离子熔合反应来生成超形变核的过程中, 超形变核的生成几率只占目标核总生成几率的 1%左右. 超形变核态的布居和退激是通过它与其他核态, 包括球形态和正常形变态, 也包括高温态和冷态的复杂相互作用来实现的. 显然, 一旦弄清这种复杂的机制, 对提高超形变核态的生成几率, 推动超形变态精细实验的观测及细致理论的发展, 有十分重大的意义.

(2) 重核裂变. 用通常的重离子熔合–蒸发反应不能布局丰中子核的高自旋态, 而利用重核的自发或诱发裂变, 则可以布局丰中子核的高自旋态. 常用的自发裂变

源有 ^{252}Cf、^{248}Cm 等. 所布局的激发态自旋最高可达 $20\hbar$, 但因裂变产物十分丰富, 对测量系统要求较高. 由于重核的裂变反应大多是两体裂变, 而且对称裂变是最可几的, 所以该方法很难得到很重的核的高自旋态信息. 这种方法和重离子熔合–蒸发反应互为补充.

(3) 库仑激发. 当入射粒子的能量在库仑位垒以下时, 通过电磁相互作用产生非弹性散射, 使靶核处于高自旋态. 库仑激发反应截面比较大, 而且可以实现重核高自旋态的布局, 但主要适用于稳定线附近的核.

通过以上方法布局得到处于高自旋态的原子核后, 使用多个高分辨的探测器 (通常用高纯 Ge 探测器) 组成的探测器阵列探测高自旋态核退激时发射的 γ 射线. 同时为了降低信号本底, 提高探测器对 γ 射线测量的峰康比, γ 射线探测器要加反康普顿探头做反符合. 另外, 实验中需要用尽量多的高分辨探测器进行符合, 以获取射线角分布的信息. 实验得到大量的 γ 射线的能量信息和时间信息, 并由此建立 γ-γ 二维符合矩阵或 γ-γ-γ 三维符合矩阵. 之后由这些矩阵生成矩阵投影谱, 再通过不同 γ 射线的开门谱反复比较, 结合跃迁的强度关系, 来确定射线的级联关系, 从而建立起相关核的能级纲图. 之后再根据角关联或 DCO 比值来确定跃迁的多极性, 从而确定能级的自旋和宇称.

超形变带的 γ 谱有其共同的特点, 超形变带的跃迁强度大约在自旋为 $50\hbar$ 处达到饱和, 然后保持常数的跃迁强度, 直到自旋下降到 $26\hbar$ 时强度开始减小, 并且只需经过 1~2 步, γ 跃迁强度就突然消失. 这种超形变态向正常形变态的退激现象, 已经引起人们的极大兴趣. 另外, 超形变带的激发能及自旋是研究超形变带物理性质的基础. 其确定也依赖于超形变态到正常形变态的连接跃迁, 然而到目前为止, 除了比较可靠的测定了 ^{194}Hg 超形变晕带的激发能和自旋外 [11], 其他所有超形变能级的能量和自旋都没有被实验确定. 由于这方面实验数据的缺乏, 为超形变核物理理论的发展带来了很大不确定性. 可见, 弄清超形变到正常形变的退激机制, 并进一步测定超形变带的激发能和自旋是一项迫切的工作.

2.3.1.2 原子核巨超形变的寻找

所谓巨超形变 (Hyperdeformation) 是指原子核的长短轴比为 3:1 的拉长形状. 类似于超形变分析, 从图 2.5 中可以看出, 长短轴比为 3:1 处也形成了一些闭壳能隙, 这就是巨超形变核存在的基本依据. 寻找巨超形变核是当今国际核物理界的研究热点之一, 它是超形变物理研究的自然延伸. 西方国家投入巨资建造大规模 4π γ 球, 如 Gammasphere, Euroball, 其重要目的之一就是寻找巨超形变态. 然而利用 4π γ 球寻找巨超形变核的研究至今尚未有明确的结论, 巨超形变的 γ 谱仍然没有被观测到. 显然, 这是由于巨超形变核的布居比超形变核更加困难造成的.

早在 20 世纪 70 年代初, Möller 等就预言了锕系区的位能曲面有第三位阱 (巨超形变位阱) 的存在 [5], 后来的计算表明其形变为 $\beta_2 = 0.9, \beta_3 = 0.35$[6, 12, 13]. 之后, 在锕系区寻找巨超形变核态一直是研究奇特形变核领域的一个前沿. 由于熔合反应形成的重核主要通过裂变道衰变, 发射 γ 射线的几率很小 (0.1%), 加上裂变碎块发射大量 γ 射线造成本底, 在锕系核区无法通过测量 γ 衰变纲图来探寻巨超形变核态. 因此目前采用的方法是通过对裂变激发函数的精细测量, 在激发函数中观察相应于第三位阱的共振结构, 寻找巨超形变核态. 到目前为止, 找到的巨超形变核有 ^{231}Th[14], ^{233}Th[15], ^{234}U[16], ^{236}U[17].

2.3.1.3 超形变全同带疑难

从 1986 年第一例原子核超形变带在 ^{152}Dy 核中发现以来, 超形变带数据也不断积累. 然而, 在 1990 年英法两国合作组在分析 ^{151}Tb 和 ^{152}Dy 的两个超形变转动带时, 发现它们的 γ 射线能量一一对应相等. 其误差只有 1~2keV[18], 如图 2.6 所示. 连续十多条 γ 射线的对应能量之差只有 1~2keV, 而且每条 γ 射线能量为 1000keV 左右, 这的确是一个令人吃惊的物理现象. 它也使人们陷入了这样一种困惑之中, 即当一个或几个核子添加进另一个原子核时, 至少有以下几个方面会改变原子核的转动惯量, 从而影响 γ 跃迁能量, 而且每个因素对跃迁能量的影响都要比 1~2keV 大若干倍. 其一, 核质量的改变引起跃迁能量的改变. 对于球形核, 其刚体转动惯量为

$$J_{\text{rig}} = \frac{2}{5}MR^2 = \frac{1}{72}A^{5/3}\hbar^2/\text{MeV},$$

当一个原子核增加一个核子后, 其转动惯量的变化会使跃迁能量相差至少 10keV; 其二, 附加核子对角动量有一定的贡献; 其三, 附加核子引起原子核形状的改变, 而形状的改变肯定又会引起转动带的变化; 其四, 附加核子在费米面附近的堵塞效应. 然而, 到目前为止, 这个谜团仍未解开. 也许应该考虑某种机制, 以上各种效应刚好互相抵消. 也许现有理论本身根本就不适用于此, 需要等待新思想的产生.

随后在 A ~150 与 190 区超形变带中, 又发现了大量类似这一性质的带 [19-22]. 于是, 人们就把这种具有近似相同的跃迁能量的一对转动带称为全同带 (Identical Band). 这就是原始意义上的全同带的定义. 这种能量对应相等的全同带, 具有非常特殊的性质, 一方面能量对应近似相等意味着两个核具有近似相等的动力学转动惯量, 另一方面, 虽然一个原子核相对于另一个原子核增加了一个或几个核子, 但两条带的相对顺排仍为 $1/2\hbar$ 的整数倍, 是量子化的. 之后, 全同带的概念进一步扩展, 逐渐地把具有近似相等的转动惯量的一对带也认为是全同带. 全同带发现以后, 引起人们的广泛注意, 大家纷纷从各种不同的角度来研究全同带的起因及其背后隐藏的物理意义. 例如, 从单粒子运动的角度考察一些特殊轨道对全同带形成的影响 [23]; 用统计的方法来研究奇 -A 核正常形变核与其邻近偶偶核之间的全同带

及其转动惯量的分布情况, 发现有大约 22%的带在一定程度上保持全同 [24]; 目前研究较多的是全同带的增量顺排量子化问题及其赝自旋对称性的关系 [25]. 虽然还没有一个统一的结论, 但大家公认它是一个非常重要的问题.

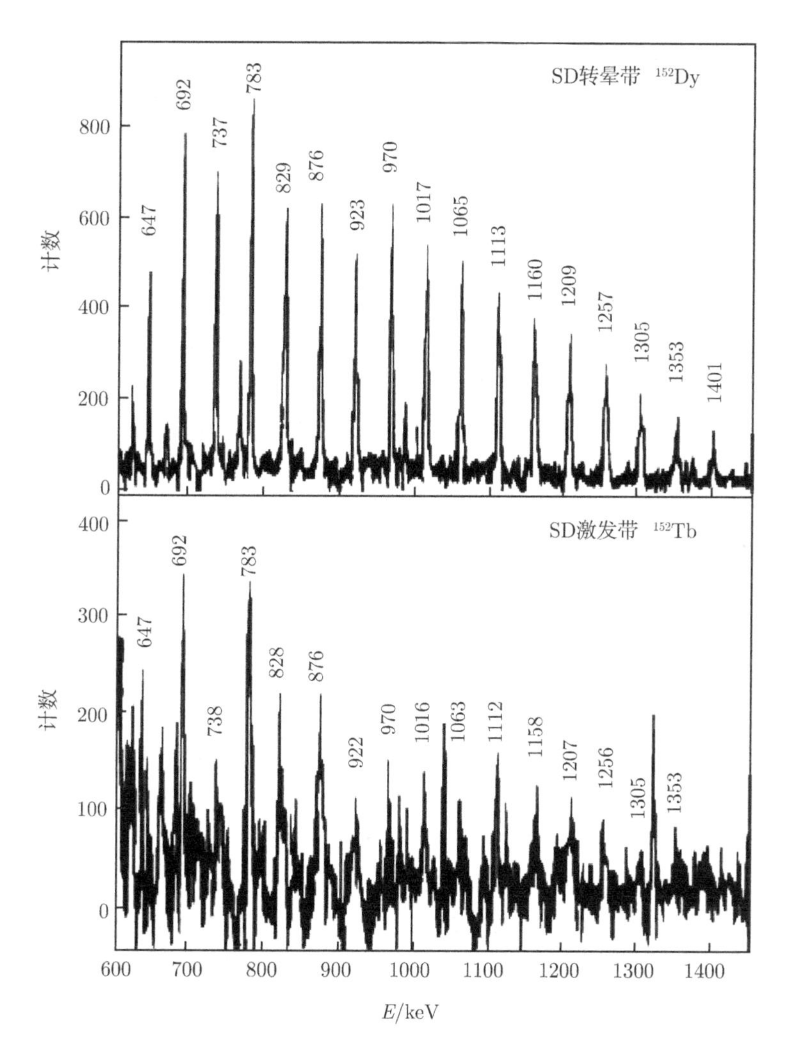

图 2.6 ^{151}Tb 和 ^{152}Dy 超形变带的能谱. 跃迁峰上的数字为跃迁能量 (单位: keV)

全同带并非只限于超形变核, 正常形变核也有全同带, 若要求转动惯量在 2%以内相同, 对稀土区的大量正常形变核转动带的分析发现, 全同带现象在正常形变核中也广泛存在 [26]. 值得注意的是, 这些全同带只是转动惯量相似, 但并没有发现跃迁能量相同的转动带. 在正常形变核中全同带相同到何种程度的问题, 也是当前核结构研究的一个有趣的课题.

2.3.1.4　*超形变核对力场的崩溃*

对力是发生于成对核子之间的一种剩余相互作用. 当原子核转动较慢时, 核子都成对地排在一起, 两个核子的角动量耦合为零. 当原子核转速较快时, 成对核子由于受科里奥利力的作用, 其角动量沿转动方向逐渐顺排, 从而导致破对. 当转动频率达到某一值时, 强大的科里奥利力会使所有核子对被拆散, 对力场完全崩溃, 产生全顺排现象, 原子核由超流态转变为正常态. 对于超形变核, 由于其转速较快, 形变很大, 是研究对力场崩溃及核超流态到正常态相变的极好机会.

对力场的崩溃过程与转动惯量的变化之间有密切关系. 核形变、单粒子运动和对关联以一种相干作用的方式影响着转动惯量, 如回弯效应就是一个明显的例子. 因此, 我们研究转动惯量的变化就可以得到对力场的变化规律. 在实际工作中, 考虑到对力的作用使原子核的转动惯量偏离刚性转子的转动惯量, 因此人们也用原子核动力学转动惯量相对于刚体转动惯量的偏差来研究对力的性质.

2.3.1.5　*超形变带* $\Delta I = 2$ *Staggering 现象*

1993 年, Flibotte 等发现 [27], ^{149}Gd 的超形变转晕带的动力学转动惯量随转动频率的变化呈现出奇异的 $\Delta I = 2$ Staggering 现象, 为此有人引进了原子核的 C_4 对称性 [28] 以解释这一现象. C_4 对称性是转动谱更高的对称性, 它反映了原子核的轴对称性进一步破缺后所形成的空间转动 $\pi/2$ 不变的形状 (四方形). 随后类似的现象在其他的超形变带中 [29−32], 甚至在有些全同带中 [33] 被发现. C_4 对称性的一个自然解释就是原子核发生了 Y_{44} 的非轴对称十六极形变, 其研究已经成为高自旋态物理研究的一个热点. 然而, 由于其特征能量, 即能量劈裂只有 0.1keV, 与实验误差大小差不多, 因此, 需要进一步提高实验精度.

在原子核的超形变研究过程中, 除了上述几个重要方面外, 还出现了超形变形状对称性的破缺, 例如, 轴对称性破缺 —— 三轴超形变带的实验发现; 还有反射对称性破缺 ——八极超形变的迹象也已出现. 这些现象将在下面两小节中简要介绍.

2.3.2　原子核的三轴形变

不断积累的实验信息为 $A = 120 \sim 140$ 过渡区原子核的三轴形变提供了引人注目的证据, 尤其是 Xe, Ba, Ce 等核素 [34]. 原子核三轴形变的发现是核结构研究的重要进展之一. 原子核三轴形变之所以成为人们非常感兴趣的核结构研究领域之一, 是因为有许多令人惊奇的现象被认为都与原子核三轴形变有关, 如原子核的旋称劈裂和反转、手征二重带、原子核的摇摆运动等, 特别是手征二重带和原子核摇摆运动的实验发现, 极大地激发了人们对三轴形变原子核的研究兴趣. 对原子核轴对称破缺所引发的这些现象进行研究, 必将大大深化我们对原子核这一有限多体体系的认识.

2.3.2.1 三轴超形变带

开始发现的绝大多数超形变核基本上都是轴对称的长椭球, 三轴形变很小, 只有 $0^\circ \sim 3^\circ$. 相比之下, 三轴超形变带 (即三轴形变较大 ($\gamma = 10^\circ \sim 30^\circ$) 的超形变带) 的发现则要晚得多. 1995 年, 玻尔所和瑞典 Lund 大学合作研究了 ^{165}Lu 的高自旋态, 发现一条新的转动带与 ^{163}Lu 的质子 $i_{13/2}[660]1/2$ 带 [35, 36] 是全同带, 并将该带也指定为 $[660]1/2$ 带. 它们的总位能面计算表明 ^{163}Lu 和 ^{165}Lu 的 $[660]1/2$ 带都具有很大的四极形变和三轴形变, 因而将它们定义为三轴超形变带 [37]. 第三例三轴超形变带 ^{167}Lu 是我国实验家发现的 [38], 也是 $[660]1/2$ 组态. 此外, 通过对早期的 ^{171}Ta 实验数据分析, 指出其 $[660]1/2$ 带也是三轴超形变带 [39]. 此后, 实验上陆续发现了其他一些核的三轴超形变带, 如 $^{161-162}$Lu[40], ^{164}Lu[41], ^{168}Lu[42], ^{168}Hf[43], ^{86}Zr[44] 等. 本书中我们采用 TRS 位能面理论对奇奇核 $^{160\sim168}$Lu 的三轴超形变带进行了系统的研究, 我们的计算预言了近 50 条, 平均每个核 10 条三轴超形变带, 计算得到的形变参数对所计算的所有核基本都是一样的, 即 $\varepsilon_2 \sim 0.4$ 和 $\gamma \sim 20^\circ$. 还进一步预言了奇奇核 $^{160\sim168}$Lu 也应该与奇–偶 Lu 同位素一样, 有稳定的三轴超形变, 最好的 Wobbling 候选奇奇核应该是 ^{164}Lu[45].

进入新世纪, 三轴超形变研究取得了几项突破性进展.

2001 年, 以丹麦玻尔所为首的合作组观测到了 ^{163}Lu 的两条超形变带之间的 9 条连接跃迁, 测定它们属于 $\delta I = 1$ 的电四极跃迁, 并宣布找到了 Wobbling 运动模式的实验证据 [46]. 早在 20 世纪 70 年代, Bohr 和 Mottelson 已预言具有非轴对称形变的原子核可能呈现这种运动状态 [47], 然而一直没有找到确凿的实验证据. 这项成果说明高速转动的 ^{163}Lu 原子核确实具有较稳定的非轴对称形变. 由于实验上无法直接观测到非轴对称形变, 三轴超形变带都是基于位能面计算而确定的, 因此该成果更加具有重要意义.

另一项重要进展是 ^{154}Er 三轴超形变带的发现 [48]. 2001 年瑞典的一个研究组发现了 ^{154}Er 的第二个超形变带 SD2, 并将 1995 年美国人发现的第一条超形变 SD1 指定为三轴超形变带. 这项成果解决了前人工作中的难题 —— ^{154}Er 的 SD1 与其邻近核的 SD 带大不相同, 它的动力学转动惯量 $J^{(2)}$ 比邻核的小得多, 且变化不太规则. 这项工作的意义不仅在于他们发现了超形变的形状共存 (在高自旋态中发现的非轴对称与轴对称的超形变形状共存现象) 和将稀土区三轴超形变从 $A \sim 160$ 核区扩展到了 $A \sim 150$ 核区, 更重要的是它给予了我们一个重要的启示 —— 在此核区是否还存在着与 ^{154}Er 相类似的现象.

还有一个非常有趣的现象就是三轴超形变全同带的发现, 刘祖华等 [49] 研究表明, ^{163}Lu, ^{165}Lu, ^{167}Lu和^{171}Ta, ^{173}Re 分别是三轴超形变全同带, 其中 ^{173}Re 比 ^{171}Ta 多两个质子. 相信随着相关核结构领域研究的深入, 对于全同带尤其是三轴超形变全同带的起因和物理内涵会有更深刻的理解.

2.3.2.2　手征二重带

手征性的原意是指不能和自身的镜像重叠的分子结构, 即它出现于由四个以上不同原子组成的分子中, 尤其在生物分子中最为典型. 在化学中, 这种手征性是在原子的空间排布中体现的, 是静态的图像. 粒子物理是手征性出现的另一个领域, 它由静质量为零费米子的自旋与动量的平行和反平行而体现, 是一种动态手征性. 1997 年 Frauendorf 和孟杰指出 [50] 三轴形变原子核的转动也可能会出现手征性, 有关综述性文章见文献 [51][52]. 以下简要介绍原子核手征二重带 (Chiral Bands) 的形成机制.

原子核手征二重带的概念是在倾斜轴推转壳模型 (Tilted Axis Cranking, TAC) 的框架下提出的. 倾斜轴推转壳模型认为原子核在一定条件下可以不沿着主轴转动. 原子核的转动轴在本体系方位的不同, 会导致转动体系的对称性也不同, 因而产生不同的转动带结构. 图 2.7 显示了转动轴取向不同而带来的体系对称性. 当转动轴与某一主轴重合时 (图 2.7 上部), 有 $R_z(\pi)$ 的不变性, 导致旋称 (Signature) 量子数 α 的出现, 且与角动量有 $I = \alpha + 2n$ (n 为整数) 的关系, 故产生 $\Delta I = 2$ 的转动带. 当转动轴处于两主轴确定的平面内时 (图 2.7 中部), $R_z(\pi)$ 对称性被破坏, 角动量值的选取没有限制, 形成 $\Delta I = 1$ 的转动带. 对于上面两种情况, 还有一种对称性, 即 $TR_y(\pi)$ 对称性, 显然将体系做 $R_y(\pi)$ 转动, 体系密度方位不变但角动量反向, 而角动量算符在时间反演 T 的作用下反号, 故体系有 $TR_y(\pi)$ 的不变性. 然而, 对于图 2.7 最下面的情况, 转动轴处在任何主轴平面之外, 体系不再有 $TR_y(\pi)$ 的不变性. $TR_y(\pi)$ 改变了各主轴相对于角动量 J 的手征性. 因此对于同一个角动量值 I, 可以有两种状态: 左手态和右手态, 并且能量简并. 这样由倾斜轴推转壳模型可以得到两条能量简并的 $\Delta I = 1$ 转动带, 这就是所谓的手征二重带.

形成手征二重带须具备如下三个条件: ①有 $\gamma \approx 30^\circ$ 的三轴形变; ② 高角动量质子态和高角动量中子空穴态, 质子态角动量指向沿着短轴, 中子空穴态角动量指向沿着长轴, 这样质子中子之间有最大程度的重叠, 体系应更稳定; ③中轴 i 转动惯量最大, 引导集体转动方向. 在 2000 年, Dimitrov 等进一步说明三轴形变奇奇核的转动平均场可能会使手征对称性破缺, 表明这种情况的确可能发生 [53]. 2001 年, 人们宣称, 分别在 $N = 73$[54], $N = 75$[55] 的同中子奇奇核中找到了手征二重带 (图 2.8 和图 2.9), 这一事件引起理论家和实验家们的极大兴趣, 同时掀起了寻找实验手征带的热潮.

然而时隔 5 年, 2006 年初, 一项关于 ^{134}Pr 手征候选带的实验研究对现有手征理论提出了挑战 [56], 实验不支持静态手征性 (Static Chirality), 但是不反对动力学手征性 (Dynamical Chirality). 很快 Petrache 等通过实验分析认为 ^{134}Pr 手征候选带不是手征带, 而是形状很不相同的两条带 [57], 这一截然相反的解释使得原子核手征带理论一时陷入了困境. 直到 2013 年, 实验第一次在 ^{133}Cs[58] 核中发现了多重手征双重带结构 (图 2.10), 验证了该核中三轴形状共存的表现. 之后分别于 2014 年和 2016 年, 在 A-100 区原子核 ^{103}Rh[59] 和 A-80 区原子核 ^{78}Br[8] 中也发现了手征双重带 (图 2.11 和图 2.12). 尤其对 ^{78}Br 核能级结构的研究发现了两对宇称相反的手征双重带和它们之间的电偶极跃迁, 证实多重手征双重带之间存在八极关联. 本书中, 我们对 ^{134}Pr 的手征性进行了三轴投影壳模型研究.

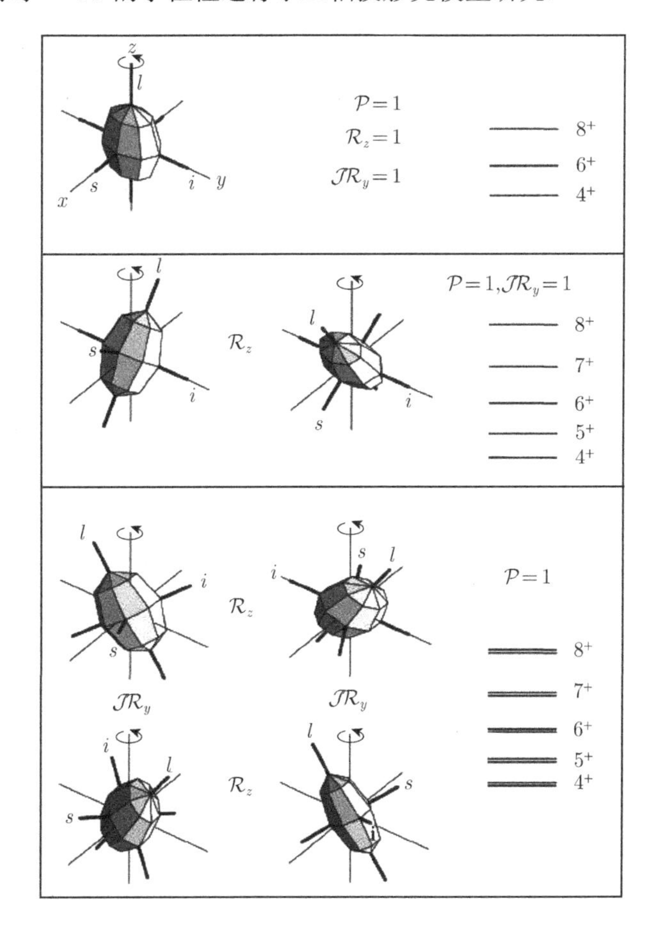

图 2.7　三轴反射对称原子核的离散对称性. 转动轴 (z) 标有环绕箭头, 也就是角动量 J 的方向. 转动带结构显示在相应对称性类型的右侧. 注意 $TR_y(\pi)$ 产生手征性的改变. 图中 s, i, l 分别表示短、中、长主轴 (取自文献 [53])

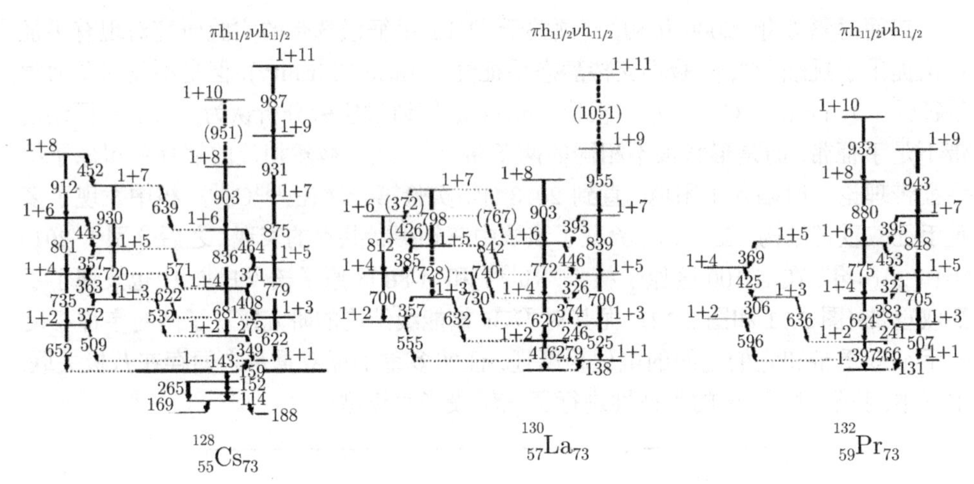

图 2.8　实验发现的部分 $N = 73$ 同中子素的手征二重带 (取自文献 [54])

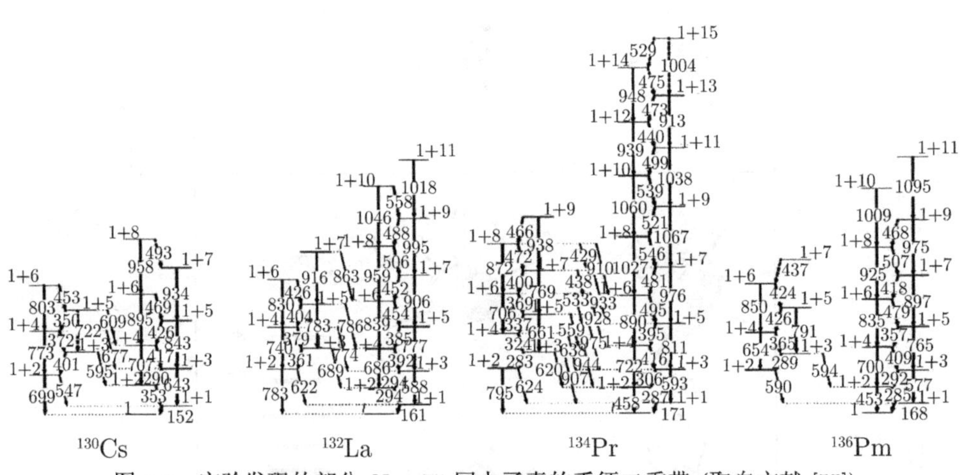

图 2.9　实验发现的部分 $N = 75$ 同中子素的手征二重带 (取自文献 [55])

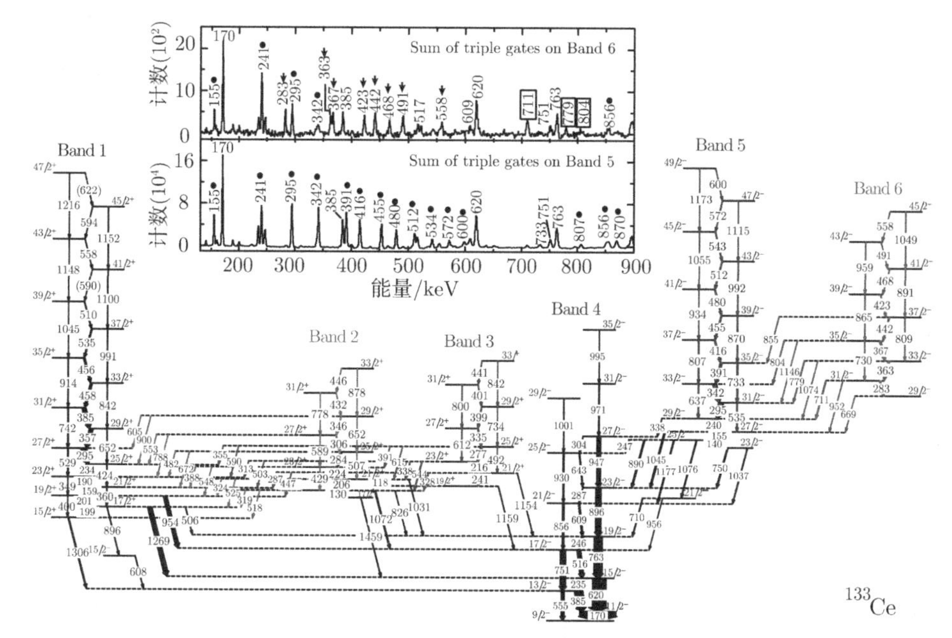

图 2.10 实验发现的 ^{133}Cs 核多重手征二重带 (取自文献 [58])

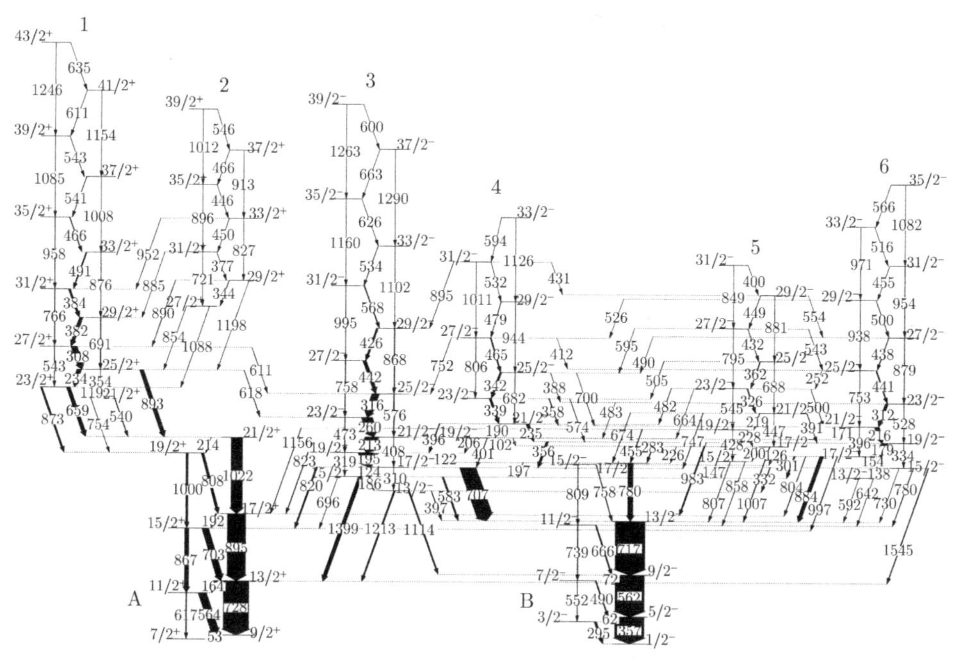

图 2.11 实验发现的 ^{103}Rh 核多重手征二重带 (取自文献 [59])

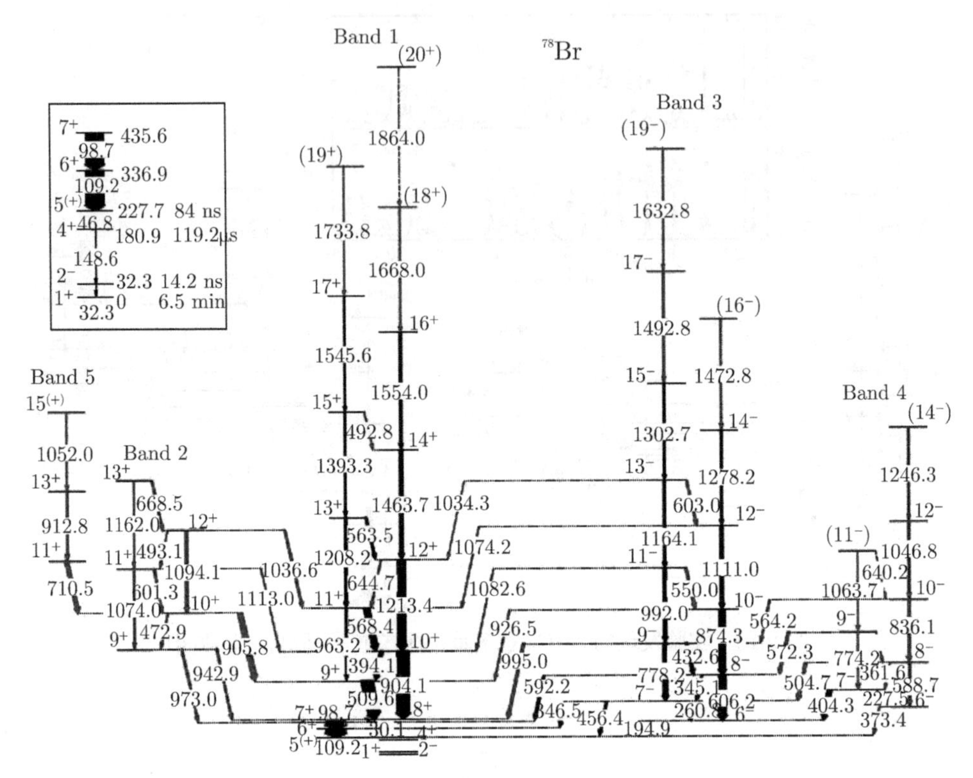

图 2.12　实验发现的 ^{78}Br 核多重手征二重带 (取自文献 [8])

2.3.2.3　原子核的 Wobbling 运动

原子核的三轴形变会带来一个直接的后果 ——Wobbling 运动. 由经典的刚体定点转动知识可知, 当刚体角动量矢量方向沿着惯量主轴时, 转动轴的方向也会沿着惯量主轴方向, 即角动量方向与转动轴方向一致. 可是, 如果角动量方向偏离惯量主轴, 则角动量方向与原子核的转动轴指向 (即角速度矢量的取向) 一般不重合. 实际上, 在无外力的情况下, 角动量矢量不变, 而转动轴取向则可以随着时间的改变而改变. 转动轴在空间和在刚体内分别描绘了一个顶点在定点的锥面, 前者叫空间极面, 后者则叫本体极面, 角动量方向在空间极面之内. 刚体绕固定点的转动, 也可看作是本体极面在空间极面上做无滑动的滚动. 这种转动轴围绕着角动量方向来回运动的模式就称为 Wobbling 运动.

对于原子核, 它是一个量子体系, Wobbling 运动只可能出现在三轴形变的情形. 这是因为在轴对称情况下, 原子核的转动轴只能垂直于对称轴, 角动量方向总是与转动轴方向一致, 不能形成 Wobbling 运动的模式. 因此, 原子核 Wobbling 运动的出现可以看作原子核三轴形变存在的一个有力证据.

早在 20 世纪 70 年代, Bohr 和 Mottelson 已预言具有非轴对称形变的原子核可能呈现这种运动状态 [47]. 在高自旋情况下, 可以得到三轴形变原子核的转子模型 Wobbling 解. 如果把原子核看成是一个刚性转子, 即哈密顿量为

$$H_{\text{rot}} = A_1 I_1^2 + A_2 I_2^2 + A_3 I_3^2, \tag{2.10}$$

其中

$$A_k = \frac{\hbar^2}{\mathfrak{J}_k} \quad (k = 1, 2, 3), \tag{2.11}$$

设 $\mathfrak{J}_1 > \mathfrak{J}_2 > \mathfrak{J}_3 (A_1 < A_2 < A_3)$, 则对于转晕带有 $|I_1| \approx I$, 当 $|I_1| \approx I$ 很大时, 可取 $I_1 > 0$, 于是有

$$[I_-, I_+] = 2I_1 \approx 2I \quad (I_\pm \equiv I_2 \pm I_3). \tag{2.12}$$

记

$$c^+ = \frac{I_+}{\sqrt{2I}}, \quad c = \frac{I_-}{\sqrt{2I}}, \tag{2.13}$$

显然由 (2.12) 式得

$$[c, c^+] \approx 1, \tag{2.14}$$

这样, 哈密顿量 (2.10) 式可以改写为

$$\begin{aligned} H_{\text{rot}} &= A_1 I^2 + \frac{1}{2}(A_2 + A_3 - 2A_1)(I_2^2 + I_3^2) + \frac{1}{2}(A_2 - A_3)(I_2^2 - I_3^2) \\ &= A_1 I^2 + H', \end{aligned} \tag{2.15}$$

其中,

$$\begin{aligned} H' &= \frac{1}{2}\alpha\Big(c^+ c + c c^+\Big) + \frac{1}{2}\beta\Big(c^+ c^+ + cc\Big) \\ &= \alpha\Big(n + \frac{1}{2}\Big) + \frac{1}{2}\beta\Big(c^+ c^+ + cc\Big), \end{aligned} \tag{2.16}$$

$$n = c^+ c \approx I - I_1,$$

$$\alpha \equiv \Big(A_2 + A_3 - 2A_1\Big) I,$$

$$\beta \equiv \Big(A_2 - A_3\Big) I.$$

通过变换

$$\begin{cases} c^+ = x\hat{c}^+ + y\hat{c} \\ \hat{c}^+ = xc^+ - yc \\ x^2 - y^2 = 1 \end{cases} \tag{2.17}$$

可得

$$H' = \hbar\omega\left(\hat{n} + \frac{1}{2}\right), \tag{2.18}$$

其中,

$$\hat{n} = \hat{c}^{+}\hat{c},$$

$$\hbar\omega = \sqrt{\alpha^2 - \beta^2} = 2I\sqrt{(A_2 - A_1)(A_3 - A_1)}.$$

最后能谱可表示为

$$E(\hat{n}, I) = A_1 I(I+1) + \hbar\omega\left(\hat{n} + \frac{1}{2}\right), \tag{2.19}$$

量子数 $\hat{n}$ 表示了原子核转动轴相对于角动量方向的 Wobbling 运动, 对于小幅度情形, 这种运动有谐振子特征. 显然, 对于 Wobbling 带, 其转动惯量应近似等于 Yrast 带. 对于偶粒子体系, 若有绕 l 轴转 $180°$ 不变性, 则如下选择定则成立:

$$(-1)^{\hat{n}} = r_1(-1)^I. \tag{2.20}$$

对于奇-A 核, 可采用粒子转子模型描述原子核的 Wobbling 运动. 一般来说, 当最后一个粒子处于高角动量轨道, 并且完全沿着 $1(x)$ 轴顺排时, 会导致 Wobbling 带的能量很低, 实验上更易观测. 有关资料参考文献 [60] 及其所引文献. 2001 年, 实验上在 ^{163}Lu 中找到了原子核第一例 Wobbling 带 (图 2.13)[46], 证明了高速转动的原子核确实存在轴对称破缺, 存在原子核稳定的三轴形变, 引起了人们广泛的关注.

此外, 原子核 Wobbling 运动的电磁性质也很独特. 例如, 在单质子处于顺排的 $i_{13/2}$ 轨道时, 由 Wobbling 带向 Yrast 带的 $\Delta I = 1$ 的电磁跃迁有如下特征: ①跃迁主要是 $E2$ 的而不是 $M1$ 的; ②在高角动量情形 $B(E2)$ 值正比于 $1/I$, 而在推转的模式下, 却正比于 $1/I^2$; ③$B(E2)$ 与 $B(M1)$ 随自旋的锯齿变化与推转模式得到锯齿变化的位相正好相反, 但与实验相符 (图 2.14).

原子核的三轴形变所展现的这些独特现象, 已经引起了人们极大的兴趣, 也许将来还会发现新的现象. 随着理论与实验研究的不断深入, 对三轴形变原子核内在物理的认识将会更加深刻. 本书中, 我们对 ^{163}Lu 原子核的 Wobbling 运动进行了三轴投影壳模型研究, 我们的计算不仅很好地再现了实验发现的最低三条 Wobbling TSD 带, 还预言了第四条 Wobbling TSD 带.

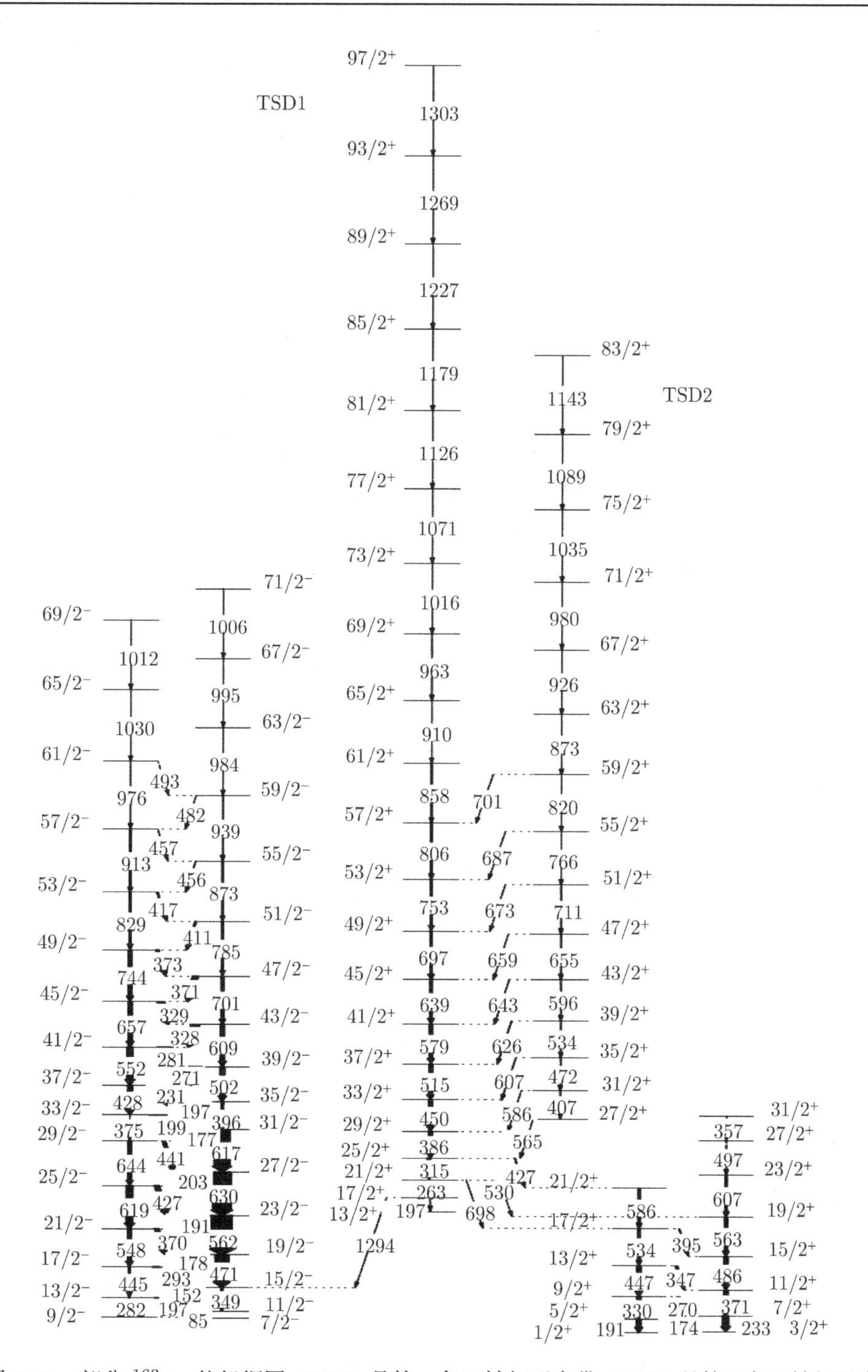

图 2.13 部分 ^{163}Lu 能级纲图. TSD1 是第一条三轴超形变带, TSD2 是第二条三轴超形变带. TSD2 被解释为 Wobbling ($n=1$) 单声子带 (取自文献 [46])

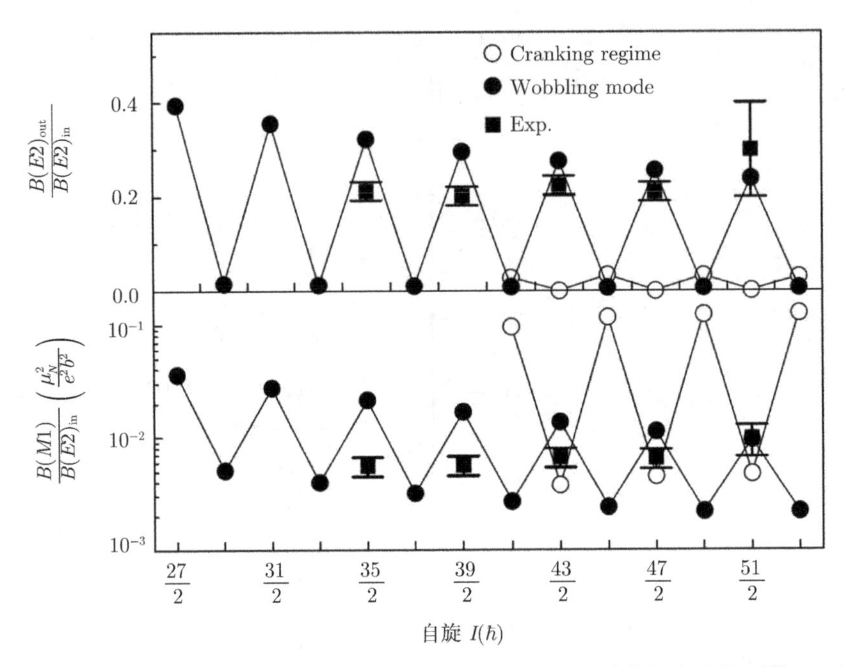

图 2.14　Wobbling-Yrast 带间 $\Delta I=1$ 连接电磁跃迁性质的理论值与实验值 (^{163}Lu) 的比较 (取自文献 [46])

2.3.3　原子核的八极形变

20 世纪 50 年代, 偶偶核 Ra 中低激发 $K^p=0^-$ 带, 即第一例负宇称带被观察到 [61, 62], 人们发现这个核正负宇称转动带特征类似于反射不对称分子的能谱特征, 于是, 人们开始想到了有些原子核可能具有空间反射不对称的形状, 如梨形形状 [63]. 这些核可以被描述为具有反射对称性被破坏的内禀平均场, 即变形平均场中有八极形变的成分. 这种自发的反射对称性被破坏的效应被认为是由于费米面附近角动量相差 3 个 $\hbar$ 单位 ($\Delta l=\Delta j=3\hbar$) 的具有相反宇称的两个单粒子轨道之间的相互作用产生的. 总的来说, 这种情况一般发生在位于费米面附近的闯入轨道 (N, l, j) 和正常宇称轨道 $(N-1, l-3, j-3)$ 之间. 具有相反宇称的单粒子态之间的耦合是由八极–八极相互作用产生的.

理论上, 原子核的八极形变可以由核子之间的长程八极关联产生出来. 核子间的八极关联取决于 $\Delta l=\Delta j=3\hbar$ 的单粒子态之间的能级距离以及它们之间的 Y_{30} 矩阵元. 由图 2.15 可见, 中子数或质子数接近 134 的费米面处在 $g_{9/2}$ 和 $j_{15/2}$ 轨道之间, 接近 88 的费米面处在 $f_{7/2}$ 和 $i_{13/2}$ 轨道中间, 接近 56 的费米面处在 $h_{11/2}$ 和 $d_{5/2}$ 之间, 接近 34 的费米面则处在 $g_{9/2}$ 与 $p_{3/2}$ 之间. 由于这些 $\Delta l=\Delta j=3\hbar$ 的单粒子轨道都靠近特定质子数或中子数的费米面且彼此很接近,

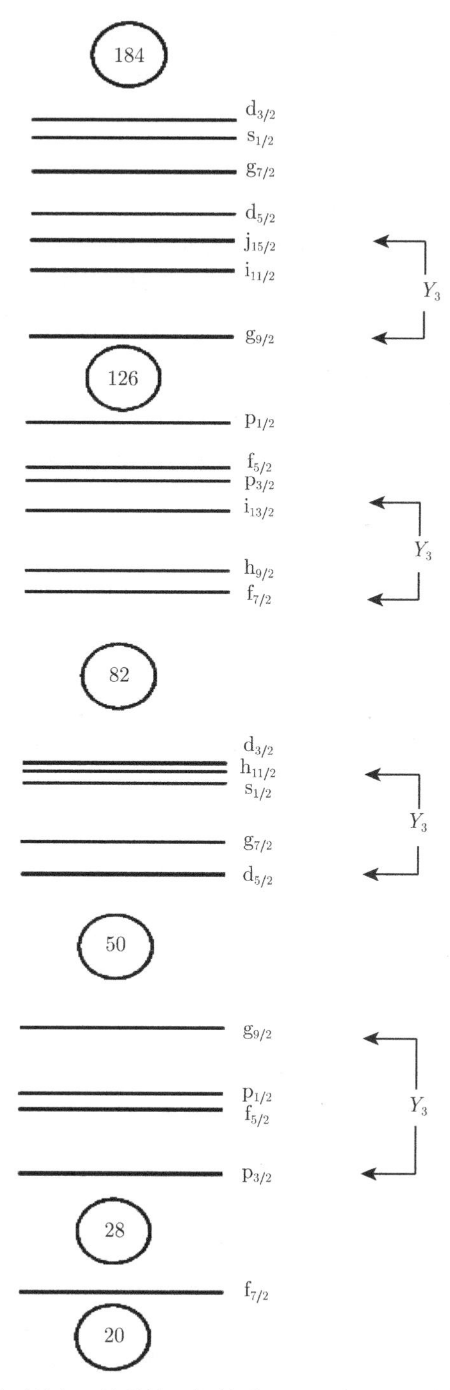

图 2.15　球形单粒子能级. 最强的八极关联示于图中 Y_3 所连接的两个单粒子态(取自文献 [64])

因此形成了八极形变存在的基础, 所以应期望这样的原子核都有强八极 – 八极关联, 且这些粒子数都刚好处在幻数之上. 这是一个很有启发性的规律, 能给人一种非常直观的物理图像, 即八极形变核可能具有集团结构, 可以被看成是由双幻核外附加一个轻核构成.

八极振动态发现以后, 有人建议 [63, 65] 是否考虑原子核有八极形变的可能性. Möller 等最早做了这一尝试 [5], 他们采用修正的谐振子 (MHO) 单粒子势, 计算了基于 $\varepsilon_2\varepsilon_3$ 坐标下 Ra 同位素的位能面, 发现它们有扁椭球八极形变的极小值. 从此, 反射不对称核的研究逐渐开展起来. 如今, 越来越多的理论模型和方法被用来研究原子核的八极形变, 如壳修正理论、HF 自洽方法、生成坐标法、粒子–转子模型以及近年来新发展起来的反射不对称壳模型等.

实验上也有很多证据表明了原子核反射不对称性的破坏. 例如, ①集体低激发负宇称态的系统出现, 即偶偶核中的低激发 1^-, 3^- 态; ② 交替宇称转动带的出现, 即负宇称态和正宇称态按 I^+, $(I+1)^-$, $(I+2)^+$, $\cdots$ 系列交替出现, 这里 I 为偶整数, 且奇自旋 $(I+1)$ 负宇称态位置大于等于相邻偶自旋 $(I, I+2)$ 正宇称态的平均值; ③ 正负宇称带间有相对大的 $E1$ 跃迁几率; ④ 较大的低激发 $E3$ 跃迁几率.

更有趣的是, 最近的实验第一次表明了三轴超形变原子核 ^{164}Lu 也有八极振动自由度存在 [9]. 八极形变在核结构中的重要性越来越引起人们的重视. 例如, 当考虑非轴对称–八极 (Y_{32}) 关联时, 反射不对称壳模型能非常容易地再现 $N=150$ 的同中子异位素链实验所发现的低能 2^- 带 [7], 这个结果表明, 在重核甚至是在超重核中都有可能出现轴对称性和反射对称性同时被破缺. 另外, 最近王守宇等发现了 A-80 区原子核 ^{78}Br 有两对宇称相反的手征双重带和它们之间的电偶极跃迁, 证实多重手征双重带之间存在八极关联 [8].

2.3.4　原子核的其他奇特形变

对于任何一个平均场, 只要有形变, 就会破坏原子核哈密顿量的基本对称性, 当然并不是波函数的所有对称性都被破坏. 原子核的四极形变意味着转动对称性被破坏, 而原子核有八极形变则意味着原子核反射对称性被破坏, 即原子核具有了反射不对称的形状. 随着原子核的形变、超形变、三轴形变、轴对称八极形变、非轴对称八极形变一一被实验证实, 人们自然会想到, 原子核是否会出现更加奇特的形变呢? 因此, 寻找更加奇特形变原子核已经引起了人们很大的兴趣. 到目前为止, 除了类似 ^{12}C 这样 3α 集团结构的核外, 在重核区并未找到这些奇特形变核的实验证据. 尽管如此, 人们还是从理论上预言了一些奇特形变核区. 例如, 在 $84 \leqslant Z \leqslant 90$, $N \approx 136$ 核区可能存在 Y_{32} 的同质异能素岛 [66], ^{32}S 的高自旋态有 Y_{31} 形变 [67], 对于 $A \sim 60 \sim 80$ 区的 $N=Z$ 核, 预言存在丰富的非轴对称八极形变, 如 ^{68}Se 的

Y_{33} 形变、^{80}Zr 的 Y_{32} 形变等 [68]. 尤其 Y_{32}(正四面体) 形变, Dudek 等预言其可能普遍存在于整个核区 [69]. 最近, 他们的理论预言稀土区可能存在正四面体和正八面体原子核 [70]. 另外, 我们的反射不对称壳模型还预言了重核甚至超重核也可能存在正四面体原子核 [7].

第 3 章 总罗斯面 (TRS) 位能面理论及其应用

目前, 理论上已经发展了不少模型用于研究原子核的形状. 例如, 最常用的微观理论模型有 Hartree-Fock 方法, 它采用变分原理成功地描述了原子核基态的性质. 在 Hartree-Fock 方法中, 形变作为一种约束条件引入, 即约束 HF(Constrained Hartree-Fock) 近似. 它主要是用来描述原子核结合能随着核形状变化的问题. 然而, 研究较重原子核形状最常用的方法是位能面理论. 目前, 位能面计算主要基于推转壳模型 (如 TRS(Total Routhian Surface) 方法). 实践证明, 在大多数情形下, 该方法可以很好地描述原子核的形变. 本章首先介绍 Hartree-Fock 方法, 然后再介绍 TRS 位能面理论, 最后给出 TRS 位能面理论的应用.

3.1 Hartree-Fock 方法

凡是从包含核子–核子相互作用的核多体哈密顿量的某种近似出发的理论, 都可以认为是微观理论, Hartree-Fock (HF) 方法就是这样一种微观理论模型. 壳模型采用独立粒子近似成功地描述了原子核中每个核子的运动, 即认为每个核子都在其他核子的平均场作用下做独立运动. 然而, 它是一个唯象的理论. 那么现在的问题是如何从两体相互作用求和

$$V(1\cdots A)=\sum_{i<j=1}^{A}V(i,j)\simeq\sum_{i=1}^{A}V(i)$$

中取出对应壳模型中的单粒子势, 并且此单粒子势又如何能很好地与壳模型中的单粒子势 (如谐振子势、Wood-Saxon 势等) 一致. Hartree-Fock 方法采用变分原理将这样的单粒子势从两体相互作用中导出, 并很好地描述了原子核基态的性质. 下面首先简单介绍变分原理, 再给出描述原子核形变的约束 HF 近似.

3.1.1 变分原理

薛定谔方程可以表示成

$$H|\Psi\rangle=E|\Psi\rangle, \tag{3.1}$$

它相当于变分方程

$$\delta E[\Psi]=0, \tag{3.2}$$

其中

$$E[\Psi] = \frac{\langle\Psi|H|\Psi\rangle}{\langle\Psi|\Psi\rangle}. \tag{3.3}$$

将 (3.3) 式代入 (3.2) 式得

$$\langle\delta\Psi|H - E|\Psi\rangle + \langle\Psi|H - E|\delta\Psi\rangle = 0. \tag{3.4}$$

一般情况下, $|\Psi\rangle$ 是一个复变函数, 我们可以对它的实数部分和虚数部分分别进行变分. 我们认为 (3.4) 式对任意无限小量 $|\delta\Psi\rangle$ 都有效, 并将 $|\delta\Psi\rangle$ 换成 $i|\delta\Psi\rangle$, 得

$$-i\langle\delta\Psi|H - E|\Psi\rangle + i\langle\Psi|H - E|\delta\Psi\rangle, \tag{3.5}$$

与 (3.4) 式一起, 我们可以得到

$$\langle\delta\Psi|H - E|\Psi\rangle = 0 \tag{3.6}$$

以及它的复共轭方程. 由于 $|\delta\Psi\rangle$ 是任意的, (3.6) 式应相当于 (3.1) 式的本征值问题.

上述变分方法中, $|\Psi\rangle$ 通常只限制在简单的数学试探波函数系. 如果真正的函数不在这些试探波函数中, 那么这样的极值求法也不再给出其正确的本征函数, 而给出的仅仅是一种近似. 然而, 这种变分方法之所以能非常好地描述原子核的基态, 是因为对任何一个试探波函数 $|\Psi\rangle$, 我们都可以认为

$$E[\Psi] \geqslant E_0. \tag{3.7}$$

下面证明 (3.7) 式. 我们首先根据哈密顿量本征函数来建立试探波函数:

$$|\Psi\rangle = \sum_{n=0}^{\infty} a_n|\Psi_n\rangle \tag{3.8}$$

且

$$H|\Psi_n\rangle = E_n|\Psi_n\rangle, \tag{3.9}$$

最后得出

$$E[\Psi] = \frac{\sum\limits_{nn'} a_n^* a_n E_n \delta_{nn'}}{\sum\limits_n |a_n|^2} \geqslant \frac{\sum\limits_n |a_n|^2 E_0}{\sum\limits_n |a_n|^2} = E_0. \tag{3.10}$$

这样我们就证明了 (3.7) 式. 假如基态能量不是简并的, 那么 (3.10) 式中的等号是有效的, 而且只有当所有系数 a_n (当 $n \neq 0$) 都为零时, $|\Psi\rangle$ 才能正比于 $|\Psi_0\rangle$. 以上是采用变分原理描述原子核基态的情况. 如果我们想继续描述原子核第一激发态, 必须在与 $|\Psi_0\rangle$ 完全正交的子空间中求出变分, 即对所有 $a_0 = 0$ 的波函数 $|\Psi\rangle$ 求出变分. 在这个子空间中, $|\Psi_1\rangle$ 应有对 H 的极小期望值. 而为了建立 $|\Psi_1\rangle$, 我们还必须在这样附加条件, 即 $\langle\Psi_1|\Psi_0\rangle$=0 下求出变分. 原则上讲, 采用这种方法我们可以计算激发态, 甚至整个能谱都可以用这种方法描述. 然而, 实际上, 我们并不确切地知道 $|\Psi_0\rangle$ 的具体形式. 在 Hilbert 空间中, 由一定约束条件下的变分只能得到其一个近似 $|\Phi_0\rangle$. 而为了得到第一激发态 $|\Psi_1\rangle$ 的近似 $|\Phi_1\rangle$, 我们还必须求解带附加条件

$$\langle\Phi_1|\Phi_0\rangle = 0 \tag{3.11}$$

的变分方程 (3.2). 同样, 如果计算第二个激发态, 我们必须求解带有两个附加条件

$$\langle\Phi_2|\Phi_1\rangle = 0; \ \ \langle\Phi_2|\Phi_0\rangle = 0$$

的变分方程. 我们可以看出, 对较高的激发态, 这种方法就显得非常复杂, 因此, 这种方法主要用来描述原子核基态.

从以上描述我们可以看出, 对一个给定的试探波函数, 基态能量总是大于或等于确切的基态能量, 对应一个极值. 然而, 在实际的计算中, 为了确保此极值一定对应极小点, 我们还必须作进一步计算, 比如关于某种参数的能量泛函的第二次微商.

在实际计算中, HF 方法以一组包含 A 个正交归一的单粒子波函数 φ_i 的 Slater 行列式 $\{\Phi\}$ 作为试探波函数, 其形式为

$$|\mathrm{HF}\rangle = |\Phi(1\cdots A)\rangle = \prod_{i=1}^{A} a_i^\dagger|0\rangle, \tag{3.12}$$

其中, $a_i^\dagger, a_i$ 是与单粒子波函数 φ_k 对应的产生和湮灭算符. φ_k 满足本征方程

$$h(i)\varphi_k(i) = \varepsilon_k\varphi_k(i). \tag{3.13}$$

含有多体相互作用的体系哈密顿量用二次量子化的形式表示为

$$H = \sum_{l_1l_2} t_{l_1l_2}c_{l_1}^\dagger c_{l_2} + \frac{1}{4}\sum_{l_1l_2l_3l_4}\bar{v}_{l_1l_2,l_3l_4}c_{l_1}^\dagger c_{l_2}^\dagger c_{l_4}c_{l_3}, \tag{3.14}$$

其中

$$\bar{v}_{l_1l_2,l_3l_4} = v_{l_1l_2,l_3l_4} - v_{l_1l_2,l_4l_3}, \tag{3.15}$$

而 $c_l^\dagger, c_l$ 是一组正交归一化的单粒子波函数 χ_l 对应的产生和湮灭算符. 而且 χ_l 与 φ_k 有如下关系:

$$\varphi_k = \sum_l D_{lk}\chi_l, \tag{3.16}$$

由于 φ_k 和 χ_l 都是正交归一函数系, 故 D 是幺正变换

$$D^\dagger D = DD^\dagger = I,$$

而在 HF 近似中, 其哈密顿量的形式为

$$\begin{aligned} H^{\rm HF} &= \sum_{kk'} h_{kk'} a_k^\dagger a_{k'} = \sum_{kk'} (t+\Gamma)_{kk'} a_k^\dagger a_{k'} \\ &= \sum_{kk'} \left(t_{kk'} + \sum_{j=1}^{A} \bar{v}_{kjk'j} \right) a_k^\dagger a_{k'}. \end{aligned} \tag{3.17}$$

3.1.2 约束 HF 近似

在有些问题里, 需要在一定的约束条件下求解薛定谔方程, 这时仍可以应用 HF 近似, 这种 HF 近似称为 CHF (Constrained Hartree-Fock Theory) 近似. 最常见的应用 CHF 的例子是研究原子核的结合能随核形状变化的问题. 原子核最常见且最简单的形变是轴对称的四极形变, 可以用四极矩的大小来表述核的形状. 为了研究原子核结合能随形状的变化, 在给定四极矩的平均值 q 下求能量的极小值, 即在约束条件下求能量的极小值, 算符 $\hat{Q}_0$ 由下式给出:

$$\langle \Phi | \hat{Q}_0 | \Phi \rangle = q, \tag{3.18}$$

其中

$$\hat{Q}_0 = \sum_{ij} \langle i | (3z^2 - r^2) | j \rangle c_i^+ c_j = \sum_{ij} q_{ij} c_i^+ c_j, \tag{3.19}$$

引入拉氏因子 λ, 问题化为对哈密顿量 $\hat{H}^c$ 的平均值求极小值的问题, 即

$$\hat{H}^c = \hat{H} - \lambda \hat{Q}_0, \tag{3.20}$$

$$\delta \langle \Phi | \hat{H}^c | \Phi \rangle = \delta [\langle \Phi | \hat{H} | \Phi \rangle - \lambda \langle \Phi | \hat{Q}_0 | \Phi \rangle] = 0, \tag{3.21}$$

由此确定 $|\Phi\rangle$ 的做法称为线性约束法. $|\Phi\rangle$ 显然是 q 的函数, 因此 q 的微小变化也可以看成是对 $|\Phi\rangle$ 的一种变分. 由 (3.21) 式可得

$$\Delta E - \lambda \Delta q = 0, \tag{3.22}$$

即

$$\lambda = \frac{\mathrm{d}E}{\mathrm{d}q}, \tag{3.23}$$

因此 λ 表示能量随 q 的变化率.

在实际计算中, 往往先规定 λ, 这时约束就和外加一个单粒子四极场一样, 变化 λ 就和变化 q 一样. 但是这种做法只适合于每一 λ 值对应于一个 q 值的情况, 实际上往往不是这样的. 图 3.1 是 E 随 q 变化的典型情况, 由图 3.1(a) 可见, 曲线在 $q = q_0$ 和 q_1 处斜率是相同的, 也就是 λ 值相同. 这时用迭代法往往只能达到能量较低的 q_0 点, 而达不到 q_1. 因此, 求形变较大时体系的结合能一般不再采用线性约束而是采用平方约束, 即求 $\hat{H}'$ 的平均值 E':

$$E' = \langle \varPhi | \hat{H}' | \varPhi \rangle = \langle \varPhi | H | \varPhi \rangle + \frac{1}{2} C (\langle \varPhi | \hat{Q}_0 | \varPhi \rangle - q)^2 \tag{3.24}$$

的极小值. E' 随 q 的变化如图 3.1(b) 所示. 由图可见, 当 C 足够大 $\left(C > \dfrac{\mathrm{d}^2 E}{\mathrm{d}q^2}\right)$时, E' 的极小值正好和要求的能量 E 重合. 当然, 如果在每次迭代时都调整 λ 使四极矩取给定值, 则线性约束也可以求得相应于该四极矩的结合能, 不过这样做计算要繁一些.

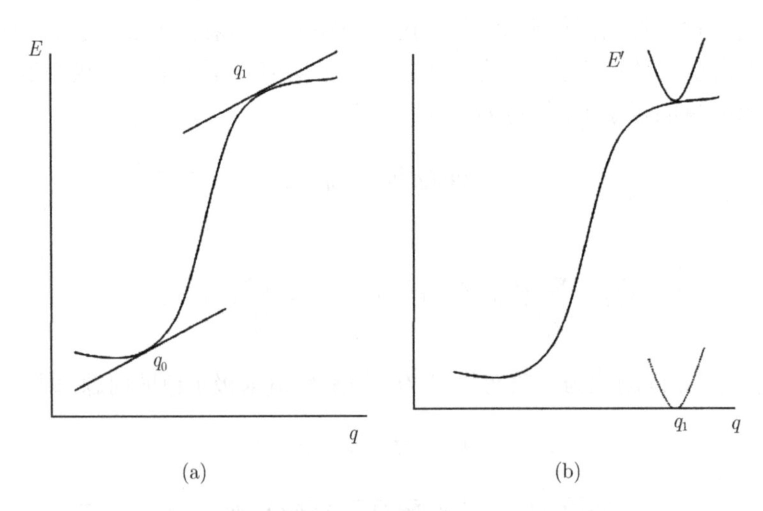

图 3.1　结合能随四极矩变化示意图: (a) 线性约束; (b) 平方约束

应该注意, 这种计算有一个特点, 即这样求得的能量是对给定四极矩时能量的最小值, 即自动实现了对其他多极形变求极小的过程, 所对应的核形状并不限于四极形变.

总的来讲, HF 方法是一种微观的理论模型, 由于在描述较高的激发态时其计算会非常复杂, 因此 HF 方法主要用来研究原子核基态或较低的激发态. 在 HF 方法中, 形变是以一种约束条件来引入的, 即约束 HF 近似. 它更主要是用来描述原子核结合能随着核形状变化的问题.

3.2 TRS 位能面理论

目前, 通过位能面计算原子核形变的方法主要是基于推转壳模型, 最常用的位能面计算方法是 TRS 方法. 下面依次简要介绍壳模型、变形壳模型、推转壳模型, 再讨论基于推转壳模型上的 TRS 位能面理论.

3.2.1 壳模型和变形壳模型

当原子核的质子数或中子数为 2、8、20、28、50、82 以及中子数为 126 时, 原子核结合能特别大, 原子核特别稳定, 这些数被称为"幻数". 这些幻数表明原子核内也可能存在与原子壳层结构类似的构造形式. 为了说明这种壳层结构, 人们提出了平均场的思想, 即每个核子都在其他核子的平均场中做独立运动. 基于这种壳层构造上的壳模型, 在解释原子核幻数及基态性质等方面取得了巨大成就.

壳模型的哈密顿量一般可以写为

$$H = \sum_{i=1}^{n}[\hat{T}(i) + U(i)] + \sum_{i<j} V(i,j),$$

其中, $\hat{T}(i) = \hat{P}_i^2/2M$ 是第 i 个核子的动能, $U(i)$ 是第 i 个核子的平均位势, 而 $V(i,j)$ 是第 i 个核子和第 j 个核子之间的剩余相互作用, 即除了平均场 $U(i)$ 以外的相互作用, 可以看作微扰.

核内的平均势场是一个核子受其他核子作用的总和. 对于球形核, 势场是球对称的, 记为 $U(r)$, 常取为 Woods-Saxon 势:

$$U = \frac{U_0}{1 + \exp(r - R/a)},$$

因此由薛定谔方程:

$$\left[-\frac{\hbar^2}{2M} + U\right]\psi = \varepsilon\psi$$

就可以得到单粒子在核内运动的能级. 由于 Woods-Saxon 势的薛定谔方程没有解析解, 因此一般采用两种较为简单的谐振子势阱和方势阱来近似, Woods-Saxon

势介于两者之间. 这样求出的单粒子能级可以得到 2、8、20 三个幻数. 1949 年, M.G.Mayer 等在中心势场给出的核子能级的基础上, 又考虑了自旋轨道耦合效应及其引起的能级分裂, 在势场加入强自旋轨道耦合势, 解释了所有的幻数.

这样的壳模型的基本思想是, 核内核子在一个稳定的、球对称的平均场中运动, 核子间存在相互作用. 这种相互作用的强度比平均场弱得多, 是平均场不能包括的一种剩余相互作用. 低能下, 剩余相互作用主要是两体相互作用, 多体力即使存在也非常微弱, 常常略去不计. 原子核的剩余相互作用使核子的角动量耦合起来, 造成能级简并的部分解除, 使原子核的不同能量状态具有各自的确定角动量和宇称. 因此, 如果要研究对角动量敏感的物理效应, 我们自然会想到壳模型 [72], 将一个描述多粒子体系的球对称哈密顿量在球形基下对角化, 可以满足这一要求. 原则上说, 一切核物理问题都可以用传统壳模型解决. 甚至有人已经用壳模型计算出了原子核的转动谱, 但是其实际应用范围十分有限. 由于这种模型遇到维数随体系粒子数增加而急剧增加的困难, 对于轻核的处理是有效的, 而对于变形重核就显得无能为力了. 即使现代的超级计算机可以做到这一点, 我们也很难从计算结果中得出一个清晰的物理图像. 例如, 要描述一个变形重核的基态可能会需要用几百万个球形基, 基态的物理性质将被掩埋在浩瀚的基矢中.

处于幻数附近的核可以认为是球形的, 而远离幻数的核由于存在形变, 成为变形核. 在变形核中, 单粒子感受到的平均场不再是球对称的而是与变形核中核物质分布一致的变形平均场. 对此 S.G.Nilsson 进行了成功的研究, 建立了变形壳模型, 即 Nilsson 模型. Nilsson 模型的基本思想是采用各向异性的谐振子势, 再考虑强自旋轨道耦合, 并按绝热近似处理, 认为单核子运动不受集体运动的影响, 仅在变形的核势场中运动, 则可求出变形核中的单核子能级. 此时, 单核子哈密顿量 H 应写为

$$H = \frac{P^2}{2m} + \frac{1}{2}m\left[\omega^2(x_1^2 + x_2^2) + \omega_3^2 x_3^2\right] + cs.l + Dl^2,$$

由上式可以看出, 旋转椭球谐振子势为 $V = \frac{1}{2}m[\omega^2(x_1^2 + x_2^2) + \omega_3^2 x_3^2]$, $cs.l$ 为自旋轨道耦合项, Dl^2 是为了使谐振子势更接近真实位势而引入的修正项. 这样算出的能级称为 Nilsson 能级, 通常用一系列渐进量子数 $[Nn_z m_z]\Omega^\pi$ 来表征. 其中, N 是主量子数, n_z 是沿对称轴方向的谐振量子数, m_z 是轨道角动量沿对称轴方向的投影, Ω 是单粒子总角动量 j 沿对称轴方向的投影, π 是宇称. 当原子核为球形时, 单粒子总角动量 j 为好量子数, 能级简并度为 $2j+1$; 当原子核发生形变时, j 不再为好量子数, 原来简并的能级发生分裂, 简并度变为 2, 分裂的情况与核形变的大小以及形变为长椭球或者扁椭球有关, 此时 Ω 仍为好量子数.

3.2.2 推转壳模型 (CSM)

原子核作为一个微观多体量子体系, 除了单粒子运动之外, 还有丰富的集体运动, 原子核物理中考虑的主要是集体转动和振动. 对于转动来说, 它既不同于刚体转动, 也不同于流体转动. 原子核的转动是指原子核势场空间取向的变化. 对球形核而言, 其势场是球形的, 绕任何轴转动都不会使势场随时间变化, 因而球形核不会有集体转动. 由量子力学的知识可知, 原子核不存在绕对称轴的集体转动. 因此, 一种简单的情况是轴对称原子核绕主轴 x 的转动, 图 3.2 给出了推转壳模型的简单图像, 其中主轴 x 垂直于其对称轴 z. 推转壳模型最早由 D.R.Inglis 在 1954 年提出 [73], 在 20 世纪 70 年代以后被广泛用来处理原子核高自旋态的相关问题, 取得了丰硕成果. 其实该模型是在 Nilsson 模型的基础上考虑了科里奥利力的作用后得到的. 下面简要叙述该模型的处理方法.

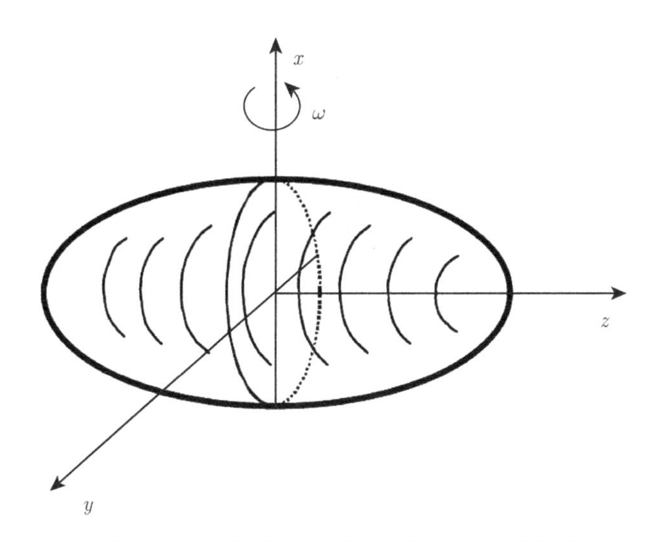

图 3.2 原子核绕 x 轴的集体转动, z 为对称轴

在实验室系中处理这样的绕 x 轴的推转运动时, 我们既要处理单粒子运动, 又要处理集体运动, 还要处理二者之间的关联, 因此原子核的哈密顿量会变得非常复杂. 一个简单的方法就是在原子核上建立一个随体转动的坐标系, 简称转动坐标系. 此时只需考虑单粒子在转动坐标系中的运动. 在与实验进行比较时, 需将实验结果转换到转动坐标系中.

设 $\Sigma(x,y,z)$ 为实验坐标系, $\Sigma'(x,y,z)$ 为转动坐标系, 原子核对称轴为 z' 轴. 当原子核未被转动时, 两坐标系的哈密顿量是一样的, 即

$$h_0 = T + V(x',y',z'),$$

当原子核被推转而绕 x 轴以 ω 角频率旋转时, 在 Σ' 中看来单粒子势 V 与时间无关, 而在 Σ 中看来, V 与时间有关. 实验室坐标系的薛定谔方程为

$$\mathrm{i}\hbar\frac{\partial\psi(t)}{\partial t}=h(t)\psi(t), \tag{3.25}$$

设转动坐标系 Σ' 中的波函数为 φ , 则由

$$\varphi=\mathrm{e}^{\mathrm{i}\omega t j_x/\hbar}\psi,$$

$$h_0=\mathrm{e}^{\mathrm{i}\omega t j_x/\hbar}h\mathrm{e}^{-\mathrm{i}\omega t j_x/\hbar},$$

方程 (3.25) 变为

$$\mathrm{i}\hbar\frac{\partial\varphi}{\partial t}=(h_0-\omega j_x)\varphi=h_\omega\varphi, \tag{3.26}$$

这里定义了 $h_\omega=h_0-\omega j_x$, h_0 为在静止坐标系中单粒子运动的哈密顿量, $-\omega j_x$ 为科里奥利力, j_x 为单粒子角动量沿 x 轴的投影. $h_0-\omega j_x$ 不显含时间 t, 所以上述方程可作为定态薛定谔方程求解, 其本征值称为 Routhian, 即转动坐标系内的本征能量. 由于 j_x 的出现, j_z 和 h_ω 不再对易, Ω 不再是好量子数, $\pm\Omega$ 简并解除, 即推转项的出现破坏了时间反演不变性, 但是在绕 x 轴的 180° 转动下保持不变. 因此, 可以用算符

$$R_x\equiv\mathrm{e}^{-\mathrm{i}\pi j_x} \tag{3.27}$$

的本征值 r 来标记 h_ω 的本征态, $r=\pm i$, 称为旋称 (Signature) 量子数. 再引入 α, 定义 $r=\mathrm{e}^{-\mathrm{i}}\pi\alpha$, 则 $r=\pm i$ 对应 $\alpha=\pm1/2$, 宇称 π 也为好量子数. h_ω 在空间反演作用下不变, 从而可以将 h_ω 在确定的宇称和旋称的空间对角化. 态空间分为 4 个子空间, 即 (π,r) 分别为：$(+,+1/2)$, $(+,-1/2)$, $(-,+1/2)$, $(-,-1/2)$.

进一步假设 $|\mu\rangle$ 为 h_ω 的一个本征态, 则

$$e_\mu=\langle\mu|h_\omega|\mu\rangle=\langle\mu|h_0-\omega j_x|\mu\rangle=\langle\mu|h_0|\mu\rangle-\omega\langle\mu|j_x|\mu\rangle,$$

$$\frac{\mathrm{d}e_\mu}{\mathrm{d}\omega}=-\langle\mu|j_x|\mu\rangle,$$

其中 $\langle\mu|j_x|\mu\rangle$ 称为单粒子顺排角动量. 对由 N 个无相互作用的全同粒子组成的体系, 有

$$H_\omega=H_0-\omega J_x=\sum_{i=1}^{N}h_0(i)-\omega\sum_{i=1}^{N}j_x(i),$$

$$E = \sum_{i=1}^{N} e_{\mu}(i),$$

$$I_x = \sum_{i=1}^{N} \langle \mu(i)|j_x|\mu(i)\rangle,$$

其中, E, I_x 分别称为整个体系的 Routhian 和顺排角动量. 显然, 原子核在转动时, 原子核的单粒子能级会随 ω 发生变化, 即 Routhian 是 ω 的函数.

考虑对力的影响, 推转哈密顿量可以表示为

$$H^{\omega} = H_{s.p.}(\varepsilon_2, \varepsilon_4, \gamma) - \lambda N + H_{\text{pair}} - \omega J_x, \tag{3.28}$$

其中, 右边第一项 $H_{s.p.}(\varepsilon_2, \varepsilon_4, \gamma)$ 代表变形的单粒子哈密顿量, 通常采用 Nilsson 或 Wood-Saxon 单粒子势; 第二项是化学势, 这是为了保证粒子数守恒而引入的, N 为粒子数算符, λ 为费米能级; 第三项为对相互作用, 我们仅考虑单极对力

$$H_{\text{pair}} = \Delta(P^{+} + P),$$

其中, P^{+}, P 分别为对产生算符和对消灭算符, 对作用强度固定取为能隙参数 $\varDelta$, 而 $\varDelta$ 由实验上测得的奇偶质量差来确定. 最后一项是推转项, 代表 Coriolis 力.

由二次量子化:

$$\begin{cases} H_{s.p.} = \sum\limits_{\nu>0} \varepsilon_{\nu}(a_{\nu}^{+}a_{\nu} + a_{\bar{\nu}}^{+}a_{\bar{\nu}}), \\ H_{\text{pair}} = -G \sum\limits_{\mu,\nu>0} a_{\mu}^{+}a_{\mu}^{+}a_{\bar{\nu}}a_{\bar{\nu}}, \\ J_x = \sum\limits_{\mu,\nu} \langle \mu \mid j_x \mid \nu\rangle a_{\mu}^{+}a_{\nu}, \\ N = \sum\limits_{\nu>0} (a_{\nu}^{+}a_{\nu} + a_{\bar{\nu}}^{+}a_{\bar{\nu}}), \end{cases} \tag{3.29}$$

其中, ε_{ν} 是静止势场中的单粒子能级, G 为对力强度参量.

由粒子–准粒子 (Bogoliubov) 变换,

$$\begin{cases} \alpha_{\mu}^{+} = \sum\limits_{\nu} (U_{\mu\nu}a_{\nu}^{+} + V_{\mu\nu}a_{\nu}), \\ \alpha_{\mu} = \sum\limits_{\nu} (U_{\mu\nu}^{*}a_{\nu} + V_{\mu\nu}^{*}a_{\nu}^{+}), \end{cases} \tag{3.30}$$

其中, U, V 为复数. 因为要使准粒子与粒子具有相同的统计性, 所以要求以上变换是幺正的, 即

$$\begin{cases} \sum_{\mu}(U_{i\mu}^{*}U_{j\mu}+V_{i\mu}^{*}V_{j\mu})=\delta, \\ \sum_{\mu}(U_{i\mu}U_{j\mu}+V_{i\mu}V_{j\mu})=0, \end{cases} \tag{3.31}$$

令

$$a^{+}=\begin{pmatrix} a_1^{+} \\ a_2^{+} \\ M \\ a_n^{+} \end{pmatrix}, \quad a=\begin{pmatrix} a_1 \\ a_2 \\ M \\ a_n \end{pmatrix},$$

利用幺正性质, 最后可得

$$\begin{cases} a_{\nu}^{+}=\sum_{\mu}(U_{\mu\nu}^{*}\alpha_{\mu}^{+}+V_{\mu\nu}\alpha_{\mu}), \\ a_{\nu}=\sum_{\mu}(V_{\mu\nu}^{*}\alpha_{\mu}^{+}+U_{\mu\nu}\alpha_{\mu}), \end{cases} \tag{3.32}$$

将其代入到哈密顿量, 并假定准粒子相互作用很小, 忽略 H 中含有四个准粒子作用算符的项. 通过调解 U, V 使得含有两个准粒子产生和湮灭算符的项为 0, 这样就剩下只含一个准粒子产生和湮灭算符的项. 所描述的是一个独立的准粒子体系, $H=\Sigma_{\mu}E_{\mu}\alpha_{\mu}^{+}\alpha_{\mu}$, E_{μ} 即为准粒子的能量. 再对角化 HFBC 方程:

$$H\begin{pmatrix} U_{\mu\nu} \\ V_{\mu\nu} \end{pmatrix}=E\begin{pmatrix} U_{\mu\nu} \\ V_{\mu\nu} \end{pmatrix}, \qquad \mu=1,2,\cdots,n,$$

即可得到 E_{μ}. 对于不同的旋称 $(r=\pm i)$, H 矩阵不同, 从而不同旋称的能级简并被解除. 在有对力作用时, 转动位场中的准粒子能量随 ω 变化的曲线图如图 3.3 所示. 利用推转壳模型的 Routhian 图可以清楚地看出各准粒子的顺排及回弯频率的大小. 推转壳模型在描述原子核高自旋态方面取得了很大的成功. 然而, 其先天性缺陷也是显而易见的, 在这种模型框架下, 角动量不再是好量子数, 取而代之的是转动角频率这一经典概念, 因而推转壳模型的计算结果不能与实验转动谱直接比较, 为此必须从实验能谱中提取可与理论比较的所谓实验 Routhian、实验顺排及实验角频率. 应该注意, 这种提取过程已经假设了原子核是一个经典转子. 可是原子核至少是一个量子转子, 其中一定会包含被推转壳模型所忽略的量子转动效应. 此外, 推转壳模型还不能严格计算带内跃迁. 更成问题的是, 推转壳模型没有很好地考虑准粒子组态间的相互作用, 不能细致地描述转动态的波函数. 随着现代实验技术的发展, 人们有可能观测到重核高自旋态更细致的结构. 因此, 理论上越来越需要用一种合适的微观量子理论对高自旋态进行更细致的描述.

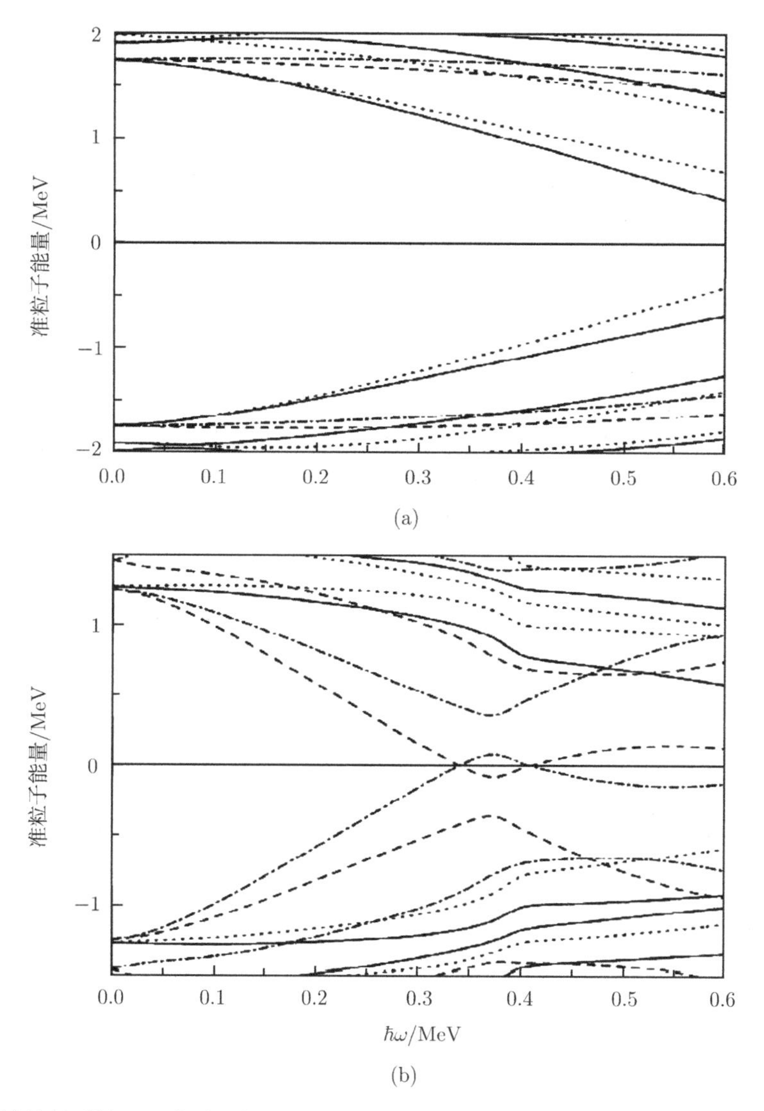

图 3.3 计算得到的 (a) 准质子的 Routhian 和 (b) 准中子的 Routhian 随转动频率 $\hbar\omega$ 的变化曲线图 (取自文献 [71])

3.2.3 TRS 位能面计算方法

在转动坐标系中的原子核对给定组态 cf 的总能量可以表示为

$$E(\varepsilon_2,\gamma;\omega)=E_{\mathrm{LD}}(\varepsilon_2,\gamma)+E_{\mathrm{corr}}(\varepsilon_2,\gamma;\omega=0)+E_{\mathrm{rot}}(\varepsilon_2,\gamma;\omega)+\sum_{i\in cf}e_i^{\omega}(\varepsilon_2,\gamma),\quad(3.33)$$

其中第一项为液滴部分的能量:

$$E_{\mathrm{LD}} = \left(\frac{E_s}{E_{s0}} - 1\right) E_{s0} + \left(\frac{E_c}{E_{c0}} - 1\right) E_{c0}, \tag{3.34}$$

E_{s0}, E_{c0} 分别为球形核的表面能及库仑能. 第二项 E_{corr} 是量子效应对能量的修正, 包括壳效应和对效应对液滴模型的修正. 这里, 我们在计算对修正能 E_{pair} 时不是由对力强度 G 出发的, 而是以能隙参数 Δ 出发的, Δ 还是由实验上的奇偶质量差决定的. 因此

$$E_{\mathrm{pair}} = \langle H_{s.p.} + H_{\mathrm{pair}} \rangle|_{\omega=0}^{\Delta\neq 0} - \langle H_{s.p.} + H_{\mathrm{pair}} \rangle|_{\omega=0}^{\Delta=0}, \tag{3.35}$$

一般情况下, 我们主要取三个主壳层. 其中第二项实际上就是在这个壳层内的单粒子能量之和. 我们将考虑将对力时准粒子能量之和与不考虑对力时单粒子能量之和的差异作为对修正能. 关于 $E_{\mathrm{LD}} + E_{\mathrm{corr}}$ 部分的计算详见 (6.3 节).

E_{rot} 为集体转动能. 这里, 我们用准粒子真空态的波函数分别求得有转动 ($\omega \neq 0$) 和没有转动 ($\omega = 0$) 时 (3.28) 式 H^{ω} 的期望值, 然后将两者之差作为集体转动能.

$$E_{\mathrm{rot}} = H^{\omega}|_{\omega\neq 0} - H^{\omega}|_{\omega=0}, \tag{3.36}$$

最后一项为属于该组态的所有准粒子能量之和, 它对原子核的形状有驱动效应. 正是由于这一项的不同, 即原子核处于不同的组态时, 形状就会有较大的差别.

最后, 求出总 Routhian, $E(\varepsilon_2, \gamma; \omega)$ 后, 我们通过对它求极小值的方法来确定原子核的平衡形变. 求极小值的方法通常是二维自洽计算方法, 必要时为三维自洽计算方法. 下面我们简单介绍三维自洽计算方法.

把 $E(\varepsilon_2, \gamma; \omega)$ 最小或局部极小值所对应的 $(\varepsilon_2, \varepsilon_4, \gamma)$ 认为是原子核可能的形状, 为了方便起见, 一般将 ε_2, γ 变为另外两个参量:

$$\alpha = \varepsilon_2 \cos(\gamma + 30^\circ),$$
$$\beta = \varepsilon_2 \sin(\gamma + 30^\circ).$$

在求极小值时, 先对在同一 α, β 处的 ε_4 求极小值, 得到 $E'(\alpha, \beta)$:

$$E'(\alpha, \beta) = \min_{\varepsilon_4} E(\alpha, \beta, \varepsilon_4), \tag{3.37}$$

然后再作 $E'(\alpha, \beta)$ 对 α, β 的等势线, 由等势线得到 $\alpha_{\min}$ 和 $\beta_{\min}$, 从而确定出

$$\varepsilon_2 = \sqrt{\alpha_{\min}^2 + \beta_{\min}^2};$$

$$\gamma = \arctan(\beta_{\min}/\alpha_{\min}) - 30^\circ.$$

由 (3.37) 式还可以得到 E 取最小值时对应的 $\varepsilon_{4\,\min}$ 随 α,β 的变化曲面 $\varepsilon_{4\,\min}(\alpha,\beta)$. 通过插值, 可以找到与 $\alpha_{\min}$、$\beta_{\min}$ 对应的 $\varepsilon_{4\,\min}$ 的值. 这样 $\varepsilon_2,\gamma,\varepsilon_{4\,\min}$ 便是原子核可能存在的一组形变.

目前, 有很多种 TRS 计算程序用来研究较重核的形变, 其主要区别在于推转壳模型中采用的单粒子势的形式 (有的采用 Nilsson 势, 而有的采用 Wood-Saxon 势等) 和求极小值的方法等不同, 但共同的特点是都是基于推转壳模型, 并通过对转动系中总位能面 (Routhian) 求极小值的方法来确定原子核可能存在的一组形变. 实践证明, 在大多数情形下, 该方法可以很好地描述高速转动原子核的形状. 下面讨论 TRS 方法在原子核三轴超形变上的应用.

另外, 顺便一提的是, 目前除了 TRS 方法外, 实验文献中常见的另外一种位能面计算方法是 TES (Total Eenrgy Surface) 方法. 在给定角动量下, 这种计算能给出位能面极小点对应的原子核形变值. 然而, 与 TRS 方法一样, TES 方法也是在推转壳模型的基础上建立的. 在这种方法中, 角动量与角频率不是一一对应的, 尤其在回弯处, 这里不再详细介绍 (详见文献 [74]).

3.3 $A\sim160$ 区奇奇核三轴超形变带的 TRS 计算

原子核的三轴形变是核物理中的基本问题, 而且很多前沿核结构问题都与三轴形变有关. 三轴形变最有力并最直接的实验依据是在高速转动的原子核中发现了摇摆运动 (Wobbling Mode), 即在 2001 年, 实验家在 ^{163}Lu 原子核中首次发现了一声子和二声子的 Wobbling 带 [46, 75, 76]. 由于摇摆运动是唯一一个证明稳定的三轴形变存在的依据, 因此实验发现的这些 Wobbling 超形变带被鉴定为三轴超形变带 (Triaxial Superdeformed (TSD) Band). 随着其邻核 ^{161}Lu[77], ^{165}Lu[78, 79], ^{167}Lu[80] Wobbling 带的陆续发现, 再次证明该核区三轴超形变带的存在. 然而, 实验对这些核的其他邻核做了很多的努力去寻找 Wobbling 带都没有成功. 直到最近实验第一次在除了 Lu 核以外的原子核, 即 ^{167}Ta[81] 核中也发现了 Wobbling 带, 使这种集体三轴运动成为普遍现象. 在 ^{161,163,165,167}Lu 和 ^{167}Ta 中发现的 Wobbling 带不仅使 Wobbling 运动在该核区成为普遍现象, 而且也对稳定三轴形变的存在提供了强有力的实验依据. 不同的位能面理论曾预言在 $Z\sim72$ 和 $N\sim94$ 的核区构成一个三轴超形变区, 计算得到的形变参数为 $\varepsilon_2\sim0.4$ 和 $\gamma\sim\pm20^\circ$. 这些计算表明, 该核区得到的大形变除了质子 [660]1/2 高 j 闯入轨道起了重要的作用之外, 壳修正还是起到了最重要的作用. 因此, 该核区计算得到的三轴形变不仅与核心的壳修正和对修正有关, 也与核心以外的高 j 单粒子运动有关. 非常有趣的是, 我们发现 Wobbling 运动只在 Lu 奇–偶核 (如 ^{163}Lu), 中出现, 而在它相邻奇奇核, 如 ^{164}Lu, 该核已经发现了 8 条三轴超形变带, 也没有找到一例 Wobbling 带, 并且实验发现的三轴超形变带也比预言的要少很多. 这也许表明奇奇核比奇偶核多出来的一个中子在原子核的形状中可能起着非常重要的作用. 因此, 要准确描述该核区原子核三轴形变的有效理论, 必须能够同时准确地处理壳效应和闯入轨道的形变驱动效应, 即要准确地确定壳能隙和对应的闯入轨道的位置. 然而, 这并不是一件容易的事, 有幸的是, 最近已经积累了很多关于 Lu 原子核的实验数据, 尤其是关于带内跃迁和寿命测量的信息, 这将为我们的计算提供有效的实验约束. 我们将采用 TRS 方法研究奇奇核 $^{160\sim168}$Lu , 展示其低能三轴超形变带的丰富性并讨论它们的机制.

3.3.1 计算参数的选取

在计算中, 需要的参数主要有质子, 中子的对能隙, Nillson 势参数 κ 和 μ, 推转频率 ω. 质子和中子的对能隙可以通过质子和中子的奇偶质量差来计算, 计算的公式如下 (设 (Z, N) 为我们所要研究的核):

$$\begin{cases} \Delta_n = \dfrac{(-1)^N}{4}[B(Z,N-2) - 3B(Z,N-1) + 3B(Z,N) - B(Z,N+1)], \\ \Delta_p = \dfrac{(-1)^Z}{4}[B(Z-2,N) - 3B(Z-1,N) + 3B(Z,N) - B(Z+1,N)], \end{cases} \tag{3.38}$$

其中, $B(Z, N)$ 为质子数为 Z、中子数为 N 的原子核的结合能. 并考虑到对效应随 ω 的增加而减弱, 在实际计算中可以引入一个减弱引子, 在我们的计算中对中子和质子都引入了 0.75 的减弱因子. 对 (κ, μ), 我们选取与主壳层相关的参数 [82], 如表 3.1 所示. 这里需要指出的是, 通过选取不同的合理参数进行检查, 计算表明三轴超形变的存在对于对力能隙参数 Δ 和 (κ, μ) 参数的选取不是很敏感的.

表 3.1 Nilsson 单粒子能级势参数

N	质子		中子	
(主壳层)	κ	μ	κ	μ
0	0.120	0.0	0.120	0.0
1	0.120	0.0	0.120	0.0
2	0.105	0.0	0.105	0.0
3	0.090	0.30	0.090	0.25
4	0.065	0.57	0.070	0.39
5	0.060	0.65	0.062	0.43
6	0.054	0.69	0.062	0.34
7	0.054	0.69	0.062	0.26
8...	0.054	0.69	0.062	0.26

在公式 (3.33) 中, 把总能量分成了 5 个部分, 这样做能更有效地表示出各项, 即壳修正、对修正、转动能和准粒子轨道的形变驱动效应, 对原子核形状的不同影响. 尤其是转动准粒子贡献的分离更能清楚地表示出闯入轨道的形变驱动效应, 而它在 Lu 原子核的三轴超形变形成中起着非常重要的作用. 然而, 这样做的缺点是很难处理在交叉区域的转动带之间的相互作用. 有幸的是, 在足够低的推转频率 ω 下的 TRS 计算可以避免带交叉问题. 在我们的计算中, 对所有 Lu 同位素的 TRS 计算, 我们都选择了 $\hbar\omega = 0.02\times 41/\sqrt[3]{A}$, 发现这样的推转频率下的计算在大多数形变点, 尤其是在三轴超形变对应的点上都不会出现带交叉, 这样可以保证我们的 TRS 计算是对特定组态下的计算.

3.3.2 组态的选取

Lu 奇奇核不同的较低高自旋态与对应的转动带可以通过其最后一个质子和中子填充费米面附近不同的单粒子轨道而得到. 如果只考虑四极形变, 每一个轨道 i 可以用它对应的宇称 π_i、旋称 α_i 和 Nilsson 渐进 (Asymptotic) 量子数来标记, 而对应这类填充的组态用总的宇称 $\pi=\prod_{i\in\text{occu}}\pi_i$, 总的旋称 $\alpha=\prod_{i\in\text{occu}}\alpha_i$ 和所有被考虑的轨道对应的 Nilsson 渐进量子数来标记. 我们将看到, 我们考虑的所有 Lu 奇奇核的 TRS 位能面极小点对应的形变参数几乎是一样的, 平均值为 $\varepsilon_2=0.4, \gamma=20^\circ, \varepsilon_4=0.03$. 在这种平均三轴超形变下的费米面附近的质子和中子轨道将组成我们所考虑的 Lu 奇奇核较低三轴超形变带的最低的内禀组态.

中子和质子 Nilsson 能级图如图 3.4(a) 和 (b) 所示. 图 3.4(a) 和 (b) 的左侧部分给出的是 Nilsson 能级随着 ε_2 变化的情况, 而右侧部分给出的是 Nilsson 能级随着 γ 变化的情况, 此时拉长形变参数和十六极形变参数取固定值, 即 $\varepsilon_2=0.4$ 和 $\varepsilon_4=0.03$. 我们的计算预言了当中子数 $N=94$ 时单粒子能级将出现较大的三轴超形变能隙. 因此, 如果某原子核的中子费米面正好落在该能隙附近时, 该原子核可能就会有三轴超形变的形状. 图 3.4 中, 费米面附近的单粒子能级用 Nilsson 参数进行了标记. 注意, 由于三轴形变的引入, 单粒子态 K-值, 即 Ω, 不再是好量子数. 在我们的 TRS 计算中, 选取组态的时候优先考虑了费米面附近的高 j 轨道, 尤其是高 j 低 Ω 轨道. 在我们的 TRS 计算中构建组态时所选取的单粒子态见表 3.2. 我们将发现这些单粒子态确实是 Lu 奇奇核较低三轴超形变带的主要成分.

我们知道 Lu 奇–偶 wobbling 核所发现的三轴超形变带都是建立在质子 [660]1/2 轨道上, 因此我们在组建 Lu 奇–奇核三轴超形变组态时考虑这个具有较强的形变驱动效应的轨道是必然的. 但是考虑到质子 [660]1/2 轨道旋称劈裂较大, 我们的计算没有考虑质子 [660]1/2 轨道的旋称伙伴带. 在 Lu 奇–偶核也没有发现基于 $(\pi[660]1/2, \alpha=-1/2)$ 的三轴超形变带的事实支持了我们的选择.

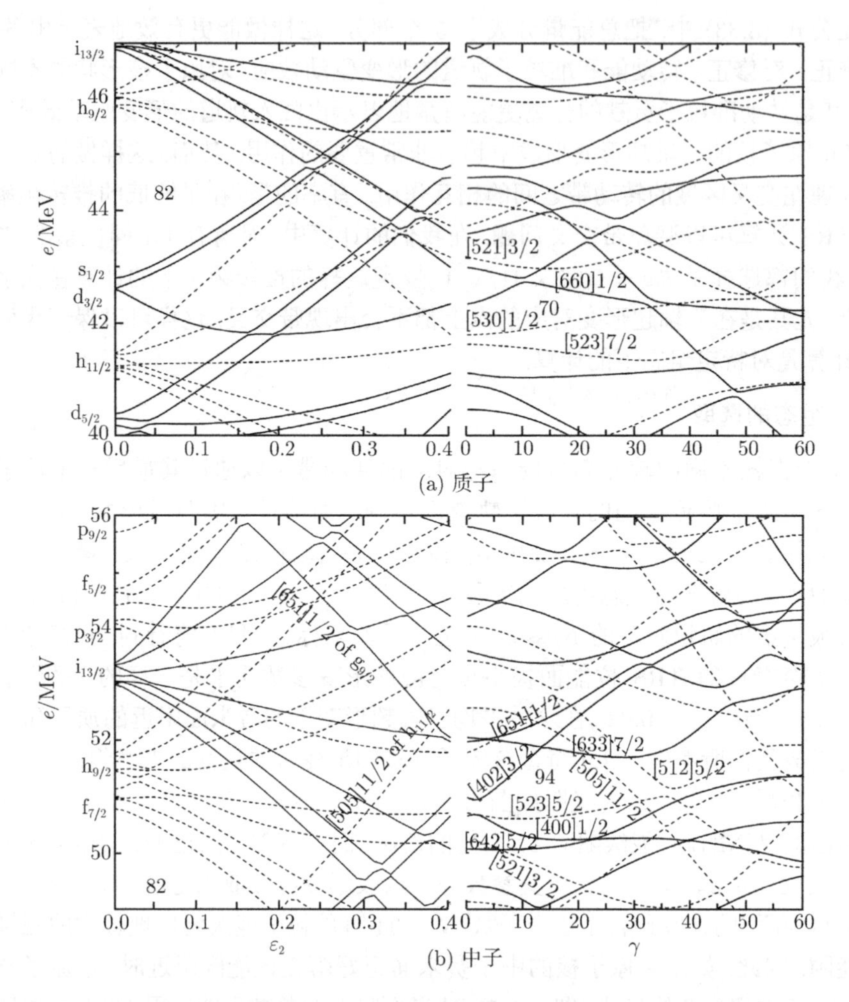

图 3.4　单粒子 Nilsson 能级：(a) 对应质子；(b) 对应中子. (a) 和 (b) 的左图中 Nilsson 能级随 ε_2 变化，这时 $\gamma = 0°$，$\varepsilon_4 = 0.03$. 右图中 Nilsson 能级随 γ 变化，这时 $\varepsilon_2 = 0.30, \varepsilon_4 = 0.00$ (实线表示正宇称态，而虚线表示负宇称态)

表 3.2　建立 $^{160\sim168}$Lu 奇奇核准粒子组态所选的单粒子轨道

原子核	球形轨道	Nilsson 轨道	旋转和标记	
			$\alpha = 1/2$	$\alpha = -1/2$
^{160}Lu	$\pi i_{13/2}$	$\pi[660]1/2^+$	a	b
	$\pi h_{9/2}$	$\pi[530]1/2^-$	f	e
	$\nu i_{13/2}$	$\nu[642]5/2^+$	A	B
	$\nu h_{9/2}$	$\nu[521]3/2^-$	F	E
^{162}Lu	$\pi i_{13/2}$	$\pi[660]1/2^+$	a	b
	$\pi h_{9/2}$	$\pi[530]1/2^-$	f	e

续表

原子核	球形轨道	Nilsson 轨道	旋转和标记	
			$\alpha=1/2$	$\alpha=-1/2$
	$\nu f_{7/2}$	$\nu[523]5/2^-$	F	E
	$\nu i_{13/2}$	$\nu[642]5/2^+$	A	B
^{164}Lu	$\pi i_{13/2}$	$\pi[660]1/2^+$	a	b
	$\pi h_{9/2}$	$\pi[530]1/2^-$	f	e
	$\nu f_{7/2}$	$\nu[523]5/2^-$	F	E
	$\nu i_{13/2}$	$\nu[642]5/2^+$	A	B
^{166}Lu	$\pi i_{13/2}$	$\pi[660]1/2^+$	a	b
	$\pi h_{9/2}$	$\pi[530]1/2^-$	f	e
	$\nu h_{11/2}$	$\nu[505]11/2^-$	F	E
	$\nu i_{13/2}$	$\nu[633]7/2^+$	A	B
^{168}Lu	$\pi i_{13/2}$	$\pi[660]1/2^+$	a	b
	$\pi h_{9/2}$	$\pi[530]1/2^-$	f	e
	$\nu h_{11/2}$	$\nu[505]11/2^-$	F	E
	$\nu i_{13/2}$	$\nu[633]7/2^+$	A	B

3.3.3 确定组态下的 TRS 计算

我们关于 Lu 奇奇核的所有 TRS 计算都是对特定的组态进行的, 并且采用了三维自洽计算. 下面我们以 ^{162}Lu 核 $\pi[530]1/2^-(\alpha=-1/2(\otimes\nu[523]5/2^-(\alpha=-1/2))$ 组态对应的 TRS 位能面计算为例, 介绍我们的 TRS 计算及其结果, 计算中推转频率取 $\hbar\omega=0.02\hbar\omega_0=0.15\text{MeV}$, 保证避免带交叉 (组态混合), 计算结果如图 3.5 所示. 图 3.5(a) 为该组态下的 TRS 位能面等势图 (本书中凡是未作明确说明的,

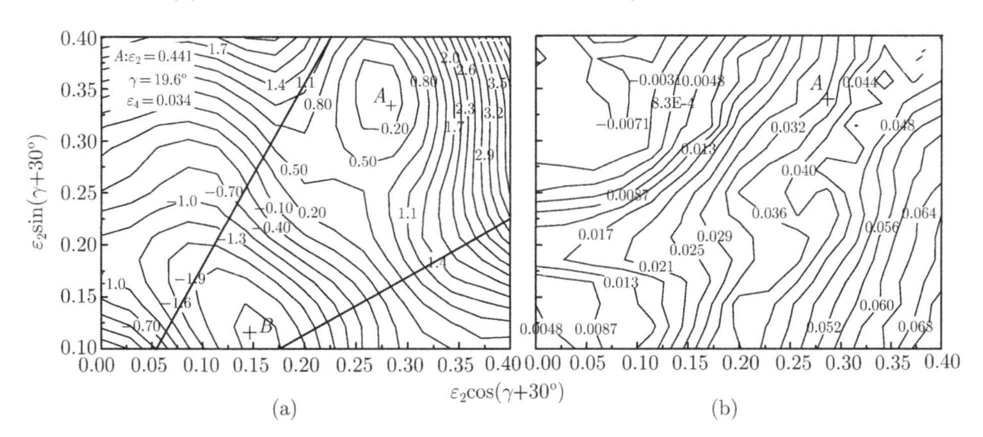

图 3.5 ^{162}Lu 核 $\pi[530]1/2^-(\alpha=-1/2\otimes\nu[523]5/2^-(\alpha=-1/2))$ 组态的 TRS 和 ε_4^{min} 等势图; (a) 总位能面等势图, MeV. “A” 代表局部极小点, 表示三轴超形变, 形变参数为 $\varepsilon_2=0.441,\gamma=19.6°$); (b) $\varepsilon_4^{min}(\varepsilon_2,\gamma)$ 等势图. “+” 代表 (a) 图中三轴超形变对应的 A 点十六极形变值，0.034

等势面的图中的能量单位均为 MeV), 图中各点都已对 ε_4 求了极小, 本工作中的所有类似计算都在 -0.02 到 0.075 之间 ε_4 取了 20 个点, 因此该等势图上各点的 ε_4 不是完全一样的. 这也是与其他 TRS 等势图不同之处. 从图 3.5(a) 可以看出, 该曲面存在两个极小点 A 和 B. B 点为该曲面的最小值, 是原子核稳定的正常形变 ($\varepsilon_2 = 0.16, \gamma = 8°$) 处, 而 A 点为第二个极小点, 是原子核可能存在的另一种形变. 由图可以确定 A 点的形变值为 $\varepsilon_2 = 0.441, \gamma = 19.6°$, 相对于第一个极小点的能量为 2.3MeV. A 点对应的 ε_4 值可以从 $\varepsilon_4^{min}(\varepsilon_2, \gamma)$ 等势图 3.5(b) 上确定, 即 $\varepsilon_4 = 0.034$, 用 " + " 标记. 因此, 本次三维自洽 TRS 计算得到的第二个形变极小点对应的形变参数为 ($\varepsilon_2 = 0.441, \gamma = 19.6°, \varepsilon_4 = 0.034$), 代表三轴超形变, 对应的组态为 $\pi[530]1/2^-(\alpha = -1/2) \otimes \nu[523]5/2^-(\alpha = -1/2)$).

3.3.4 $^{160\sim168}$Lu 奇奇核 TRS 计算

采用 3.3.3 节介绍的 TRS 方法, 我们将对 $^{160\sim168}$Lu 不同组态进行位能面计算. 为了预言这些核的三轴超形变带, 我们计算并分析了不同较低组态下的位能面等势图和对应的十六极形变等势图 ($\varepsilon_4^{\min}(\varepsilon_2, \gamma)$) 共 50 余个. 本工作中, 具有 $\varepsilon_2 \geqslant 0.35$ 和 $10° \leqslant \gamma \leqslant 50°$ 形变值的原子核定义为三轴超形变原子核. 根据计算得到的三轴超形变极小点, 我们对 $^{160\sim168}$Lu 每一个核平均预言了 10 条离其正常形变 Yrast 带高 3MeV 以内的三轴超形变带, 并得到了对应的形变参数和组态, 结果见表 3.3～表 3.7. 表 3.3 对应 ^{160}Lu, 表 3.4 对应 ^{162}Lu, 表 3.5 对应 ^{164}Lu, 表 3.6 对应 ^{166}Lu, 表 3.7 对应 ^{168}Lu 的结果. 在每一个核的表格中, 我们分别给出了三轴超形变带对应的准粒子组态, 对应的形变参数和三轴超形变带相对于正常形变 Yrast 带的激发能量的值. 在特定的推转频率, $\hbar\omega = 0.02 \times 41/\sqrt[3]{A}$ 和特定组态下, 该组态对应的三轴超形变带 (TSD) 相对于正常形变 (ND)Yrast 带的激发能, 即相对能 ΔE, 包括两部分. 第一部分是 TSD 极小点和 ND 极小点对应的真空态能量差, 另一部分是准粒子能量差, 见表 3.3～表 3.7 中的最后一列. 非常有趣的是, 我们得到的相对能 ΔE 很好地再现了已有的实验数据 [83, 84]. 例如, 实验发现的 ^{164}Lu 第一条三轴超形变带, TSD1 带在 $\hbar\omega = 0.187$MeV 频率下比正常 Yrast 带高 1.12MeV, 而我们在相同频率下的 TRS 计算给出的相对能为 0.93MeV, 表明我们的结果跟实验值基本吻合. 而对 ^{164}Lu 核 TSD3 带在 $\hbar\omega = 0.177$MeV 频率给出的相对能为 1.13MeV, 我们的计算给出的结果是 1.11MeV, 进一步验证了我们的计算结果. 除此之外, 我们对三轴超形变带的组态命名也与实验结果一致. 在实验发现的 8 条 ^{164}Lu 核三轴超形变带中, 只观测到了 TSD1 和 TSD3 与正常形变 Yrast 带之间的带内跃迁, 该实验数据不仅可以提供三轴超形变带和正常形变 Yrast 带之间的相对能量, 而且也可以对它们命名组态. 例如, 实验对 ^{164}Lu 核 TSD1 和 TSD3 带命名的宇称和旋称分别为 $(\pi, \alpha) = (-, 0)$ 和 $(\pi, \alpha) = (+, 1)$, 组态分别为 $\pi i_{13/2} \otimes \nu h_{9/2}$ 和 $\pi i_{13/2} \otimes \nu i_{13/2}$, 而我们的理论命名更为详细, 命名到

Nilsson 单粒子能级, 见表 3.2, 如 TSD1 带的宇称和旋称为 $(\pi,\alpha)=(-,0)$ 和组态为 $\pi[660]1/2(\alpha=1/2)\otimes\nu[523]5/2(\alpha=-1/2)$, 对 TSD3 带的理论命名是宇称和旋称为 $(\pi,\alpha)=(+,1)$, 组态为 $\pi[660]1/2(\alpha=1/2)\otimes\nu[642]5/2(\alpha=1/2)$. 我们的计算结果不仅与实验数据一致, 而且与 Ultimate Cranker(UC) 方法关于 TSD1 带的组态命名一致. 然而可惜的是, 实验没有更多的关于 $^{160\sim168}$Lu 奇奇核已发现的 TSD 带相对能和组态命名的数据和信息与我们的计算结果进行比较, 因此, 表 3.3~ 表 3.7 给出的计算结果将对以后的实验提供一定的参考.

表 3.3 ^{160}Lu 核 TSD 带的计算结果

序号	组态	标记	形变参数	ΔE
1	$\pi i_{13/2}[660]1/2^+\alpha=1/2\otimes\nu i_{13/2}[642]5/2^+\alpha=1/2$	aA	$\varepsilon_2=0.44$ $\gamma=22.3^\circ$ $\varepsilon_4=0.017$	1.324
2	$\pi i_{13/2}[660]1/2^+\alpha=1/2\otimes\nu i_{13/2}[642]5/2^+\alpha=-1/2$	aB	$\varepsilon_2=0.44$ $\gamma=22.3^\circ$ $\varepsilon_4=0.016$	1.321
3	$\pi i_{13/2}[660]1/2^+\alpha=1/2\otimes\nu h_{9/2}[521]3/2^-\alpha=-1/2$	aE	$\varepsilon_2=0.423$ $\gamma=22.6^\circ$ $\varepsilon_4=0.031$	1.361
4	$\pi i_{13/2}[660]1/2^+\alpha=1/2\otimes\nu h_{9/2}[521]3/2^-\alpha=1/2$	aF	$\varepsilon_2=0.423$ $\gamma=22.6^\circ$ $\varepsilon_4=0.025$	1.349
5	$\pi h_{9/2}[530]1/2^-\alpha=-1/2\otimes\nu i_{13/2}[642]5/2^+\alpha=1/2$	eA	$\varepsilon_2=0.44$ $\gamma=24.3^\circ$ $\varepsilon_4=0.024$	1.391
6	$\pi h_{9/2}[530]1/2^-\alpha=-1/2\otimes\nu i_{13/2}[642]5/2^+\alpha=-1/2$	eB	$\varepsilon_2=0.44$ $\gamma=24.3^\circ$ $\varepsilon_4=0.023$	1.389
7	$\pi h_{9/2}[530]1/2^-\alpha=-1/2\otimes\nu h_{9/2}[521]3/2^-\alpha=-1/2$	eE	$\varepsilon_2=0.423$ $\gamma=22.6^\circ$ $\varepsilon_4=0.031$	1.429
8	$\pi h_{9/2}[530]1/2^-\alpha=-1/2\otimes\nu h_{9/2}[521]3/2^-\alpha=1/2$	eF	$\varepsilon_2=0.423$ $\gamma=22.6^\circ$ $\varepsilon_4=0.032$	1.417
9	$\pi h_{9/2}[530]1/2^-\alpha=1/2\otimes\nu i_{13/2}[642]5/2^+\alpha=1/2$	fA	$\varepsilon_2=0.423$ $\gamma=22.6^\circ$ $\varepsilon_4=0.024$	1.437
10	$\pi h_{9/2}[530]1/2^-\alpha=1/2\otimes\nu i_{13/2}[642]5/2^+\alpha=-/2$	fB	$\varepsilon_2=0.423$ $\gamma=22.6^\circ$ $\varepsilon_4=0.023$	1.434
11	$\pi h_{9/2}[530]1/2^-\alpha=1/2\otimes\nu h_{9/2}[521]3/2^-\alpha=-1/2$	fE	$\varepsilon_2=0.423$ $\gamma=22.6^\circ$ $\varepsilon_4=0.029$	1.474
12	$\pi h_{9/2}[530]1/2^-\alpha=1/2\otimes\nu h_{9/2}[521]3/2^-\alpha=1/2$	fF	$\varepsilon_2=0.423$ $\gamma=22.6^\circ$ $\varepsilon_4=0.029$	1.462

表 3.4　^{162}Lu 核 TSD 带的计算结果

序号	组态	标记	形变参数	ΔE
1	$\pi i_{13/2}[660]1/2^+ \alpha = 1/2 \otimes \nu f_{7/2}[523]5/2^- \alpha = -1/2$	aE	$\varepsilon_2 = 0.441$ $\gamma = 19.6°$ $\varepsilon_4 = 0.028$	1.417
2	$\pi i_{13/2}[660]1/2^+ \alpha = 1/2 \otimes \nu f_{7/2}[523]5/2^- \alpha = 1/2$	aF	$\varepsilon_2 = 0.441$ $\gamma = 19.6°$ $\varepsilon_4 = 0.030$	1.432
3	$\pi i_{13/2}[660]1/2^+ \alpha = 1/2 \otimes \nu i_{13/2}[642]5/2^+ \alpha = 1/2$	aA	$\varepsilon_2 = 0.377$ $\gamma = 33°$ $\varepsilon_4 = 0.019$	1.4
4	$\pi i_{13/2}[660]1/2^+ \alpha = 1/2 \otimes \nu i_{13/2}[642]5/2^+ \alpha = -1/2$	aB	$\varepsilon_2 = 0.406$ $\gamma = 20.7°$ $\varepsilon_4 = 0.017$	1.402
5	$\pi h_{9/2}[530]1/2^- \alpha = -1/2 \otimes \nu f_{7/2}[523]5/2^- \alpha = -1/2$	eE	$\varepsilon_2 = 0.441$ $\gamma = 19.6°$ $\varepsilon_4 = 0.034$	1.521
6	$\pi h_{9/2}[530]1/2^- \alpha = -1/2 \otimes \nu f_{7/2}[523]5/2^- \alpha = 1/2$	eF	$\varepsilon_2 = 0.441$ $\gamma = 19.6°$ $\varepsilon_4 = 0.034$	1.536
7	$\pi h_{9/2}[530]1/2^- \alpha = -1/2 \otimes \nu i_{13/2}[642]5/2^+ \alpha = 1/2$	eA	$\varepsilon_2 = 0.423$ $\gamma = 22.6°$ $\varepsilon_4 = 0.024$	1.504
8	$\pi h_{9/2}[530]1/2^- \alpha = -1/2 \otimes \nu i_{13/2}[642]5/2^+ \alpha = -1/2$	eB	$\varepsilon_2 = 0.423$ $\gamma = 22.6°$ $\varepsilon_4 = 0.023$	1.506
9	$\pi h_{9/2}[530]1/2^- \alpha = 1/2 \otimes \nu f_{7/2}[523]5/2^- \alpha = -1/2$	fE	$\varepsilon_2 = 0.423$ $\gamma = 22.6°$ $\varepsilon_4 = 0.028$	1.472
10	$\pi h_{9/2}[530]1/2^- \alpha = 1/2 \otimes \nu f_{7/2}[523]5/2^- \alpha = 1/2$	fF	$\varepsilon_2 = 0.423$ $\gamma = 22.6°$ $\varepsilon_4 = 0.028$	1.487
11	$\pi h_{9/2}[530]1/2^- \alpha = 1/2 \otimes \nu i_{13/2}[642]5/2^+ \alpha = 1/2$	fA	$\varepsilon_2 = 0.406$ $\gamma = 20.7°$ $\varepsilon_4 = 0.031$	1.455
12	$\pi h_{9/2}[530]1/2^- \alpha = 1/2 \otimes \nu i_{13/2}[642]5/2^+ \alpha = -1/2$	fB	$\varepsilon_2 = 0.406$ $\gamma = 20.7°$ $\varepsilon_4 = 0.026$	1.457

表 3.5 ^{164}Lu 核 TSD 带的计算结果

序号	组态	标记	形变参数	ΔE
1	$\pi \mathrm{i}_{13/2}[660]1/2^{+}\alpha=1/2\otimes\nu \mathrm{f}_{7/2}[523]5/2^{-}\alpha=-1/2$	aE	$\varepsilon_2=0.406$ $\gamma=20.7°$ $\varepsilon_4=0.030$	1.324
2	$\pi \mathrm{i}_{13/2}[660]1/2^{+}\alpha=1/2\otimes\nu \mathrm{f}_{7/2}[523]5/2^{-}\alpha=1/2$	aF	$\varepsilon_2=0.406$ $\gamma=20.7°$ $\varepsilon_4=0.030$	1.339
3	$\pi \mathrm{i}_{13/2}[660]1/2^{+}\alpha=1/2\otimes\nu \mathrm{i}_{13/2}[642]5/2^{+}\alpha=1/2$	aA	$\varepsilon_2=0.406$ $\gamma=20.7°$ $\varepsilon_4=0.026$	1.336
4	$\pi \mathrm{i}_{13/2}[660]1/2^{+}\alpha=1/2\otimes\nu \mathrm{i}_{13/2}[642]5/2^{+}\alpha=-1/2$	aB	$\varepsilon_2=0.406$ $\gamma=20.7°$ $\varepsilon_4=0.022$	1.331
5	$\pi \mathrm{h}_{9/2}[530]1/2^{-}\alpha=-1/2\otimes\nu \mathrm{f}_{7/2}[523]5/2^{-}\alpha=-1/2$	eE	$\varepsilon_2=0.406$ $\gamma=20.7°$ $\varepsilon_4=0.032$	1.43
6	$\pi \mathrm{h}_{9/2}[530]1/2^{-}\alpha=-1/2\otimes\nu \mathrm{f}_{7/2}[523]5/2^{-}\alpha=1/2$	eF	$\varepsilon_2=0.406$ $\gamma=20.7°$ $\varepsilon_4=0.035$	1.517
7	$\pi \mathrm{h}_{9/2}[530]1/2^{-}\alpha=-1/2\otimes\nu \mathrm{i}_{13/2}[642]5/2^{+}\alpha=1/2$	eA	$\varepsilon_2=0.406$ $\gamma=20.7°$ $\varepsilon_4=0.032$	1.487
8	$\pi \mathrm{h}_{9/2}[530]1/2^{-}\alpha=-1/2\otimes\nu \mathrm{i}_{13/2}[642]5/2^{+}\alpha=-1/2$	eB	$\varepsilon_2=0.406$ $\gamma=20.7°$ $\varepsilon_4=0.035$	1.437
9	$\pi \mathrm{h}_{9/2}[530]1/2^{-}\alpha=1/2\otimes\nu \mathrm{f}_{7/2}[523]5/2^{-}\alpha=-1/2$	fE	$\varepsilon_2=0.406$ $\gamma=20.7°$ $\varepsilon_4=0.035$	1.381
10	$\pi \mathrm{h}_{9/2}[530]1/2^{-}\alpha=1/2\otimes\nu \mathrm{f}_{7/2}[523]5/2^{-}\alpha=1/2$	fF	$\varepsilon_2=0.406$ $\gamma=20.7°$ $\varepsilon_4=0.036$	1.396
11	$\pi \mathrm{h}_{9/2}[530]1/2^{-}\alpha=1/2\otimes\nu \mathrm{i}_{13/2}[642]5/2^{+}\alpha=1/2$	fA	$\varepsilon_2=0.39$ $\gamma=18.7°$ $\varepsilon_4=0.036$	1.393
12	$\pi \mathrm{h}_{9/2}[530]1/2^{-}\alpha=1/2\otimes\nu \mathrm{i}_{13/2}[642]5/2^{+}\alpha=-1/2$	fB	$\varepsilon_2=0.39$ $\gamma=18.7°$ $\varepsilon_4=0.034$	1.388

表 3.6　^{166}Lu 核 TSD 带的计算结果

序号	组态	标记	形变参数	ΔE
1	$\pi i_{13/2}[660]1/2^+\alpha=1/2\otimes\nu h_{11/2}[505]11/2^-\alpha=-1/2$	aE	$\varepsilon_2=0.406$ $\gamma=20.7°$ $\varepsilon_4=0.032$	1.632
2	$\pi i_{13/2}[660]1/2^+\alpha=-1/2\otimes\nu h_{11/2}[505]11/2^-\alpha=1/2$	aF	$\varepsilon_2=0.406$ $\gamma=20.7°$ $\varepsilon_4=0.032$	1.632
3	$\pi i_{13/2}[660]1/2^+\alpha=1/2\otimes\nu i_{13/2}[633]7/2^+\alpha=1/2$	aA	$\varepsilon_2=0.406$ $\gamma=20.7°$ $\varepsilon_4=0.032$	1.617
4	$\pi i_{13/2}[660]1/2^+\alpha=1/2\otimes\nu i_{13/2}[633]7/2^+\alpha=-1/2$	aB	$\varepsilon_2=0.406$ $\gamma=20.7°$ $\varepsilon_4=0.026$	1.617
5	$\pi h_{9/2}[530]1/2^-\alpha=-1/2\otimes\nu h_{11/2}[505]11/2^-\alpha=-1/2$	eE	$\varepsilon_2=0.39$ $\gamma=18.7°$ $\varepsilon_4=0.035$	1.741
6	$\pi h_{9/2}[530]1/2^-\alpha=-1/2\otimes\nu h_{11/2}[505]11/2^-\alpha=1/2$	eF	$\varepsilon_2=0.39$ $\gamma=18.7°$ $\varepsilon_4=0.037$	1.741
7	$\pi h_{9/2}[530]1/2^-\alpha=-1/2\otimes\nu i_{13/2}[633]7/2^+\alpha=1/2$	eA	$\varepsilon_2=0.39$ $\gamma=18.7°$ $\varepsilon_4=0.038$	1.726
8	$\pi h_{9/2}[530]1/2^-\alpha=-1/2\otimes\nu i_{13/2}[633]7/2^+\alpha=-1/2$	eB	$\varepsilon_2=0.39$ $\gamma=18.7°$ $\varepsilon_4=0.036$	1.726
9	$\pi h_{9/2}[530]1/2^-\alpha=1/2\otimes\nu h_{11/2}[505]11/2^-\alpha=-1/2$	fE	$\varepsilon_2=0.39$ $\gamma=18.7°$ $\varepsilon_4=0.037$	1.694
10	$\pi h_{9/2}[530]1/2^-\alpha=1/2\otimes\nu i_{13/2}[633]7/2^+\alpha=1/2$	fA	$\varepsilon_2=0.39$ $\gamma=18.7°$ $\varepsilon_4=0.038$	1.679
11	$\pi h_{9/2}[530]1/2^-\alpha=1/2\otimes\nu i_{13/2}[633]7/2^+\alpha=-1/2$	fB	$\varepsilon_2=0.39$ $\gamma=18.7°$ $\varepsilon_4=0.037$	1.679

Lu 奇奇核三轴超形变带的计算结果有一个显著的特点, 就是得到的三轴超形变带比较多, 而且比较密. 在表 3.3～表 3.7 最后一列给出的相对能的差别比较小. 相对而言, Lu 奇偶核三轴超形变带出现的密度较小. Lu 奇奇核与 Lu 奇偶核比较, 相邻的两个核就差一个中子, 而正是这个多出来的中子极大地提高了发现三轴超形变带的几率. 进一步的分析请看 3.3.5 节的讨论.

表 3.7 ^{168}Lu 核 TSD 带的计算结果

序号	组态	标记	形变参数	ΔE
1	$\pi i_{13/2}[660]1/2^+\alpha=1/2\otimes\nu h_{11/2}[505]11/2^-\alpha=-1/2$	aE	$\varepsilon_2=0.377$ $\gamma=33°$ $\varepsilon_4=0.008$	2.63
2	$\pi i_{13/2}[660]1/2^+\alpha=1/2\otimes\nu h_{11/2}[505]11/2^-\alpha=1/2$	aF	$\varepsilon_2=0.37$ $\gamma=27.5°$ $\varepsilon_4=0.014$	2.63
3	$\pi i_{13/2}[660]1/2^+\alpha=1/2\otimes\nu i_{13/2}[633]7/2^+\alpha=1/2$	aA	$\varepsilon_2=0.389$ $\gamma=23.9°$ $\varepsilon_4=0.021$	2.616
4	$\pi i_{13/2}[660]1/2^+\alpha=1/2\otimes\nu i_{13/2}[633]7/2^+\alpha=-1/2$	aB	$\varepsilon_2=0.389$ $\gamma=23.9°$ $\varepsilon_4=0.019$	2.617
5	$\pi h_{9/2}[530]1/2^-\alpha=-1/2\otimes\nu h_{11/2}[505]11/2^-\alpha=1/2$	eF	$\varepsilon_2=0.37$ $\gamma=27.5°$ $\varepsilon_4=0.021$	2.742

3.3.5 $^{160}\sim{}^{168}$Lu 奇奇核三轴超形变形状的稳定性

随着实验发现 Wobbling 带, Lu 奇–偶核有稳定的三轴超形变形状事实已被证实. 那么对以上 Wobbling 运动对应的三轴超形变体系上加一个中子, 其三轴超形变的稳定性是否还将保持呢? 这个问题可以通过研究它们相邻 Lu 奇奇核已发现的超形变带的三轴形变可能得到答案. 原子核的转动惯量是体现原子核结构性质的重要的物理量, 因此我们对 ^{161,163,165,167}Lu 和 ^{162,164,168}Lu Yrast 三轴超形变带的转动惯量 $J^{(2)}$ 的实验值进行比较是非常有必要的, 见图 3.6. 从图 3.6 我们可以看出, Lu 奇–偶核 (实心图标) 和 Lu 奇–奇核 (空心图标) 的 $J^{(2)}$ 值基本一样, 并且在很大的推转频率的范围内都基本保持不变. Lu 奇–偶核和 Lu 奇–奇核 Yrast 三轴超形变带实验转动惯量的相似性, 可能意味着 Lu 奇–奇核的三轴超形变态应该与已发现 Wobbling 的 Lu 奇–偶核一样有稳定的三轴形变.

另外, 我们预言的 Lu 奇–奇核较低组态对应的三轴超形变带得到的形变参数都在 $\varepsilon_2=0.4$ 和 $\gamma=20°$ 附近, 见表 3.3～表 3.7, 而这个形变参数值正与 Lu 奇–偶核发现的 Wobbling 带的形变值是一致的. 这样的计算结果似乎表明 Lu 奇–奇核应该与 Lu 奇–偶核一样有稳定的三轴形变. 但是这种结论仍然是可疑的, 因为 Wobbling 运动作为稳定三轴形变的唯一一个实验依据, 即便在 Lu 奇–奇核相邻奇–偶核中已发现, 但在这些 Lu 奇–奇核中都没有找到. 为了解释这个疑惑, 我们必须讨论 Lu 奇–奇核比其相邻奇–偶核多出来的一个中子对原子核形变变化起到的作用. 为了达到此目的, 我们对 Lu 奇–奇核和其相邻 Lu 奇–偶核的 TRS 位能面进行了比较, 见图 3.7. 在图 3.7 位能面等势图中我们不仅给出了 ^{161,163,165,167}Lu 奇–偶核 Yrast

1p(1 质子) $\pi[660]1/2\alpha=1/2$ 组态带的位能面极小点, 用“A”标记, 也给出了其相邻 ^{162,164,166,168}Lu 奇–奇核不同的 1p1n(1 质子 1 中子) 组态, 即它们多出来的一个中子占据不同 Nilsson 轨道时的 TRS 位能面极小点, 实心圈、空心圈、实心钻石型和空心钻石型分别对应 $(\pi,\alpha)=(+,+1/2),(+,-1/2),(-,+1/2),(-,-1/2)$ 时的不同组态下的极小点的位置, 不同组态对应的 Nilsson 参数见表 3.2. 我们所选择的 Lu 奇–奇核 1p1n 组态中, 质子总是占据 $\pi[660]1/2\alpha=1/2$ 轨道, 与相邻 Lu 奇–偶核的 1p Yrast 带的组态一致, 而中子占据不同的轨道, 因此可以通过研究奇–偶核 1p 组态对应的形变极小点位置与奇–奇核不同 1p1n 组态下的形变极小点位置的变化, 讨论在 Lu 奇–奇核中多出来的一个中子对形变的驱动效应. 图 3.7(a) 和 (b) 显示 ^{162}Lu 和 ^{164}Lu 中多出来的一个中子具有一点使原子核往小的拉长形变 ε_2 驱动的效应, 而 ^{166}Lu 和 ^{168}Lu 中多出来的一个中子具有一点使原子核往大的拉长形变 ε_2 驱动的效应, 见图 3.7(c) 和 (d). 图 3.7(a) 还可以看出, 具有 $(\pi,\alpha)=(+,+1/2)$ 组态对应的 ^{162}Lu 的中子具有较明显的三轴形变驱动效应. 但总的来看, Lu 奇–奇核中多出来的中子没有同时具有显著的拉长形变 ε_2 驱动效应和三轴形变驱动效应. 因此, Lu 奇–奇核三轴超形变带的稳定性应该与其相邻奇–偶 Wobbling 核的情况保持一样. 这样我们就不能排除在 Lu 奇–奇核中找到 Wobbling 带的可能性. 但这样会引起另外一个问题, 即为什么实验没有在这些 Lu 奇–奇核中发现任何 Wobbling 带呢？根据 3.3.4 节的结尾讨论, Lu 奇–奇核得到的三轴超形变带较多, 密度较高. 这样, 通过 (HI,xn) 反应得到单个三轴超形变带的实验产额变得非常小, 以至于现在的实验设备无法测量沿着三轴超形变带的 γ 射线级联的强度. 众所周知, 由于用于产生奇–奇核的重离子熔合反应中过多的开放通道 (Open Channesl), 奇–奇核的高自旋态, 尤其是超形变态的产出比奇–偶核的要难得多. 此外, 由于 Wobbling 这个特殊的三轴转动模式只有在完全顺排的高 j 粒子和核心角动量耦合的形式对应的三轴形状才能产生, 而这种耦合方式非常容易受到额外中子顺排的影响, 所以在奇–奇核中产生 Wobbling 运动会受到一些阻碍. 尽管这样, 我们认为在 Lu 奇–奇核中还是有希望找到 Wobbling 运动的, 因为根据以上的分析, 奇–奇核中多出来的中子 (Extra Neutron) 对原子核的三轴形状和相应的高 j 单粒子、核心角动量耦合方式的改变并没有显著的影响. 我们认为最好的候选核应该是 ^{164}Lu, 该核虽然发现了 8 条三轴超形变带, 但确定是否 Wobbling 带的重要信息都没有得到确定, 如自旋、宇称、组态, 甚至与 Yrast 带的相对能量等. 而且我们知道原子核 ^{164}Lu 和 ^{167}Ta 具有相同的结构性质, 即都处在 $N=94$ 的大的能隙上, 并且质子都占据 $i_{13/2}$ 的高 j 低 k 闯入轨道, 更重要的是 ^{167}Ta 核已经找到了 Wobbling 带, 是第一例除了 Lu 核以外的 Wobbling 核, 这进一步表明奇–奇核 ^{164}Lu 很有可能将是第一例 Wobbling 奇奇核.

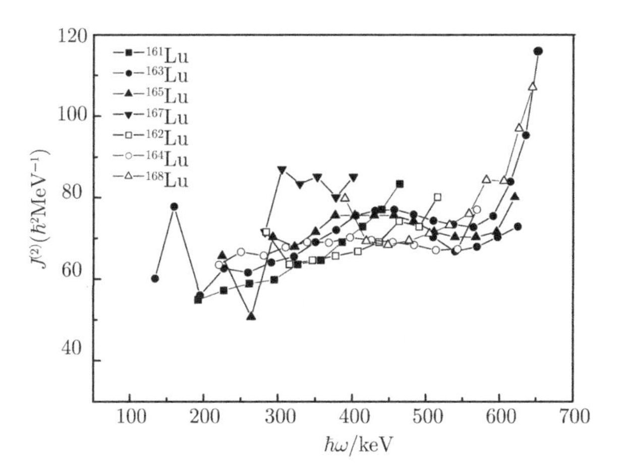

图 3.6 ^{161,163,165,167}Lu 和 ^{162,164,168}Lu Yrast 三轴超形变带的转动惯量 $J^{(2)}$ 实验值的比较(实心图标表示奇–偶核, 空心图标表示奇–奇核)

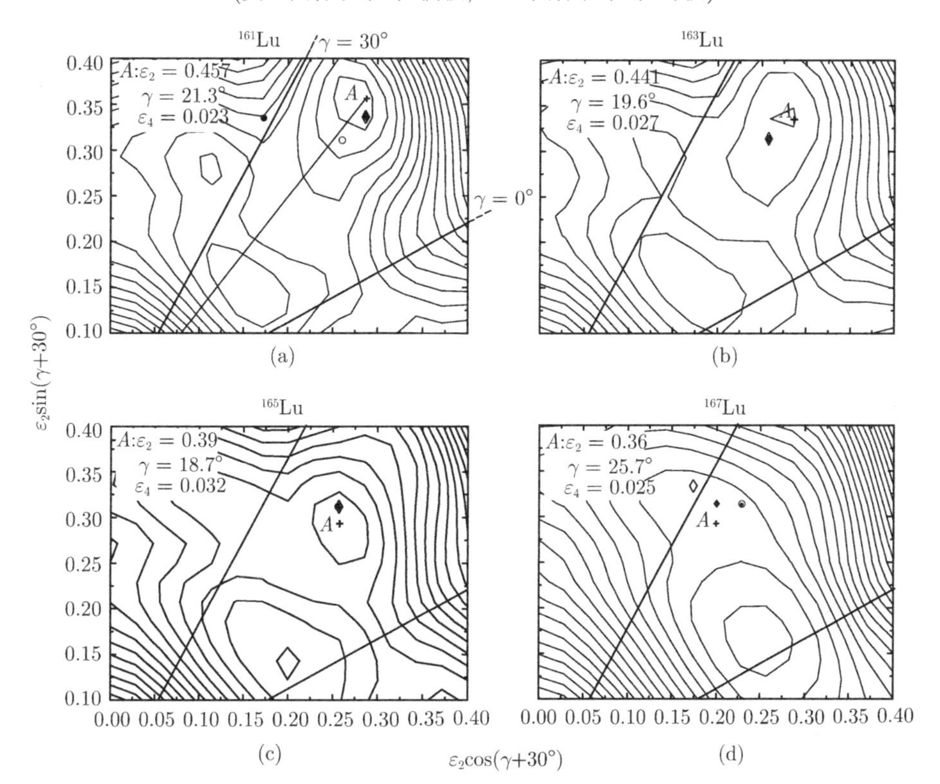

图 3.7 奇–偶核 $^{161\sim167}$Lu 总 Routhian 等势图, 极小点用“A”标记. 其相邻 ^{162,164,166,168}Lu 奇–奇核对应 $(\pi,\alpha)=(+,+1/2),(+,-1/2),(-,+1/2),(-,-1/2)$ 不同组态下的极小点分别用实心圈、空心圈、实心钻石型和空心钻石型标记

3.3.6 三轴超形变的形成机制

根据平均场理论, 决定单粒子能级结构的壳效应对原子核的形状起着决定性的作用. 这个结论对其他有限多体量子体系, 如金属簇 (Metallic Cluster) 也是如此. 然而, 有些超越平均场效应对原子核的形状也起着很重要的作用. 对高速转动的原子核来说, 转动准粒子的形变驱动效应对原子核的形状会带来巨大的变化, 并可以建立非常低的形变态. 例如, 在 Lu 奇–奇核和奇–偶核的三轴超形变形状和较低转动态的形成中高 j 低 k 轨道上的单粒子就起到了很重要的作用. 实验已证实, 具有稳定的三轴超形变的 Wobbling 核 ^{161,163,165,167}Lu 就包含质子 $i_{13/2}$ 壳 $\pi[660]1/2$ 高 j 低 k 轨道. 稳定的三轴超形变和在费米面附近的高 j 闯入轨道的并存不是偶然的. 实际上, 不论是 ^{161,163,165,167}Lu 还是它们相邻奇–奇核 ^{160,162,164,166,168}Lu, 质子 $\pi[660]1/2$ 高 j 闯入轨道的形变驱动效应使三轴超形变态的能量下降到接近它们的 Yrast 带, 起到了非常关键的作用. 质子 $\pi[660]1/2$ 轨道上的准粒子能量的能量等势图见图 3.8, 对应的推转频率为 $\hbar\omega = 0.15$MeV. 图 3.8 显示其两种形变驱动效应, 即 $\pi[660]1/2$ 轨道上的准粒子不仅能使原子核往大的拉长形变驱动而且也能往大的三轴形变驱动. 从图中的轮廓尺度可以看出, $\pi[660]1/2$ 轨道上的准粒子首先有使原子核从 $\varepsilon_2 = 0.2$ 的正常形变向 $\varepsilon_2 = 0.4$ 的超形变的拉长形变驱动效应, 而正是这个效应使它的能量降低大约 2.4MeV. 由于被考虑的 Lu 核中, 从正常形变极小点到三轴超形变极小点所获的能量增益的典型值为 2~3MeV, 如图 3.5 所示. 因此公式 (3.33) 中的最后一项, 即准粒子能量, 这个量的减少可以充分降低体系总的能量, 使超形变态降低到接近正常形变态. 除此之外, $\pi[660]1/2$ 轨道上的准粒子使原子核向三轴形变的驱动效应也会引起几百 keV 的能量减少. $\pi[660]1/2(\alpha = 1/2)$ 轨道上质子对三轴形变的驱动效应非常大, 能使原子核变为 γ 软. 因此, 在 Lu 同位素三轴超形变形状的形成中准粒子高 j 低 k 闯入轨道拉长形变和三轴形变的驱动效应起到了非常重要的作用, 尤其是费米面附近的质子 $\pi[660]1/2$ 轨道在三轴超形变带的形成中起到了至关重要的作用. 尽管这样, 在三轴超形变带的形成中, 壳效应才是最最基本的因素. 公式 (3.33) 中的第二项, 即负的壳修正能量就可以在 TRS 位能面图上形成三轴超形变对应的第二个极小点, 引起总能量的减少是显著的. 负的壳修正能量与单粒子结构之间的关系是敏感的, 因此, 壳修正能量的大小对不同的原子核变化非常大. 从图 3.4(b) 可以看出, 在中子数 $N = 94$, 形变参数 $\varepsilon_2 = 0.4$ 和 $\gamma = 20^\circ$ 的位置出现了较大的能隙. 已发现三轴超形变带的 Lu 奇–偶核和奇–奇核是以 ^{163}Lu 和 ^{164}Lu 核为中心的, 而这两个核的中子数就落在 $N = 94$ 的大能隙上. 另外, 非常有趣的是实验在 ^{164}Lu 核中发现了 8 条三轴超形变带, 但 ^{162}Lu 和 ^{168}Lu 核中分别只发现了 3 条和 1 条三轴超形变带. 而 ^{164}Lu 发现的这么多, 8 条 TSD 带也许可以归结为中子 $N = 94$ 的大能隙. 为此, 我们给出了在中子 $N = 94$ 的大能隙附近的壳修正能量曲线图 (图 3.9), 图中分别给出了 $^{160\sim168}$Lu 奇–奇核的壳修正能量随 γ 形变变化的情况, 这时 ε_2 取固定值, 即 $\varepsilon_2 = 0.4$. 我们发现, ^{160,162,164}Lu 三个核的壳修正能量曲线形状相似, 虽然对应势阱深度有所不同, 但宽度差不多, 并且负的壳修正能量的最大值都在 $\gamma \sim 20°$ 附近. 而 ^{166}Lu 和 ^{168}Lu 的壳修正能量曲线有点不同, 它们负的壳修正能量的最大值出现在 $\gamma \sim 22°$ 和 $\gamma \sim 26°$, 并且对应的势阱相对比较平低. 图 3.9 显示, ^{164}Lu 的壳修正所对应的势阱最深并且最光滑, 表明会引起能量降低最大和实验发现较大三轴超形变带的可能.

Lu 原子核中能够形成较稳定的三轴超形变带是由于 $N = 94$ 的大能隙所对应的壳效应和高 j 闯入轨道的形变驱动效应的共同作用. 我们的这种结论也得到了其他基于推转壳模型的支持, 见文献 [85], 该文献中也详细地讨论了在三轴超形变的形成中 $N = 94$ 的大能隙对应的壳修正和高 j 闯入轨道的形变驱动效应. 但是值得一提的是, 在三轴超形变的形成中高 j 轨道不一定是必须的, 如在文献 [86] 中提出了这样的观点, 而这个观点也被实验证实 [87], 这个工作在 ^{163}Tm 原子核中证实了两条三轴超形变带, 并解释为粒子–空穴激发, 而并不是质子 [660]1/2 组态. 实际上, 我们的工作中也预言了不包括质子 [660]1/2 组态的两准粒子三轴超形变组态, 见表 3.3~ 表 3.7.

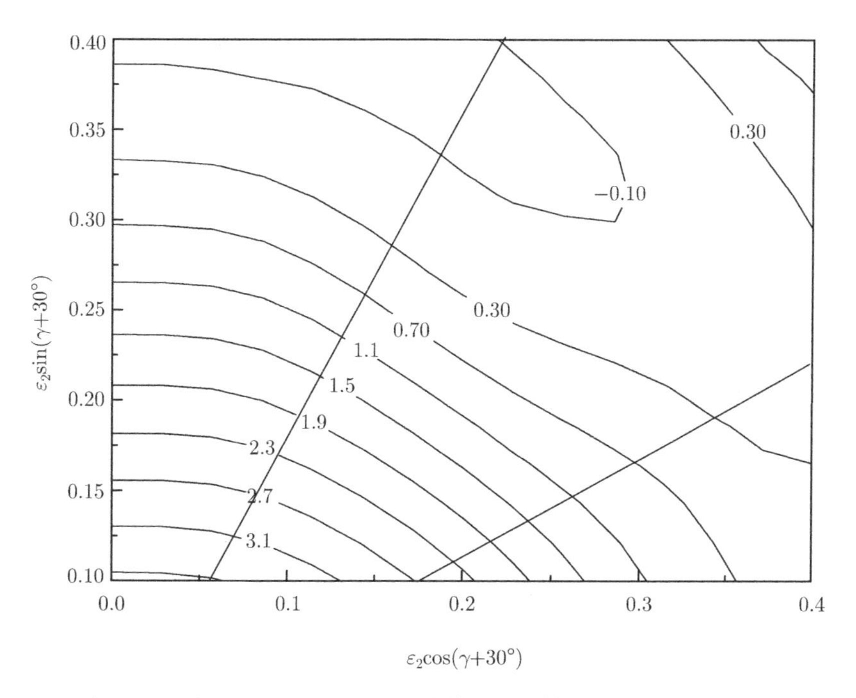

图 3.8 质子 $\pi[660]1/2\alpha = 1/2$ 准粒子能量等势图, $\hbar\omega = 0.02\hbar\omega_0$

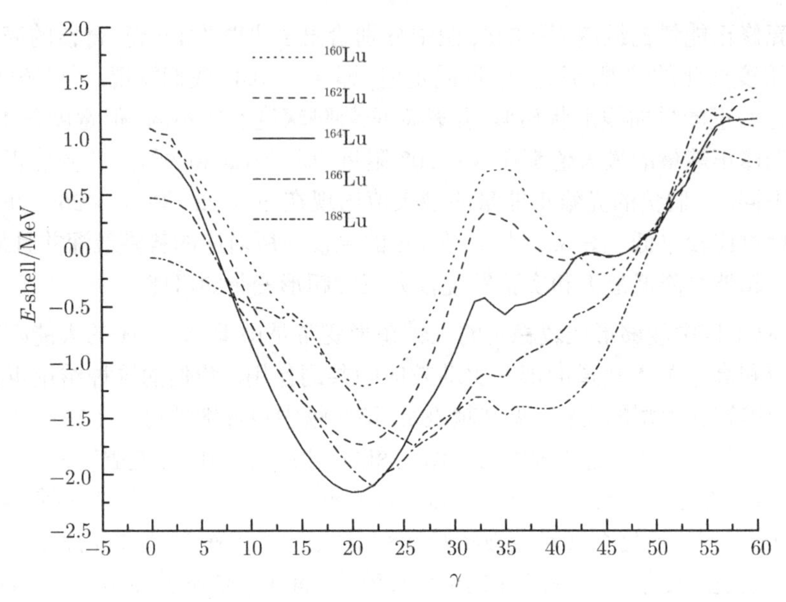

图 3.9 $^{160\sim168}$Lu 壳修正能量随三轴形变 γ 变化的情况, 这时 ε_2 的值固定在 0.40

3.3.7 小结

我们采用三维自洽 TRS 位能面理论对 $^{160\sim168}$Lu 同位素的三轴超形变带进行了理论研究. 我们预言了 50 余条, 平均每核 10 条相对正常形变 Yrast 带高 3MeV 以内的三轴超形变带. 我们对预言的三轴超形变带进行了组态的命名, 我们的命名与已有的实验命名一致. 所有预言的三轴超形变带的形变值基本都在 $\varepsilon_2 = 0.4$ 和 $\gamma = 20°$ 附近, 而这个形变参数也正与实验发现 Wobbling 带的相邻 Lu 奇–偶核给出的形变参数一致. 我们还对 Lu 奇–奇核和 Lu Wobbling 奇–偶核的 TRS 和高 j 闯入轨道的形变驱动效应做了较详细的比较, 得出 Lu 奇–奇核应该有与 Lu 奇–偶核一样的稳定的三轴超形变形状, 进一步讨论了 Lu 奇–奇核找到 Wobbling 带的可能性, 并给出最好的候选 Lu 奇–奇核为 ^{164}Lu. 通过分析 Lu 同位素三轴超形变带的形成机制, 得出的结论是, 在 Lu 同位素三轴超形变带的形成中除了高 j 闯入轨道的形变驱动效应, 尤其是质子 $\pi[660]1/2$ 轨道, 起到了很重要的作用以外, 在 $N = 94$ 大能隙附近的壳效应起到了最基本也是最主要的作用.

第 4 章　投影壳模型/反射不对称壳模型及其应用

由第 3 章的讨论可知, Hartree-Fock 方法是研究原子核形状最常用的微观理论, 但由于计算复杂等原因主要用来描述原子核基态, 尤其是原子核的结合能随着核形状变化的问题. 而对较重原子核形状的研究, 一般采用位能面理论. 如最常用的方法是 TRS 方法. 实践证明, 在大多数情况下, TRS 方法都能够很好地描述高速转动原子核的形变. 然而它致命的缺点也是显而易见的. TRS 方法认为原子核是绕着某个固定轴转动, 并且在 TRS 方法中推转角频率作为一个经典力学概念, 去描述原子核这一量子多体体系, 有时可能会出现一些偏差. 例如, 在三轴形变下, 原子核的转动轴取向比较复杂, 作为一个量子体系, 有些核态转动轴取向随转动而变化, 这时我们就无法给这类态定义一个固定转动轴, 也就无法用 TRS 方法算出这类态的形变. 以上两种方法共同的特点是都没有考虑超越平均场效应, 属于平均场近似下的理论. 平均场理论是建立在试探波函数上的, 它将会破坏原子核哈密顿量中的一些对称性. 而关于核状态的完全量子化描述, 需要把这些被破坏的对称性在实验室坐标系下恢复过来, 从而得到量子态对应的波函数有好的量子数. 典型的例子就是在四极变形平均场中被破坏的转动对称性的恢复. 这种转动对称性可以通过角动量投影的方法得到恢复, 它对四极集体性, 如原子核的高自旋态的描述十分关键, 而且原子核的形状和角动量之间的关系一直是核物理有趣的课题之一. 尤其是对形变较软的原子核来说, 既有好角动量的理论计算意义非常大. 投影壳模型 (PSM) 摈弃固定转动轴以及转动频率这个经典概念, 而直接采用完全量子的理论去描述原子核的转动和形变, 通过角动量投影方法 (Angular-Momentum-Projection, AMP) 将被破坏的转动对称性恢复过来. 该理论能给出角动量为好量子数的核态, 并成功地描述了原子核多方面的性质. 而投影壳模型中引入 γ 自由度就可以发展成为三轴投影壳模型 (TPSM), 可以描述投影壳模型框架下的非轴对称形变, 并在三轴形变相关的各种前沿热点问题的研究中取得了很好的结果. 而反射不对称壳模型 (RASM) 是近年来发展起来的一种新的理论模型, 是投影壳模型的延伸. 这一模型采用变形的 Nilsson+BCS 多准粒子为基矢, 在实验室坐标系下通过角动量投影和宇称投影将被破坏的转动对称性和反射对称性恢复过来, 该模型几乎包含了原子核可能存在的全部主要的形变, 成功地描述了八级形变核等前沿热点课题的各种特征. 下面我们首先介绍这几个理论模型, 即先给出投影壳模型的框架, 再引入三轴投影壳模型, 而主要介绍反射不对称壳模型, 再给出理论在相关的一些热点问题上的研究结果.

4.1 投影壳模型 (PSM) 框架

对变形重核的成功描述还要追随到 Nilsson 势的引入. Nilsson 模型认为核子在变形的势场中运动, 这时, 原子核转动对称性会被破坏. 为了能与实验进行比较, 必须在波函数中把这个被破坏的转动对称性恢复过来. 这就可以通过角动量投影的方法得以实现. 因此, 我们的方法与传统的壳模型框架是一致的, 而最大的区别在于投影壳模型采用变形基, 而传统的壳模型是采用球形基. 庆幸的是, 对于相当一部分变形核, 我们总是可以认为它们具有较稳定的内禀形状. 如果我们放弃球形基, 采用与内禀形状一致的变形基, 将会带来很多便利. 虽然这样的基在内禀坐标系下不是角动量本征态, 但是, 在实验室坐标系下可以将它们恢复成角动量本征态. Elliott[89] 首先认识到这一优越性, 并运用群论理论建立了针对 sd- 壳核的 SU(3) 壳模型, 但是该模型仍然只能描述轻核. 投影壳模型 [90] 则是选取 Nilsson+BCS 多准粒子态作为基矢, 该模型特别适用于变形重核, 可以看成是 SU(3) 壳模型的自然推广.

下面简单介绍一下投影壳模型. 假设已经选取了一组变形基 $|\Phi_\kappa\rangle$, 总可以构造如下的试探波函数:

$$|\Psi\rangle = \sum_\kappa \int \mathrm{d}\Omega \; F_\kappa(\Omega) R(\Omega) |\Phi_\kappa\rangle, \tag{4.1}$$

其中, $\hat{R}(\Omega)$ 为转动算符, 其显示式为

$$\hat{R}(\Omega) = \mathrm{e}^{-\mathrm{i}\alpha \hat{J}_x} \mathrm{e}^{-\mathrm{i}\beta \hat{J}_y} \mathrm{e}^{-\mathrm{i}\gamma \hat{J}_z}, \tag{4.2}$$

Ω 表示一系列 Euler 角 $(\alpha, \gamma = [0, 2\pi], \beta = [0, \pi])$. $F_\kappa(\Omega)$ 为权重函数, 通过变分确定, 将 $F_\kappa(\Omega)$ 按 D 函数展开,

$$F_\kappa(\Omega) = \sum_{IMK} \frac{2I+1}{8\pi^2} F^I_{\kappa,MK} D^I_{MK}(\Omega), \tag{4.3}$$

代入 (4.1) 式有

$$|\Psi\rangle = \sum_{IMK\kappa} F^I_{\kappa MK} P^I_{MK} |\Phi_\kappa\rangle, \tag{4.4}$$

其中 P^I_{MK} 为角动量投影算符:

$$P^I_{\mathrm{MK}} = \frac{2I+1}{8\pi^2} \int \mathrm{d}\Omega D^I_{\mathrm{MK}}(\Omega) \hat{R}(\Omega). \tag{4.5}$$

有如下性质:

$$\begin{cases} P^{I^\dagger}_{MK} = P^I_{KM}, \\ P^{I'}_{K'M'} P^I_{MK} = \delta_{II'} \delta_{MM'} P^I_{K'K}. \end{cases} \tag{4.6}$$

系数 $F^I_{\kappa MK}$ 作为变分参数, 取代了 $F_\kappa(\Omega)$, 其值要求 $|\Psi\rangle$ 的能量期望值在条件

$$\langle\Psi|\Psi\rangle = 1 \tag{4.7}$$

下取极限, 即

$$\delta\langle\Psi|H|\Psi\rangle - E\delta\langle\Psi|\Psi\rangle = 0, \tag{4.8}$$

将 (4.4) 式代入 (4.8) 式得

$$\begin{aligned} &\sum_{IK'\kappa'M} \delta F^{I^*}_{\kappa',MK'} \left[\sum_{K\kappa} F^I_{\kappa,MK} \left(\langle\Phi_{\kappa'}|HP^I_{K'K}|\Phi_\kappa\rangle - E\langle\Phi_{\kappa'}|P^I_{K'K}|\Phi_\kappa\rangle \right) \right] \\ &+ \sum_{IK\kappa M} \delta F^I_{\kappa,MK} \left[\sum_{K'\kappa'} F^{I^*}_{\kappa',MK'} \left(\langle\Phi_{\kappa'}|HP^I_{K'K}|\Phi_\kappa\rangle - E\langle\Phi_{\kappa'}|P^I_{K'K}|\Phi_\kappa\rangle \right) \right] = 0, \end{aligned} \tag{4.9}$$

最后得到投影壳模型本征方程:

$$\sum_{K\kappa} F^I_{\kappa,MK} \left(\langle\Phi_{\kappa'}|HP^I_{K'K}|\Phi_\kappa\rangle - E\langle\Phi_{\kappa'}|P^I_{K'K}|\Phi_\kappa\rangle \right) = 0. \tag{4.10}$$

从 (4.10) 式可以看出, 系数 $F^I_{\kappa,MK}$ 是与磁量子数无关的, 可以把下标 M 省去. 变分后 $|\Psi\rangle$ 就成为角动量的本征态, 角动量本征值为 (I, M). 于是 (4.4) 式不需要对 (I, M) 求和, 即有

$$|\Psi_{IM}\rangle = \sum_{K\kappa} F^I_{\kappa,K} P^I_{MK} |\Phi_\kappa\rangle, \tag{4.11}$$

归一化条件 (4.7) 式变为

$$\sum_{K\kappa K'\kappa'} F^{I^*}_{\kappa',K'} \left(\langle\Phi_{\kappa'}|P^I_{K'K}|\Phi_\kappa\rangle \right) F^I_{\kappa,K} = 1. \tag{4.12}$$

以上是投影壳模型的理论框架, 实际应用中选取的变形基为 Nilsson+BCS 多准粒子态, 其哈密顿量包含四极–四极相互作用 + 单极对力 + 四极对力. 投影壳模型成功地描述了典型的正常形变区的能谱, 还可以相当好地描述原子核的超形变态, 其显著的优点是理论与实验可以直接比较, 物理图像十分自然而清晰. 如果进一步考虑非轴对称形变, 即 γ 形变, 投影壳模型就可以发展成为三轴投影壳模型.

4.2　三轴投影壳模型 (TPSM) 简介

我们的三轴投影壳模型不仅在投影壳模型中引入了 γ 自由度, 而且还考虑了多准粒子组态. 这时波函数可以写成

$$|\Psi_{IM}^{\sigma}\rangle = \sum_{K\kappa} F_{IK\kappa}^{\sigma} P_{MK}^{I} |\Phi_{\kappa}\rangle\ , \tag{4.13}$$

这里, 投影的多准粒子态将构造壳模型空间. 公式 (4.13) 中的 Φ_κ 代表有三轴形变的准粒子真空态 $|0>$ 对应的一组多准粒子组态, 例如, 对奇奇核代表 2-准粒子, 4-准粒子, 6-准粒子组态. 公式 (4.13) 的维度数为 $(2I+1)\times n(\kappa)$, 其中 $n(\kappa)$ 是组态数, 一般为 10^2 数量级. $\hat{P}_{MK}^{I}$ 是三维角动量投影算符, σ 指定具有相同角动量 I 的状态.

三轴形变的准粒子态由以下的 Nillson 哈密顿量来产生:

$$\hat{H}_N = \hat{H}_0 - \frac{2}{3}\hbar\omega\varepsilon_2\left(\cos\gamma\hat{Q}_0 - \sin\gamma\frac{\hat{Q}_{+2}+Q_{-2}}{\sqrt{2}}\right), \tag{4.14}$$

其中, 形变参数 ε_2 和 γ 分别表示四极形变和三轴形变. 而这也是投影壳模型和三轴投影壳模型的主要区别所在. 在投影壳模型中 γ 取零, 表示只有轴对称形变.

在 4.1 节给出的本征方程 (4.10) 对三轴投影壳模型仍然适用. 其他情况基本与投影壳模型和接下来介绍的反射不对称壳模型一致. 三轴投影壳模型对三轴形变原子核的描述是完全量子化的, 并成功地描述了三轴形变相关的前沿热点问题, 如手征双重带、摇摆运动、旋称劈裂和旋称反转等 (详见本章应用部分). 对原子核轴对称破缺所引起的这些现象进行研究, 必将大大深化我们对原子核这一有限多提体系的认识. 如果三轴投影壳模型中进一步考虑八极形变, 甚至十六极形变和对应的非轴对称形变, 就可以得到反射不对称壳模型, 所以反射不对称壳模型可以看作是投影壳模型和三轴投影壳模型的推广, 它包含了原子核可能存在的所有主要形变.

4.3　反射不对称壳模型 (RASM)

4.3.1　变分法

原子核作为一个孤立的多粒子体系, 其总哈密顿量应该具有转动不变性和反射不变性

$$H = \hat{R}^{+}(\Omega)H\hat{R}(\Omega) = \hat{P}^{+}H\hat{P} = \hat{R}^{+}(\Omega)\hat{P}^{+}H\hat{P}\hat{R}(\Omega), \tag{4.15}$$

其中, $\hat{P}$ 是宇称算符, 注意有

$$[\hat{P}, \hat{R}(\Omega)] = 0. \tag{4.16}$$

考虑一个变形态 $|\Phi\rangle$, 它既不是角动量本征态也不是宇称本征态, 但是它对 H 的期望值有如下关系:

$$\begin{aligned} E &= \frac{\left\langle\Phi|H|\Phi\right\rangle}{\left\langle\Phi|\Phi\right\rangle} = \frac{\left\langle\Phi|\hat{R}^{+}(\Omega)H\hat{R}(\Omega)|\Phi\right\rangle}{\left\langle\Phi|\hat{R}^{+}(\Omega)\hat{R}(\Omega)|\Phi\right\rangle} \\ &= \frac{\left\langle\Phi|\hat{P}^{+}H\hat{P}|\Phi\right\rangle}{\left\langle\Phi|\hat{P}^{+}\hat{P}|\Phi\right\rangle} = \frac{\left\langle\Phi|\hat{P}^{+}\hat{R}^{+}(\Omega)H\hat{R}(\Omega)\hat{P}|\Phi\right\rangle}{\left\langle\Phi|\hat{P}^{+}\hat{R}^{+}(\Omega)\hat{R}(\Omega)\hat{P}|\Phi\right\rangle}, \end{aligned} \tag{4.17}$$

显然, 所有不同方向的态, $\hat{R}(\Omega)|\Phi\rangle$, $\hat{P}\hat{R}(\Omega)|\Phi\rangle$ 对 H 的期望值都是简并的, 且彼此独立. 可以将这些态进行线性组合, 构成我们变分法中的试探波函数:

$$|\Psi\rangle = \int \mathrm{d}\Omega\ F_1(\Omega)\hat{R}(\Omega)\,|\Phi\rangle + \int \mathrm{d}\Omega\ F_2(\Omega)\hat{P}\hat{R}(\Omega)\,|\Phi\rangle\,, \tag{4.18}$$

其中, $F_1(\Omega)$ 和 $F_2(\Omega)$ 通过能量期望值取极限而求得, $F_1(\Omega)$ 和 $F_2(\Omega)$ 还可以按 D 函数展开:

$$\begin{cases} F_1(\Omega) = \sum\limits_{IMK} \dfrac{2I+1}{8\pi^2} F^I_{1,MK} D^I_{MK}(\Omega), \\ F_2(\Omega) = \sum\limits_{IMK} \dfrac{2I+1}{8\pi^2} F^I_{2,MK} D^I_{MK}(\Omega), \end{cases} \tag{4.19}$$

并记

$$F^{Ip}_{MK} = F^I_{1,MK} + PF^I_{2,MK} \quad (P = \pm 1), \tag{4.20}$$

P 为宇称量子数. (4.19) 式代入 (4.18) 式得

$$\begin{aligned} |\Psi\rangle &= \sum_{IMK} \{\, F^I_{1,MK} P^I_{MK}\,|\Phi\rangle \ + F^I_{2,MK}\hat{P}P^I_{MK}\,|\Phi\rangle \ \} \\ &= \sum_{IMKp} F^{Ip}_{MK} P^p P^I_{MK}\,|\Phi\rangle\,, \end{aligned} \tag{4.21}$$

其中, P^p 为宇称投影算符

$$P^p = \frac{1}{2}(1 + p\hat{P}), \tag{4.22}$$

系数 F_{MK}^{Ip} 作为变分参数, 取代了 $F_1(\Omega)$, $F_2(\Omega)$. 下面我们将对 (4.21) 式进行变分, 注意宇称投影算符的如下性质和角动量投影算符的性质 (4.6) 式:

$$\begin{aligned} P^{p+} &= P^p, \\ P^{p'}P^p &= \delta_{p'p}P^p, \end{aligned} \tag{4.23}$$

于是有

$$\begin{cases} \langle\Psi|H|\Psi\rangle = \displaystyle\sum_{IKK'pM} F_{MK'}^{Ip^*}F_{MK}^{Ip}\left\langle\Phi|HP^pP_{K'K}^I|\Phi\right\rangle \\ \left\langle\Psi|\Psi\right\rangle = \displaystyle\sum_{IKK'pM} F_{MK'}^{Ip^*}F_{MK}^{Ip}\left\langle\Phi|P^pP_{K'K}^I|\Phi\right\rangle \end{cases} \tag{4.24}$$

根据变分原理

$$\delta\langle\Psi|H|\Psi\rangle - E\delta\langle\Psi|\Psi\rangle = 0, \tag{4.25}$$

我们得到

$$\begin{aligned} &\sum_{IK'pM}\delta F_{MK'}^{Ip^*}\left[\sum_K F_{MK}^{Ip}\left(\langle\Phi|HP^pP_{K'K}^I|\Phi\rangle - E\langle\Phi|P^pP_{K'K}^I|\Phi\rangle\right)\right] \\ &+\sum_{IKpM}\delta F_{MK}^{Ip}\left[\sum_{K'} F_{MK'}^{Ip^*}\left(\langle\Phi|HP^pP_{K'K}^I|\Phi\rangle - E\langle\Phi|P^pP_{K'K}^I|\Phi\rangle\right)\right] = 0. \end{aligned} \tag{4.26}$$

由于 δF_{MK}^{Ip} 及其复共轭是任意的, 于是有

$$\sum_K F_{MK}^{Ip}\left(\langle\Phi|HP^pP_{K'K}^I|\Phi\rangle - E\langle\Phi|P^pP_{K'K}^I|\Phi\rangle\right) = 0 \tag{4.27}$$

和

$$\sum_{K'} F_{MK'}^{Ip^*}\left(\langle\Phi|HP^pP_{K'K}^I|\Phi\rangle - E\langle\Phi|P^pP_{K'K}^I|\Phi\rangle\right) = 0. \tag{4.28}$$

显然, 只需将 (4.28) 式中的 $K \Leftrightarrow K'$, 并取其复共轭既得 (4.27) 式, 因此 (4.27) 式与 (4.28) 式完全等价, 以下只讨论 (4.27) 式. 由 (4.27) 式可见, 系数 F_{MK}^{Ip} 与磁量子数无关, 因此可以把下标 M 省去. 还可以看出, 每一个本征值 E 对应一组确定的 (I, M, p), F_{MK}^{Ip} 有不为零的值, 同时所有其他 $F_{M'K'}^{I'p'}(I' \neq I, M' \neq M, p' \neq p)$ 值必须为零, 否则不能保证 (4.27) 式成立. 因此, (4.21) 式不必对 I, M, p 求和, 这样, 试探波函数变分后便成为角动量和宇称的本征态 (实际上, 这是由哈密顿量的对称性决定的).

以上讨论只限于一个内部态, 要处理带间相互作用, 就应该考虑内部态的组态混合, 假设已经选定了一组变形基 $|\Phi_\kappa\rangle$, 则试探波函数可以写成更一般的形式:

$$|\Psi\rangle = \sum_{IMKp\kappa} F_{MK\kappa}^{Ip}P^pP_{MK}^I|\Phi_\kappa\rangle, \tag{4.29}$$

仿照上面的变分方法可以得到如下本征方程:

$$\sum_{K\kappa} F_{K\kappa}^{Ip}\left(\langle\Phi_{\kappa'}|HP^pP_{K'K}^I|\Phi_\kappa\rangle - E^{Ip}\langle\Phi_{\kappa'}|P^pP_{K'K}^I|\Phi_\kappa\rangle\right) = 0, \tag{4.30}$$

这里我们已经省去了 E 及 F 的 M 下标, 变分后 (4.29) 式可写为

$$|\Psi_{IMp}\rangle = \sum_{K\kappa} F_{K\kappa}^{Ip} P^p P_{MK}^I |\Phi_\kappa\rangle, \tag{4.31}$$

试探波函数仍然是角动量和宇称的本征态. $|\Psi_{IMp}\rangle$ 的归一化条件为

$$\sum_{K\kappa K'\kappa'} F_{K'\kappa'}^{Ip^*}\langle\Phi_{\kappa'}|P^pP_{K'K}^I|\Phi_\kappa\rangle F_{K\kappa}^{Ip} = 1, \tag{4.32}$$

由于没有对 $|\Phi_\kappa\rangle$ 的形状做任何限制, (4.30) 式适用于任何形状的核.

4.3.2 变形基的选取

描述变形核的单粒子势有很多种, 常见的有 Woods-Saxon 势, Folded Yukawa 势及修正的谐振子势 (Nilsson 势). 本理论中, 我们选择 Nilsson 势, 其形式如下 (附录一):

$$H = H_{h.o.} - \kappa\hbar\omega_{00}\left\{2l_t s + \mu(l_t^2 - \langle l_t^2\rangle_N)\right\}, \tag{4.33}$$

其中

$$H_{h.o.} = \frac{P^2}{2m} + \frac{1}{2}m(\omega_x^2x^2 + \omega_y^2y^2 + \omega_z^2z^2).$$

对于非轴对称原子核, 其单粒子势也应该是非轴对称的. 故我们可以引入三轴形变参量 γ 和四极形变参量 ε_2 来描述非轴对称的单粒子势:

$$\omega_x = \omega_0(\varepsilon_2,\gamma)\left[1 - \frac{2}{3}\varepsilon_2\cos\left(\gamma + \frac{2\pi}{3}\right)\right] = \omega_0(\varepsilon_{20},\varepsilon_{22})\left(1 + \frac{1}{3}\varepsilon_{20} + \frac{1}{2}\varepsilon_{22}\right),$$

$$\omega_y = \omega_0(\varepsilon_2,\gamma)\left[1 - \frac{2}{3}\varepsilon_2\cos\left(\gamma - \frac{2\pi}{3}\right)\right] = \omega_0(\varepsilon_{20},\varepsilon_{22})\left(1 + \frac{1}{3}\varepsilon_{20} - \frac{1}{2}\varepsilon_{22}\right),$$

$$\omega_z = \omega_0(\varepsilon_2,\gamma)\left[1 - \frac{2}{3}\varepsilon_2\cos\gamma\right] = \omega_0(\varepsilon_{20},\varepsilon_{22})\left(1 - \frac{2}{3}\varepsilon_{20}\right),$$

这里,

$$\varepsilon_{20} = \varepsilon_2\cos\gamma, \quad \varepsilon_{22} = \frac{2}{\sqrt{3}}\sin\gamma.$$

为便于处理, 引进拉长坐标系 $o-\xi\eta\zeta$, 定义如下:

$$\xi = x\sqrt{M\omega_x/\hbar},$$

$$\eta = y\sqrt{M\omega_y/\hbar},$$
$$\zeta = z\sqrt{M\omega_z/\hbar},$$
$$\rho^2 = \xi^2 + \eta^2 + \zeta^2,$$

这样, 在拉长坐标系中, $H_{h.o.}$ 就可以重新表示为

$$H_{h.o.} = \frac{1}{2}\hbar\omega_0(-\varDelta_t + \rho^2) + \sqrt{\frac{2\pi}{15}}\hbar\omega_0\rho^2\left[\varepsilon_{22}(Y_{22} + Y_{2-2}) - \sqrt{\frac{8}{3}}\varepsilon_{20}Y_{20}\right]. \tag{4.34}$$

在上式中我们还可以引入与 $\rho^2\varepsilon_3P_3, \rho^2\varepsilon_4P_4$ 等有正比关系的其他多极项, 可以体现相应的八极形变, 十六极形变等. 还可以引进质心位移项 ε_1P_1, 这有两方面的作用, 首先要保证体系的质心在坐标原点上, 其次还要再现实验的电偶极矩. 由于实验上得出的电偶极矩不大, 质子中子质心偏移很小 (10^{-3}fm 数量级), 如果形变引起的质心位移不大, 则该项对能谱的影响不大. 初步计算, 可以不考虑这一项. 但计算电磁跃迁时有时需要它.

在低能核现象中, 核物质不可压缩性是一个好的近似, 因此, 在原子核发生三轴形变时, 一般认为体积是不会发生变化的, 这要求等势面所围城的体积在形变中保持不变. 又因等势面的三个半长轴分别正比于 $\dfrac{1}{\omega_x}, \dfrac{1}{\omega_y}, \dfrac{1}{\omega_z}$, 因此要求

$$\frac{1}{\omega_x}\cdot\frac{1}{\omega_y}\cdot\frac{1}{\omega_z} = \frac{1}{\omega_{00}^3} = \text{Const.}$$

即

$$\omega_x\omega_y\omega_z = \omega_{00}^3,$$

ω_{00} 是原子核在球形状态下, 即 $\varepsilon_2 = 0, \gamma = 0$ 时各向同性谐振子的频率, 一般取为

$$\hbar\omega_{00} \approx 41A^{-1/3}(\text{MeV}).$$

当 $\gamma \neq 0$ 时,

$$\begin{aligned}&(\omega_0/\omega_{00})^3\\&= \frac{1}{4\pi}\left[\left(1 + \frac{1}{3}\varepsilon_{20} + \frac{1}{2}\varepsilon_{22}\right)\left(1 + \frac{1}{3}\varepsilon_{20} - \frac{1}{2}\varepsilon_{22}\right)\left(1 - \frac{2}{3}\varepsilon_{20}\right)\right]^{-1/2}\\&\quad\times\int_0^{\pi}\mathrm{d}\theta\int_0^{2\pi}\sin\theta\left[1 - \frac{2}{3}\varepsilon_{20}P_2 + \varepsilon_{22}\sqrt{\frac{2\pi}{15}}(Y_{22} + Y_{2-2}) + 2\varepsilon_3P_3 + 2\varepsilon_4P_4\right]^{-3/2}\mathrm{d}\phi,\end{aligned}$$

选取球形谐振子本征波函数 $|Nl\varLambda\varSigma\rangle$ 作为基矢, 可算出单粒子哈密顿量的矩阵元, 然后通过对角化即可计算出单粒子能级和对应的单粒子波函数 (详见附录一).

得到单粒子的 Nilsson 能级后, 对其做标准的 BCS 处理, 得到准粒子, 即可构造多准粒子组态. 因而, 反射不对称壳模型的基矢为

对于偶偶核: $|0\rangle$, $\alpha^\dagger_{\nu_1}\alpha^\dagger_{\nu_2}|0\rangle$, $\alpha^\dagger_{\pi_1}\alpha^\dagger_{\pi_2}|0\rangle$, $\alpha^\dagger_{\nu_1}\alpha^\dagger_{\nu_2}\alpha^\dagger_{\pi_1}\alpha^\dagger_{\pi_2}|0\rangle, \cdots$;

对于奇奇核: $\alpha^\dagger_{\pi}\alpha^\dagger_{\nu}|0\rangle$, $\alpha^\dagger_{\pi_1}\alpha^\dagger_{\pi_2}\alpha^\dagger_{\pi_3}\alpha^\dagger_{\nu}|0\rangle$, $\alpha^\dagger_{\pi}\alpha^\dagger_{\nu_1}\alpha^\dagger_{\nu_2}\alpha^\dagger_{\nu_3}|0\rangle, \cdots$;

对于奇中子核: $a^\dagger_{\nu}|0\rangle$, $a^\dagger_{\nu}a^\dagger_{\pi_1}a^\dagger_{\pi_2}|0\rangle, \cdots$;

对于奇质子核: $a^\dagger_{\pi}|0\rangle$, $a^\dagger_{\pi}a^\dagger_{\nu_1}a^\dagger_{\nu_2}|0\rangle, \cdots$;

其中, $|0\rangle$ 是准粒子真空态, $a^\dagger(a)$ 是准粒子产生 (消灭) 算符, ν 和 π 分别代表所选择的低激发态中子和质子的 Nilsson 量子数.

4.3.3 哈密顿量的选取

在本书的计算中, 我们选取的体系的哈密顿量为如下形式:

$$H = H_0 - \frac{1}{2}\sum_{\lambda=2}^{4}\chi_\lambda \sum_{\mu=-\lambda}^{\lambda} Q^\dagger_{\lambda\mu}Q_{\lambda\mu} - G_0 P^\dagger_{00}P_{00} - G_2\sum_{\mu=-2}^{2}P^\dagger_{2\mu}P_{2\mu}, \tag{4.35}$$

其中, H_0 是球形 Nilsson 哈密顿量, 包含了适当的自旋 – 轨道耦合项 $l\cdot s$ 和 l^2 项, 可以写为

$$H_0 = \sum_\alpha c^\dagger_\alpha \varepsilon_\alpha c_\alpha \quad \left(\varepsilon_\alpha \equiv \hbar\omega\left\{N - \kappa\left[2\boldsymbol{l}\cdot\boldsymbol{s} + \mu(\boldsymbol{l}^2 - \langle\boldsymbol{l}^2\rangle)\right]_{Nj}\right\}\right), \tag{4.36}$$

其中, $c^\dagger_\alpha$ 和 c_α 分别为单粒子产生和消灭算符, α 用球谐振子的量子数 $\{N, j, m\}$ 标记. 第二项为多极相互作用项, 包括四极–四极相互作用 ($\lambda=2$)、八极–八极相互作用 ($\lambda=3$) 和十六极–十六极相互作用 ($\lambda=4$), 它们分别导致原子核的四极、八极和十六极形变. 多极矩有如下定义:

$$Q_{\lambda\mu} = \sum_{\alpha\beta}\left\langle\alpha|\rho^2 Y_{\lambda\mu}|\beta\right\rangle c^\dagger_\alpha c_\beta, \tag{4.37}$$

其中 $\rho = \sqrt{m\omega_0/\hbar}r$. 第三项为单极对力相互作用,

$$P^\dagger_{00} = \frac{1}{2}\sum_\alpha c^\dagger_\alpha c^\dagger_{\bar{\alpha}}, \tag{4.38}$$

第四项为四极对力相互作用,

$$P^\dagger_{2\mu} = \frac{1}{2}\sum_{\alpha\beta}\left\langle\alpha|\rho^2 Y_{2\mu}|\beta\right\rangle c^\dagger_\alpha c^\dagger_{\bar{\beta}}. \tag{4.39}$$

多极相互作用在忽略交叉项后会产生一个相应的变形场, 将 (4.35) 式第二项的质子部分和中子部分明显写出有

$$-\frac{1}{2}\sum_{\tau,\tau'=n}^{p}\sum_{\lambda=2}^{4}\chi_{\lambda,\tau\tau'}\sum_{\mu=-\lambda}^{\lambda}Q^\dagger_{\lambda\mu,\tau}Q_{\lambda\mu,\tau'}, \tag{4.40}$$

上式用准粒子产生湮灭算符展开, 只保留到两准粒子部分后得

$$-\sum_{\tau=n}^{p}\sum_{\lambda=2}^{4}\left[\chi_{\lambda,\tau n}\left\langle Q_{\lambda 0}\right\rangle_{n}+\chi_{\lambda,\tau p}\left\langle Q_{\lambda 0}\right\rangle_{p}\right]:Q_{\lambda 0,\tau}: \tag{4.41}$$

其中 $\langle Q_{\lambda 0,\tau}\rangle$ 为 $Q_{\lambda 0,\tau}$ 在准粒子真空态的平均值, $:Q_{\lambda 0,\tau}:$ 是两准粒子部分. 由于真空态 S- 对称性, 即 $\hat{S}|0\rangle=|0\rangle$ 和 $\hat{T}|0\rangle=|0\rangle$, 其中 $\hat{S}=\mathrm{e}^{-\mathrm{i}\pi J_z}$, 在 μ 取奇数时所有 $\langle Q_\mu\rangle=0$, 由于其时间反演性质, 即 $Q_{\bar{\mu}}\equiv TQ_\mu T^\dagger=Q_\mu^\dagger=(-)^\mu Q_{-\mu}$, 在 μ 取偶数时 $\langle Q_\mu\rangle=\langle Q_{\bar{\mu}}\rangle$. 而在轴对称情况时, $\langle Q_{\lambda\mu\neq 0,\tau}\rangle=0$. 我们可以通过与变形基的形变保持一致来决定相互作用强度, 对 $\lambda=2$ 有

$$\begin{cases}\chi_{2,nn}\left\langle Q_{20}\right\rangle_{n}+\chi_{2,np}\left\langle Q_{20}\right\rangle_{p}=\dfrac{2}{3}\sqrt{\dfrac{4\pi}{5}}\varepsilon_{2,n}\hbar\omega_{n},\\ \chi_{2,pn}\left\langle Q_{20}\right\rangle_{n}+\chi_{2,pp}\left\langle Q_{20}\right\rangle_{p}=\dfrac{2}{3}\sqrt{\dfrac{4\pi}{5}}\varepsilon_{2,p}\hbar\omega_{p},\end{cases} \tag{4.42}$$

其中, $\varepsilon_{2,n}(\varepsilon_{2,p})$ 是中子 (质子) 体系的形变, 一般来说, 它们是不相等的, 由于

$$\sum_{\mu=-\lambda}^{\lambda}Q_{\lambda\mu,n}^{\dagger}Q_{\lambda\mu,p}=\sum_{\mu=-\lambda}^{\lambda}Q_{\lambda\mu,p}^{\dagger}Q_{\lambda\mu,n}, \tag{4.43}$$

应有 $\chi_{\lambda,np}=\chi_{\lambda,pn}$. 这样, 两个方程中共有 3 个待定的未知量, 还需要有一个方程才能将这些未知量定下来. 实际上, 第三个方程的选取可能会带有一定的任意性, 但是选取的相互作用强度只要满足 (4.42) 两个公式就足够了, 本书采用与文献 [90] 一致的假定:

$$\chi_{\lambda,nn}\chi_{\lambda,pp}=\chi_{\lambda,np}\chi_{\lambda,np}, \tag{4.44}$$

联合 (4.42) 式和 (4.44) 式, 我们得到如下的相互作用强度表达式:

$$\chi_{2,\tau\tau'}=\frac{\dfrac{2}{3}\sqrt{\dfrac{4\pi}{5}}\varepsilon_{2,\tau}\varepsilon_{2,\tau'}\hbar\omega_\tau\hbar\omega_{\tau'}}{\varepsilon_{2,n}\hbar\omega_n\left\langle Q_{20}\right\rangle_n+\varepsilon_{2,p}\hbar\omega_p\left\langle Q_{20}\right\rangle_p}, \tag{4.45}$$

同理, 对于 $\lambda=3,4$ 分别有

$$\chi_{3,\tau\tau'}=\frac{-\sqrt{\dfrac{4\pi}{7}}\varepsilon_{3,\tau}\varepsilon_{3,\tau'}\hbar\omega_\tau\hbar\omega_{\tau'}}{\varepsilon_{3,n}\hbar\omega_n\left\langle Q_{30}\right\rangle_n+\varepsilon_{3,p}\hbar\omega_p\left\langle Q_{30}\right\rangle_p} \tag{4.46}$$

和

$$\chi_{4,\tau\tau'}=\frac{-\sqrt{\dfrac{4\pi}{9}}\varepsilon_{4,\tau}\varepsilon_{4,\tau'}\hbar\omega_\tau\hbar\omega_{\tau'}}{\varepsilon_{4,n}\hbar\omega_n\left\langle Q_{40}\right\rangle_n+\varepsilon_{4,p}\hbar\omega_p\left\langle Q_{40}\right\rangle_p}, \tag{4.47}$$

若按通常的假定, 质子体系与中子体系具有相同的形状, 则 (4.45)~(4.47) 各式可退化为

$$\chi_{2,\tau\tau'} = \frac{\frac{2}{3}\sqrt{\frac{4\pi}{5}}\varepsilon_2\hbar\omega_\tau\hbar\omega_{\tau'}}{\hbar\omega_n\left\langle Q_{20}\right\rangle_n + \hbar\omega_p\left\langle Q_{20}\right\rangle_p}, \tag{4.48}$$

$$\chi_{3,\tau\tau'} = \frac{-\sqrt{\frac{4\pi}{7}}\varepsilon_3\hbar\omega_\tau\hbar\omega_{\tau'}}{\hbar\omega_n\left\langle Q_{30}\right\rangle_n + \hbar\omega_p\left\langle Q_{30}\right\rangle_p}, \tag{4.49}$$

$$\chi_{4,\tau\tau'} = \frac{-\sqrt{\frac{4\pi}{9}}\varepsilon_4\hbar\omega_\tau\hbar\omega_{\tau'}}{\hbar\omega_n\left\langle Q_{40}\right\rangle_n + \hbar\omega_p\left\langle Q_{40}\right\rangle_p}. \tag{4.50}$$

这里 $\langle\cdots\rangle$ 表示准粒子真空态的平均值, τ 和 τ' 代表中子和质子.

单极对力强度 G_0 采用下面的表达式:

$$G_0 = \left[g_1 \mp g_2\frac{N-Z}{A}\right]A^{-1}, \tag{4.51}$$

其中“$-$”号对应于中子, “$+$”号对应于质子. 在目前对稀土区核计算时, g_1 和 g_2 都分别取为 20.12 和 13.13, 有时也会取 $G_0 = G_{N/P}/A$ 的形式, 这时 G_N 对应中子, G_P 对应质子. 对不同核区取不同的值 (见本章应用部分). 四极对力强度 G_2 取为与单极对力强度 G_0 成正比:

$$G_2 = \gamma G_0, \tag{4.52}$$

通常, γ 一般取 $0.0 \sim 0.20$.

4.3.4 反射不对称壳模型计算步骤

首先, 计算变形 (包括了四极、八极形变、十六极形变和非轴对称形变等)Nilsson 哈密顿量, 对其单粒子能级做 BCS 处理, 计算 $\left\langle Q_{\lambda0,\tau}\right\rangle$ 的值, 定出多极相互作用强度. 选定准粒子变形基后计算 $\left\langle\Phi_{\kappa'}|\hat{O}\hat{r}(\beta)|\Phi_\kappa\right\rangle$, $\left\langle\Phi_{\kappa'}|\hat{O}\hat{P}\hat{r}(\beta)|\Phi_\kappa\right\rangle$ $(\hat{O}=1,H)$, 用高斯积分法算出 $\left\langle\Phi_{\kappa'}|\hat{O}P^pP^I_{k'k}|\Phi_\kappa\right\rangle$ 的值, 就可以根据本征方程 (4.30) 式求得能量本征值及其波函数.

4.4 一些前沿热点问题的 TPSM 描述

4.4.1 手征二重带的 TPSM 描述

手征性的概念是由 Lord Kelvin 于 1904 年首次提出的, 是一种几何形状, 广泛存在于化学、生物和粒子物理等领域. 最近, 原子核的手征性成为核结构的热点问

题, 认为当价中子、价质子和核心的角动量互相垂直时原子核中可能会形成左手右手系统, 即原子核的手征性. 这样的结构认为应该在奇奇核中中子和质子分别占据高 j 子壳的较高部分和较低部分的时候会出现. 在实验室坐标系下的手征对称性的恢复将产生具有相同宇称的近似简并的 $\Delta I = 1$ 的转动带, 即手征二重带. 这样的手征二重带第一次是在 $N = 75$ 的同中子异位素中被预言, 目前已有 30 余条实验的候选核在 $A \sim 80, 100, 130, 190$ 区里被预言 [8]. 但手征带的实验数据主要还是围绕 ^{134}Pr 核和 ^{104}Au 核. 其中, ^{134}Pr 核被认为是具有手征结构的最好的候选核, 引起了大量的实验和理论工作者的兴趣. 直到 2006 年, 一项关于 ^{134}Pr 手征候选带的实验研究对现有的手征理论提出了挑战, 实验不支持静态手征带, 但是不反对动力学手征性. 关于 ^{134}Pr 的许多研究主要集中在先前观察到的手征候选带 (带 1 和带 2), 直到最近由 J. Timár 等建立了 ^{134}Pr 核更详细的转动带结构, 即除了原有的手征候选带 (带 1 和带 2) 以外, 还观测到了一条正宇称带 (带 3), 并且还观测到了该条带与原来的带 1 和带 2 有很多偶极和四极跃迁. 进一步给出新发现的这个正宇称带的很多实验性质与原有的手征候选带一样. 例如, 新发现的正宇称带 (带 3) 与原来的带 1 和带 2 不仅有很多 $M1$ 和 $E2$ 跃迁, 而且它的组态跟带 1 和带 2 的一样, 也命名为 $\pi \mathrm{h}_{11/2}\nu \mathrm{h}_{11/2}$. 进一步显示带 3 的 $B(M1)/B(E2)$ 比带 1 的要大 2~3 倍, 但跟带 2 的却很接近. 本工作中, 我们第一次用三轴投影壳模型对 ^{134}Pr 核转动带结构做了较详细的研究, 根据 TPSM 计算与角动量顺排和跃迁等实验信息重新解释该核具有手征双重性的可能性.

本次计算中我们所采用的参数有单极对力强度, 取 G/A 的形式, 并对中子 G 取 19.6, 而对质子 G 取 17.2, 四极对力强度 G_M 取 G_M=0.16G_0, 与 A-130 区奇奇核其他 TPSM 计算取值一致. 建立变形准粒子基所需的形变参数为 $\varepsilon_2 = 0.21$, $\gamma = 35°$ 和 $\varepsilon_4 = 0$, 此参数与 Ultimate Cranking 方法给出的形变参数一致. 计算中, 对中子和质子都主要考虑了 N=3,4,5 三个大壳来构建壳模型空间. 我们发现, 在相同的内禀组态下的 TPSM 计算能给出很多条转动带, 如图 4.1 所示. 从图 4.1 可以看出, 带 3 与带 1 和带 2 从 $I = 13$ 到 $I = 20$ 或更高的时候都是几乎简并的, 而带 1 和带 2 在 $I = 15$ 或 $I = 16$ 时出现了带交叉. 从图 4.1 还可以看出, 带 4 和带 5 在 $I = 11$ 到 $I = 16$ 或更高的时候都是几乎简并的. 这种简并并没有在 ^{134}Pr 核以前的带结构的研究中给出. 我们把图 4.1 中最低的三条带在图 4.2(a) 中重新给出, 并与实验值进行了比较. 可以看出, 我们的计算非常好地再现了实验数据, 并且带 1 和带 2 在 $I = 15$ 附近的带交叉也很好地得到了再现. 图 4.2(b) 中以能量差的形式比较了这三条带的计算值和实验值, 符合得也很好. 带 1 和带 2 的这种简并情况一直是支持 ^{134}Pr 具有手征性的强有力论据. 那么它们的内部结构真的是一样的吗? 为了分析 ^{134}Pr 核这两条带的内部准粒子结构, 我们的 TPSM 计算给出了波函数组成部分的期望值, 如图 4.3 所示. 转动带结构中的 1n1p(1 中子 1 质子), 1n3p(1

中子 3 质子), 3n1p(3 中子 1 质子), 3n3p(3 中子 3 质子) 组态在每个自旋下的比重可以通过以下公式给出：

$$| IM\rangle = \sum_{C} | IM, C\rangle, \tag{4.53}$$

其中, C 分别代表 1n1p, 1n3p,3n1p,3n3p 组态, 而且

$$| IM, C\rangle = \sum_{K\kappa, C} f^{I}_{K\kappa C} \hat{P}^{I}_{MK} | \kappa C\rangle, \tag{4.54}$$

这样, 我们就可以计算出各组态的比重,

$$\langle IM, C | IM\rangle. \tag{4.55}$$

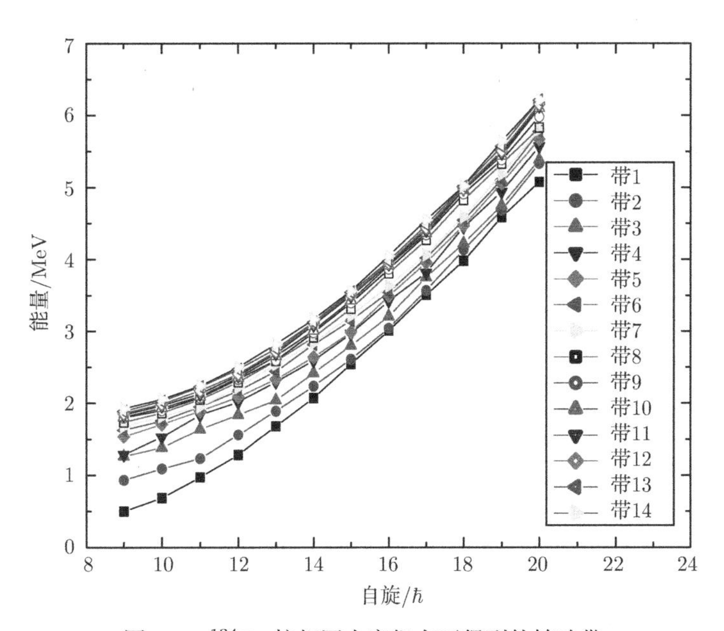

图 4.1　^{134}Pr 核相同内禀组态下得到的转动带

如图 4.3(a) 所示, 带 1 中, 在低自旋 ($I \leqslant 12$) 时, 1n1p 组态占主导作用, 而当 $I \leqslant 19$ 之后, 1n3p 组态占主导作用. 因此, 带 1 中的第一次带交叉发生在 1n1p 和 1n3p 组态之间, 是由于 $(h_{11/2})^2$ 轨道上的两个质子破对引起的. 在 $I = 12\sim18$ 的范围内两准粒子组态和四准粒子组态是混杂的. 再看图 4.3(b), 带 2 中, 在低自旋 ($I \leqslant 13$) 时, 1n1p 组态占主导作用, 而当 $I \leqslant 23$ 之后, 3n1p 组态占主导作用. 而在 $I = 14\sim22$ 的范围内两准粒子组态和四准粒子组态是混杂的. 很显然, 带 1 和带 2 波函数的详细分析给出的答案是交叉行为不是手征性存在的根本原因, 而是因为带 1 中 4 准粒子组态 (1n3p) 与 2 准粒子组态 (1n1p) 混合在一起造成的, 而此时

带 2 还在 2 准粒子组态 (1n1p). 因此, 带 1 和带 2 截然不同的内禀结构排除了它俩成为手征双重带的可能. 而观测到的跃迁几率, 包含手征性的重要信息的物理量, 也支持了我们的结论. 我们在图 4.4 中给出了 TPSM 给出的带 1 和带 2 的 $E2$ 跃迁几率, 可以看出, 在自旋 I=14~17 的范围, 带 1 的跃迁几率比带 2 的要大 3 倍, 更重要的是我们的计算结果跟实验测得的结果一致, 这里没有给出实验结果. 理论上来说, 以前的模型计算不够现实, 没有考虑 4 准粒子组态的混合, 因此不能够给出带 1 和带 2 之间的交叉特征.

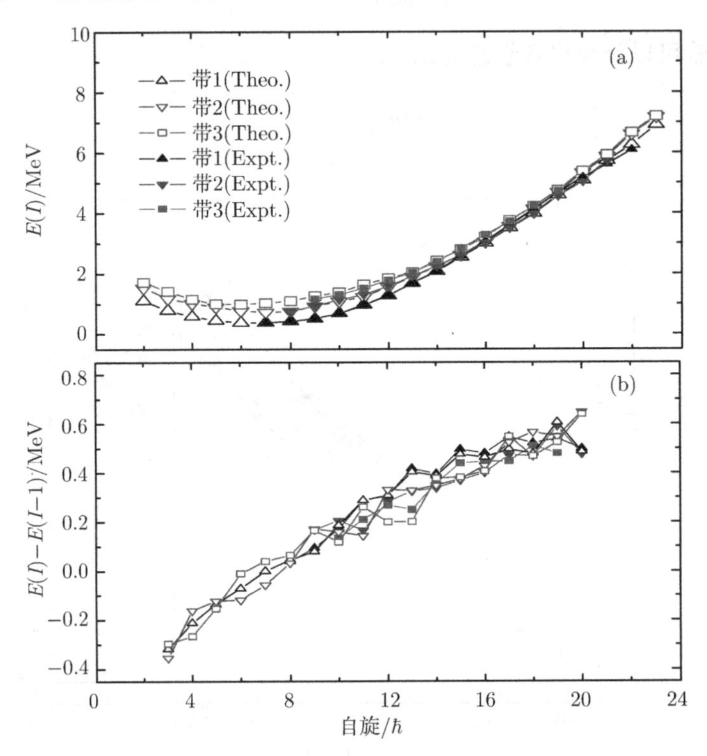

图 4.2　图 4.1 中最低三条带的 TPSM 计算结果与实验值比较. (a) 转动带能量随角动量的变化; (b) 转动带能量差随角动量的变化 (图中实心圈为实验值, 而空心圈为理论计算值)

图 4.2 中给出的带 3 与带 1 和带 2 具有相同的组态, 并且与带 1 和带 2 在很大的自旋范围里都是简并的. 那么这条新发现的正宇称带, 即带 3, 会不会与原来的手征候选带, 即带 1 和带 2 中的某一条带是手征双重带呢? 为此, 我们比较这三条带的实验角动量顺排是有必要的, 如图 4.5 所示. 从图 4.5 中可以看出, 这三条带的角动量顺排 i_x 都很接近, 尤其是带 2 和带 3 的 i_x 值在很大的范围里基本保持着常数. 带 2 和带 3 实验顺排的这种相似性可能意味着这两条带具有相同的内禀结构, 而且实验给出的这两条带的 $B(M1)/B(E2)$ 比值也非常接近, 这也表明

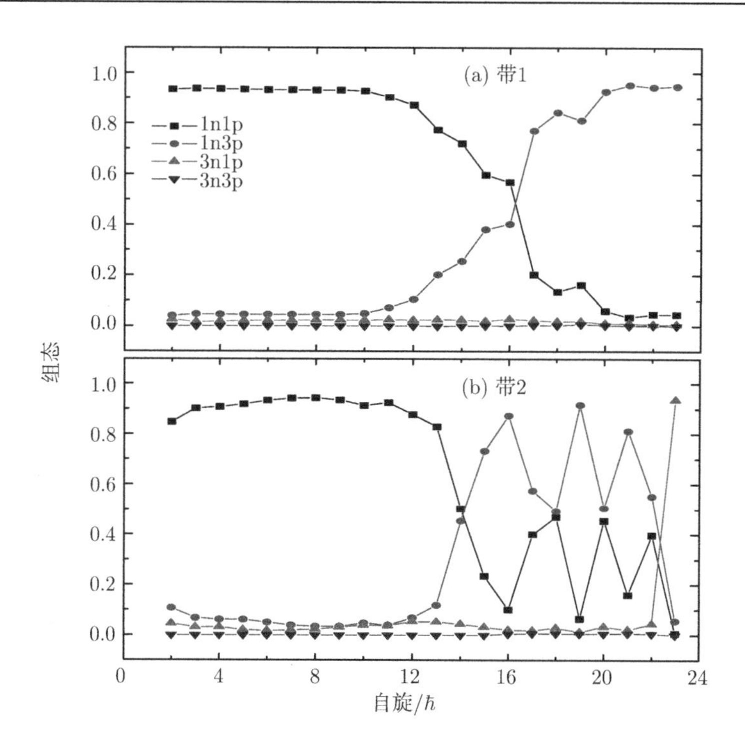

图 4.3　^{134}Pr 核带 1 和带 2 波函数中 1n1p,1n3p,3n1p,3n3p 组态占据的情况

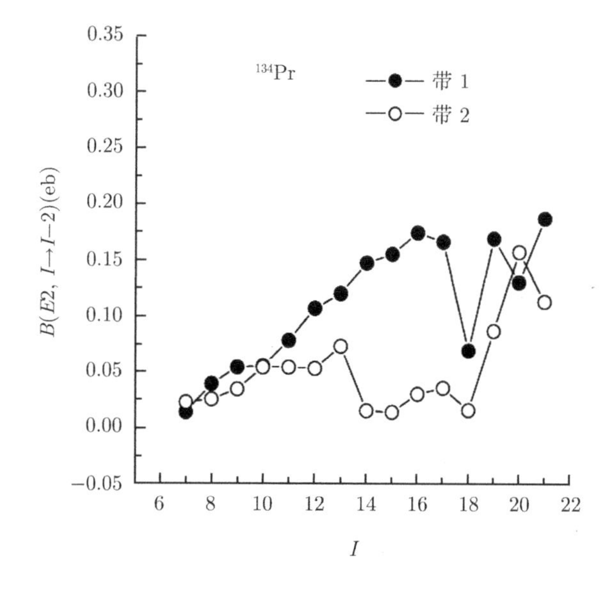

图 4.4　^{134}Pr 核带 1 和带 2 E_2 跃迁几率的计算结果

该两条带的相似性. 为了更全面地验证我们的计算, 新发现的转动带, 即带 3 的跃迁几率也需要给出, 这也将是我们未来研究的焦点. 因此, 带 2 和带 3 是不是真正的手征二重带需要更坚定的实验证据和理论计算. 另一方面, 我们希望将来实验能够观测到图 4.1 中给出的两条简并带, 即带 4 和带 5, 这将对这两条带在 ^{134}Pr 核中是否存在手征二重带提供更好的机会.

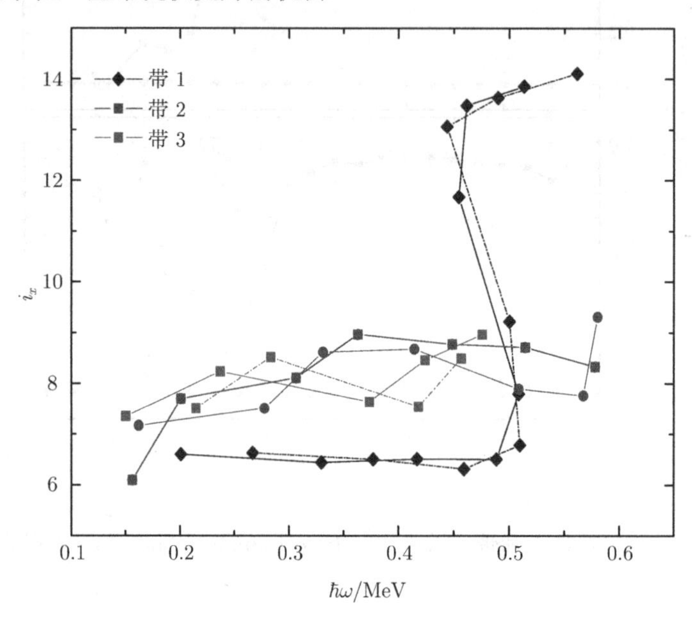

图 4.5　^{134}Pr 核带 1、带 2 和带 3 实验角动量顺排 i_x 随着角频率变化图

4.4.2　Wobbling 运动的 TPSM 描述

摇摆运动是具有转动惯量为 $J_x \gg J_y \neq J_z$ 的三轴体转动的直接结果. 在原子核的高自旋谱中, 摇摆激发将导致具有越来越多摆动量子 $n_W = 0, 1, 2, \cdots$ 的转动带序列的产生. 摇摆声子能量可以由公式 $\hbar\omega_W = \hbar\omega_{\text{rot}}\sqrt{(J_x - J_y)(J_x - J_z)(J_y J_z)}$ 给出, 其中 $\hbar\omega_{\text{rot}} = I/J_x$. Wobbling 带的能量由 $E(I, n_W) = I(I+1)/2J_x + \hbar\omega_W(n_W + 1/2)$ 给出. 尽管摇摆运动被认为是三轴形变转动原子核中普遍存在的现象, 但是直到 2001 年在三轴超形变 (TSD) 原子核 ^{163}Lu 中找到了摇摆运动的明确证据之前实验转动谱中从未发现, 后来紧接着又发现了其他原子核中的摇摆运动模式 [46]. 在接下来的实验中, 把 TSD2 解释为是建立在 TSD1 上的一声子 Wobbling 激发, 并由观察到的从 TSD2 向 TSD1 的较强 $E2$ 跃迁的实验事实强烈支持, 该跃迁与集体沿带 $E2$ 跃迁竞争, 其特征是有较大的 $B(E2)_{\text{out}}/B(E2)_{\text{in}}$. 在 TSD1 上建立的双声子摇摆激发被命名为 TSD3. 在三轴超形变原子核 ^{161,165,167}Lu 和原子核 ^{167}Ta 中也找到了摇摆运动的类似证据 [75~81]. 与手征性不同, 原子核中的摇摆运动已经有了

非常坚固的实验依据. 原子核 ^{163}Lu 中的摇摆带的实验数据为检验理论提供了良好的基础. 我们采用 TPSM 方法, 对典型的 Wobbling 核 ^{163}Lu 转动带进行了较详细的理论计算. 计算中, 建立变形准粒子基所需的形变参数为 $\varepsilon_2 = 0.38$, $\gamma = 20°$ 和 $\varepsilon_4 = 0$, 此参数与 TRS 方法给出的形变参数一致. 计算得到的结果如图 4.6 所示. 从图中我们可以看出, 我们的计算直到很高的自旋下都非常好地再现了实验发现的三条 Wobbling 带. 这意味着我们的计算不仅能很好地再现每一条转动带能量, 也能很好地再现这些 Wobbling 带之间的相对激发能, 即 Wobbling 声子能量. 另外, 我们还计算得到了较大的带内跃迁几率, 这里没有给出, 进一步证实了 Wobbling 激发的性质. 在图 4.6 中计算出的第四条 TSD 带可能是三声子 Wobbling 激发的一个预言, 期待实验的发现.

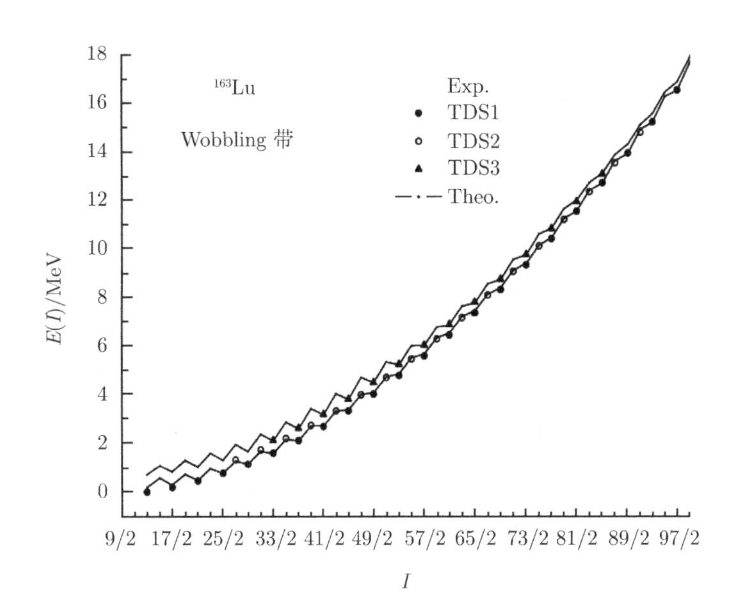

图 4.6 ^{163}Lu 核最低的四条 TSD 带的 TPSM 计算结果与实验数据的比较图, 实心圆圈、空心圆圈和实心三角形为已经观测到的三条 Wobbling 带的实验值, 线为理论值

4.4.3 旋称反转的 TPSM 描述

旋称反转是原子核转动谱中广泛观测到的一种现象, 但它产生的原因至今还没有得到最终的解释. 这种现象认为与原子核内在对称性, 称之为“形变不变性”, 有关. 正是由于该性质, 高 j 带的转动能 $E(I)$ (I 是状态的总角动量) 将劈裂成用旋称量子数 α 分类的具有 $\Delta I = 2$ 的两个分支. 通常能量优先 (Favored) 带有 $I = j(\mathrm{mod}\ 2)$, 而能量非优先 (Unfavored) 带有 $I = j + 1(\mathrm{mod}\ 2)$, 对于奇奇核, 体系的 j 由最后一个中子和最后一个质子的角动量来确定. 旋称反转的关键特征是在低自旋

区能量非优先带的能量异常的向下移动, 在 $E(I)-E(I-1)$ 的图中表现为反转曲线, 即优先带和非优先带的位置反过来, 原来上面的反转到下面, 原来下面的带则反转到上面, 而过了反转自旋 $I_{\rm rev}$ 后, 图相又恢复过来. 在本工作中, 我们得到了原子核存在三轴形变是旋称反转的主要原因的结论. 原子核由于存在三轴形变 ($0^\circ \leqslant \gamma \leqslant 60^\circ$), 其两个主轴 ($x$ 轴和 y 轴) 的长度就不同. 如果假设原子核转动惯量具有与转动流 (Irrotational Flow) 相同的形状依赖性, 则原子核优先围绕长主轴即 y 轴转动. 然而, 具有旋称反转的原子核需要围绕着其最短轴即 x-轴转动. 因此, 为了描述旋称反转, 人们必须引入 γ 反转转动惯量的概念, 这时我们要人为地改变转动轴. 有些人并不肯定这样做法, 例如 Tajima 提出, 除了三轴性以外, 还应考虑其他成分的贡献, 如中子–质子的相互作用. 但在我们的 TPSM 模型中, 这种现象可以通过壳模型计算自然地描述, 而不引用不寻常的假设. 在 $^{118\sim130}$Cs 的 TPSM 计算中所采用的参数有单极对力强度, 取 G/A 的形式, 并对中子 G 取 19.6, 而对质子 G 取 17.2, 四极对力强度 G_M 取 0.16, 与 A-130 区奇奇核 ^{134}Pr 手征带的 TPSM 计算取值一致. TPSM 的多准粒子基矢包括准粒子真空态, 2 准粒子态, 4 准粒子态和 6 准粒子态, 即 $|0\rangle, \alpha^\dagger_{\nu1}\alpha^\dagger_{\pi1}|0\rangle, \alpha^\dagger_{\nu1}\alpha^\dagger_{\nu2}\alpha^\dagger_{\nu3}\alpha^\dagger_{\pi1}|0\rangle, \alpha^\dagger_{\nu1}\alpha^\dagger_{\pi1}\alpha^\dagger_{\pi2}\alpha^\dagger_{\pi3}|0\rangle, \alpha^\dagger_{\nu1}\alpha^\dagger_{\nu2}\alpha^\dagger_{\nu3}\alpha^\dagger_{\pi1}\alpha^\dagger_{\pi2}\alpha^\dagger_{\pi3}|0\rangle$. 计算中, 对中子和质子都主要考虑了 N=3,4,5 三个大壳来构建壳模型空间. 在许多原子核中, 旋称反转只发生一次, 在我们的 TPSM 计算下实验数据得到了很好的再现, 如图 4.7 所示. 计算中所需形变参数见表 4.1, 更详细的计算见文献 [96]. 上述旋称反转现象还可以通过给出总角动量中各分量的分布情况来解释, 如图 4.8 所示. 从图 4.8 可以看出, 随着自旋的增加, 总角动量中各分量的比重由 x 轴分量最大转到了 y 轴分量最大, 而 z 轴分量始终最小, 没有变化, 表明在整个自旋区域原子核的转动轴发生了变化. 为了进一步讨论在 TPSM 理论中旋称反转产生的机制, 还可以分析三轴形变对旋称反转的影响. 图 4.9 以原子核 ^{124}Cs 为例给出在其他计算参数固定的情况下 (与图 4.7 中选取的参数一样), 不同的三轴形变取值对 $S(I)$ 的影响. 从图中我们可以看出, 旋称劈裂强烈依赖于 γ 形变. 当 $\gamma=0$ 时, 在较低自旋区没有明显的旋称劈裂, 这也说明了之前的采用轴对称基矢的投影壳模型计算没能再现实验数据的原因. 随着 γ 取值的增加, 旋称劈裂的现象也变得明显. 当 $\gamma=30$ 时, 旋称劈裂最明显, 而 γ 取更大值时旋称劈裂又显得不太好. 值得注意的是, 只有 γ 足够大的时候, 旋称劈裂和旋称反转才是可见的, 还要注意的是反转自旋 $I_{\rm rev}$ 不随 γ 的变化而变化.

表 4.1 在 $^{118\sim130}$Cs TPSM 计算中采用的形变参数 ε_2 和 γ

Nuclei	^{118}Cs	^{120}Cs	^{122}Cs	^{124}Cs	^{126}Cs	^{128}Cs	^{130}Cs
ε_2	0.30	0.29	0.26	0.26	0.21	0.20	0.19
γ	30°	30°	31°	31°	35°	37°	39°

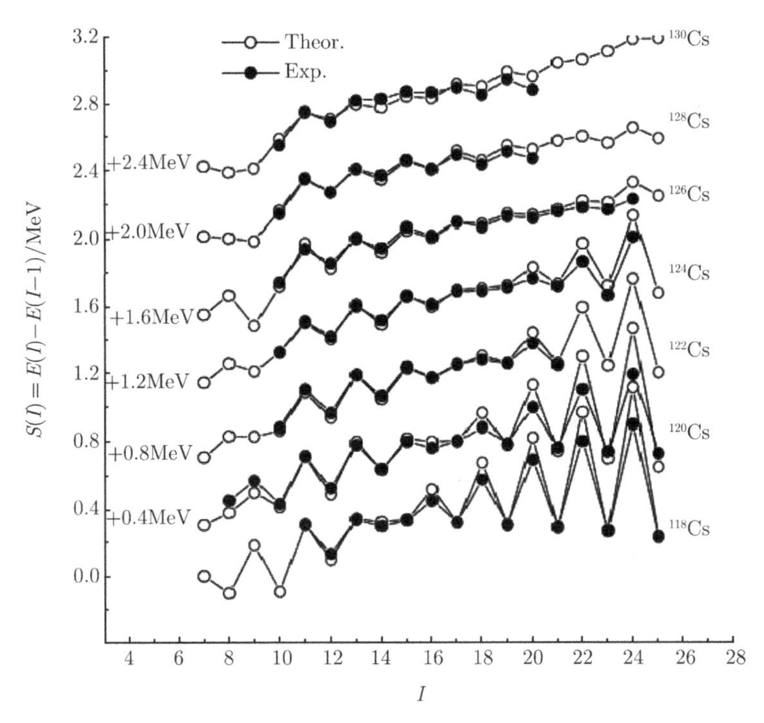

图 4.7 奇奇核 $^{118\sim130}$Cs Yrast 带 $S(I)=E(I)-E(I-1)$ 的 TPSM 计算结果与实验数据的比较图, 实心圈为实验值, 空心圈为理论值

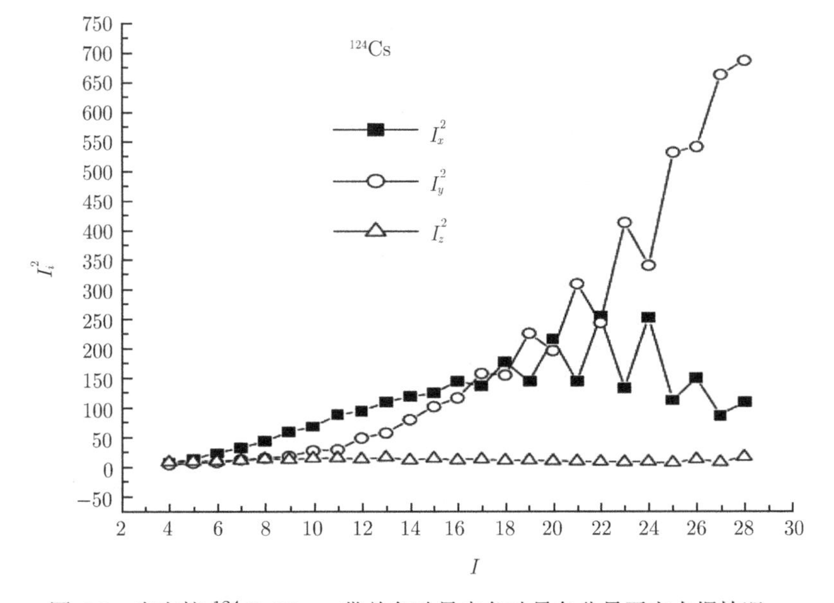

图 4.8 奇奇核 ^{124}Cs Yrast 带总角动量中角动量各分量平方占据情况

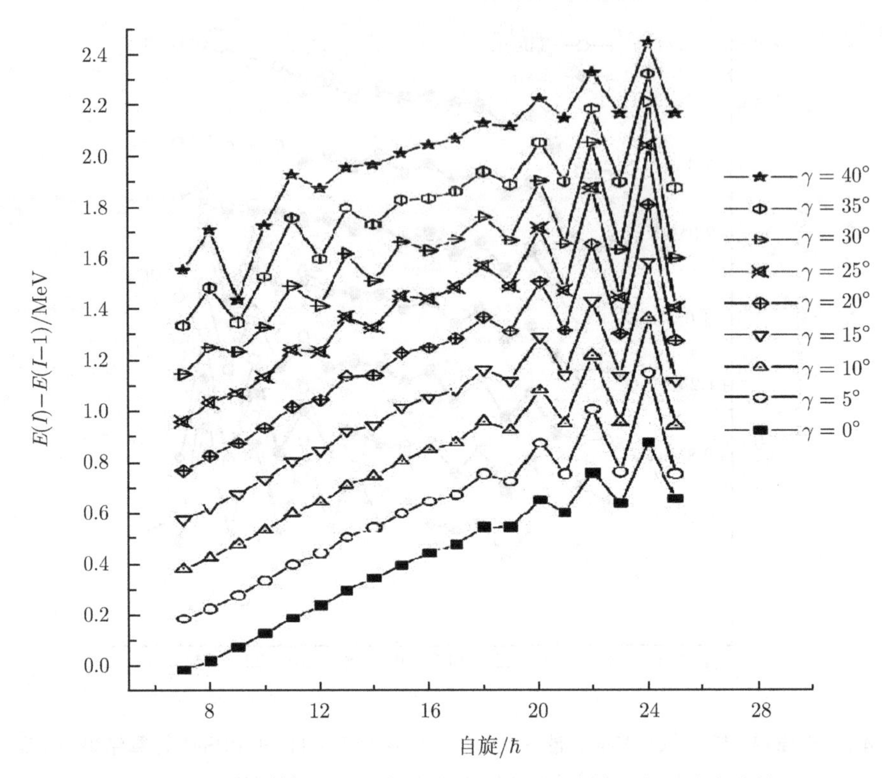

图 4.9　奇奇核 ^{124}Cs 2-准粒子带能量随不同三轴形变取值变化情况

从以上分析我们可以得出以下结论, 即三轴形变原子核转动时, 旋称反转是由于转动轴的改变引起的. 而在 TPSM 模型中所选择的变形基的三轴形变的大小决定着旋称劈裂和旋称反转是否发生. 然而, 还有一些核, 随着自旋的增加, 旋称反转可能发生两次, 例如奇质子核 ^{157}Ho. TPSM 理论计算不仅再现了实验 $S(I) = E(I) - E(I-1)$ 值, 也再现了该核的两次旋称反转 (图 4.10), 对应的自旋分别为 I_{rev1}=39/2 和 I_{rev2}=53/2 附近. 该核 TPSM 计算中采用的形变参数为 $\varepsilon_2 = 0.26, \gamma = 26°, \varepsilon_4 \sim -0.02$, 而对中子主要考虑了 N=4,5,6 三个大壳, 对质子主要考虑了 N=3, 4,5 三个大壳来构建壳模型空间. 为了研究旋称反转发生两次的机制, 对 ^{157}Ho 核也给出了总角动量中各分量随着自旋的增加分布情况, 如图 4.11 所示. 从图 4.11 可以看出, 在低自旋区 $I_y > I_x$, 但在自旋 $I > I_{\text{rev1}}$ 时, 突然变为 $I_y < I_x$, 而在较大自旋时, $I > I_{\text{rev2}}$, 情况又变为 $I_y > I_x$, 而 I_z 在整个自旋变化区域占的比例都非常小. 因此, 旋称反转发生两次的原因可以归结为三轴形变转动核的转动轴发生了两次变换.

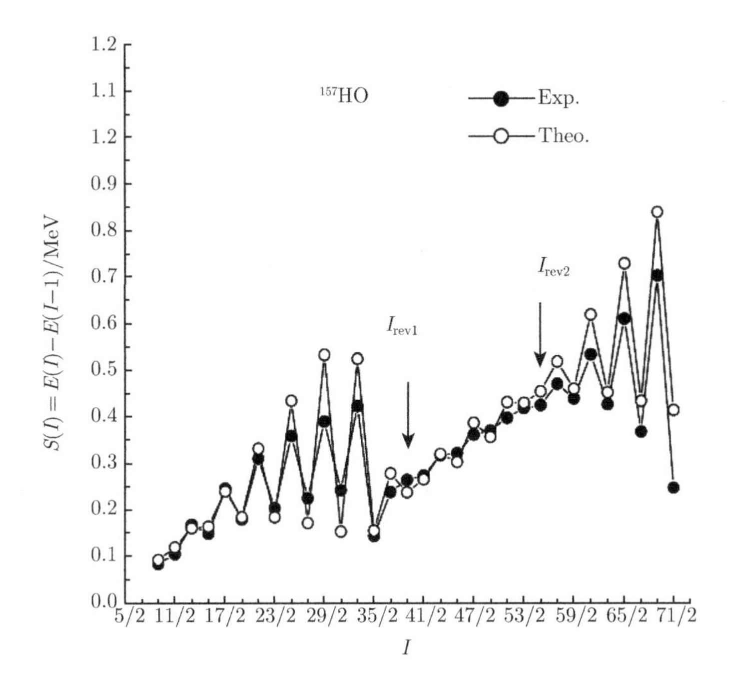

图 4.10 ^{157}Ho Yrast 带 $S(I) = E(I) - E(I-1)$ 的 TPSM 计算结果与实验数据的比较图, 实心圈为实验值, 空心圈为理论值

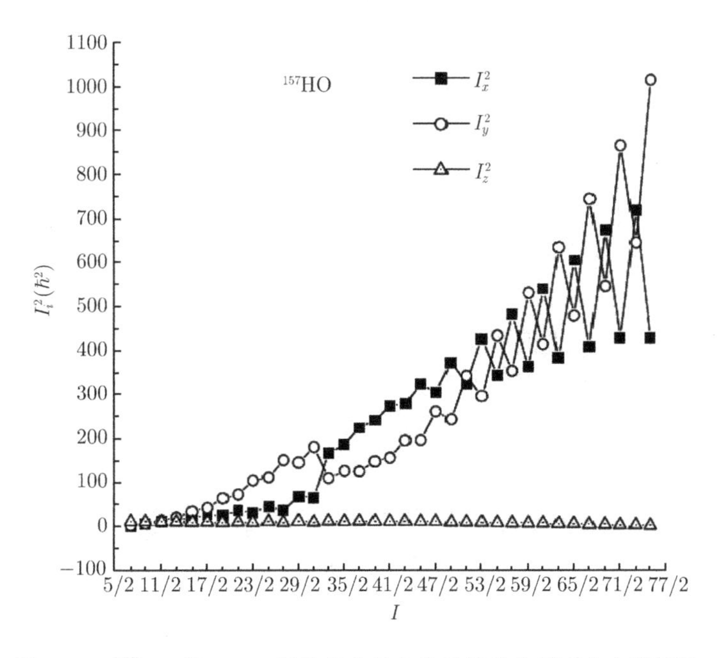

图 4.11 ^{157}Ho 核 Yrast 带总角动量中角动量各分量平方占据情况

4.5 原子核八极形变的 RASM 描述

反射对称性的自发破缺不是只有在原子核中存在, 而是质量密度分布相对于左右反射不对称的其他量子物理体系中也是常见的. 反射不对称形状的原子核认为具有八极形变. 许多原子核中已经观测到交替宇称转动带的出现, 即负宇称态和正宇称态按 $I^+, (I+1^-), (I+2)^+, \cdots$ 系列交替出现, 这里 I 为偶整数, 且奇自旋 $(I+1)$ 负宇称态的位置大于等于相邻偶自旋 $(I, I+2)$ 正宇称态的平均值. 例如, $^{222\sim230}$Ra 同位素中就出现了这种现象, 称为八极转动带. 这些带的结构类似于不对称分子, 如 H^{35}C, 这种相似性意味着这些原子核具有质量不对称形状, 具有八极形变.

采用 RASM 方法对 $^{222\sim230}$Ra 同位素 Yrast 带进行了较系统的研究. 计算 Nillson 能级时, 对质子取 N=4,5,6 三个大壳, 对中子取 N=5,6,7 三个大壳就可以了. 对 $^{222\sim230}$Ra 同位素 Yrast 带 RASM 计算中除了形变参数不同 (见表 4.2) 以外, 其他参数都取了相同的值, 如单极对力强度取为 $G_0 = \left(17.52 \mp 10.83\dfrac{N-Z}{A}\right)/A$, 其中, 负号对应中子, 正号对应质子. 由于四极形变很小, 四极对力被认为可忽略 $(G_2 = 0)$, 详细的计算见文献 [88]. $^{222\sim230}$Ra 的计算结果如图 4.12 所示, 所有计算的转动带自旋到 I=26 为止. 从图 4.12 可以看出, Ra 的这些同位素能谱均出现了与只有四极形变核的转动带不一样的特征: ① 负宇称态和正宇称态按 $I^+, (I+1^-), (I+2)^+, \cdots$ 系列交替出现, 这里 I 为偶整数. ② 低自旋区域发生了明显的宇称劈裂现象. Ra 同位素在自旋宇称为 1^- 的宇称劈裂用公式 $\Delta E(1^-) = E(1^-) - (E(0^+) + E(2^+))/2$ 表示, 该值对 ^{222}Ra 核较小, 而对 ^{230}Ra 核最大. 另外, $\Delta E(1^-)$ 也与八极关联强度有关, 一般大的 ε_3 对应小的 $\Delta E(1^-)$. ③ 八极转动带的宇称劈裂会随着自旋的增加而减小, 最后正负宇称带完美地按 $E(I) \sim I(I+1)$ 交织在一起. 记宇称劈裂消失的临界自旋值为 I_c, 从八极形变 Yrast 带的实验值看, $^{222\sim226}$Ra 的 I_c 为 $10\hbar$, ^{228}Ra 的 I_c 为 $18\hbar$, RASM 计算同样再现了这些 I_c 值, 又一次, I_c 从 ^{226}Ra 到 ^{228}Ra 的突然增加反映了八极形变的减小. RASM 计算还预言了 ^{230}Ra 核的 $I_c > 26\hbar$, 然而遗憾的是, 这个核的负宇称带只测到 $7\hbar$, 而正宇称带也只测到 $18\hbar$. 如果实验上能把 ^{230}Ra 的 Yrast 带推至更高的自旋态以检验宇称劈裂是否可以消失, 将是十分有趣的课题.

表 4.2 在 $^{222\sim230}$Ra RASM 计算中采用的形变参数 ε_2、γ 和 ε_4

Nuclei	^{222}Ra	^{224}Ra	^{226}Ra	^{228}Ra	^{230}Ra
ε_2	0.07	0.08	0.08	0.10	0.12
ε_3	0.071	0.071	0.071	0.061	0.055
ε_4	−0.12	−0.12	−0.12	−0.10	−0.10

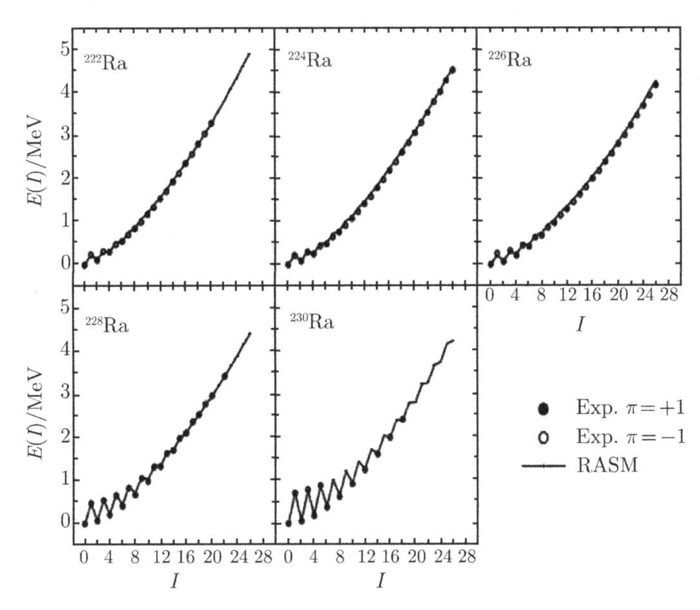

图 4.12 $^{222\sim230}$Ra 同位素 Yrast 带的 RASM 计算结果与实验数据的比较图, 实心圆圈为实验值, 空心圆圈为理论值

4.6 超重核四面体对称性的 RASM 描述

四面体对称性 (Tetrahedral Symmetry) 是分子, 金属簇和其他量子物理体系相当常见的一种对称性, 那么一些较重原子核是不是会有类似的内禀平均场呢? 四面体对称性是点组理论 (the Theory of the Point Group) 的直接后果, 对应于 T_d^D 变换下的不变性. 分子和金属簇的四面体对称性由组成离子的相互几何排列来决定. 在原子核中, 原子核作为具有强相互作用的量子多体体系, 情况更为复杂, 并且原子核形状主要受壳效应的影响. 原子核中的四面体对称性已经成为一个大家非常感兴趣的课题. 原子核中的四面体变形的理论预言是相当令人信服的, 但是还没有得到实验的证实. 在原子核中, 四面体对称性首先是通过与 Y_{32} 变形形状相关联的固有力矩 Q_{32} 的核密度的非轴对称八极形变来表现的. 而且, 原子核的八极关联和四极关联竞争比较激烈, 所以核中四面体对称性的表现有点模糊. 本次计算中, 我们主要研究超重核中 Y_{32} 形状和四极形变的叠加是否实现其四面体对称性. 在核物理中, 去探索周期表中理论预言的超重元素的稳定岛的位置是目前最重要的目标. 过去的十几年当中, 在新元素的合成方面取得了重大进展. 但是, 关于它们的结构有很少甚至没有任何的实验信息. 目前, 可以进行详细光谱测量的最重核是质子数为 $Z\sim100$ 和中子数为 $N\sim150$ 的同位素. 在 A-250 的核区, 实验观测到了较低

的 2^- 带, 例如, 在 N=150 的同中子异位素链 ^{246}Cm, ^{248}Cf, ^{250}Fm 和 ^{252}No 中观测到了带头能量 $E(2^-)$ 分别为 0.842, 0.592, 0.879 和 0.929 的 2^- 带. 这些 2^- 带不同于负宇称两准粒子 (2-qp) 带, 因为 2-qp 态的能量必须要大于 BCS 对能隙的 2 倍, 因此所有 2-qp 态的能量一定要比基态能量大 1MeV. 较合理的解释是这些 2^- 带呈现于 Y_{32} 形状相关的非轴对称八极激发模式. 如果上述解释是合理的, 则包含非轴对称八极自由度的 RASM 计算应该能够描述实验观测到的这些 2^- 带. 采用含有三轴形变的 RASM 模型对以上四个同中子异位素的较低转动带进行了理论计算. 计算中对这四个核我们采取了相同的形变参数 $\varepsilon_2 = 0.235$ 和 $\varepsilon_4 = 0$. 对 Nillson 参数, 我们取与稀土区的计算一样的值, 发现这时的势能与 Woods-Saxon 势得出的结果基本一致. 壳模型空间对中子取 N=5,6,7 三个大壳, 对质子取 N=4,5,6 三个大壳. 单极对力强度取为 $G_0 = \left(20.36 \mp 11.26\dfrac{N-Z}{A}\right)/A$, 其中, 负号对应中子, 正号对应质子, 而四极对力强度取为 $G_2 = 0.13G_0$. 非轴对称八极形状 Y_{32} 对应的形变参数 ε_{32} 的取值对 2^- 带带头能量比较敏感, 我们发现对 ^{246}Cm, ^{248}Cf, ^{250}Fm 和 ^{252}No 分别取 $\varepsilon_{32} = 0.105, 0.118, 0.110$ 和 0.107 时能够很好地再现实验数据. 计算结果如图 4.13 所示, 发现我们的计算不仅很好地再现了基带也很好地再现了 2^-

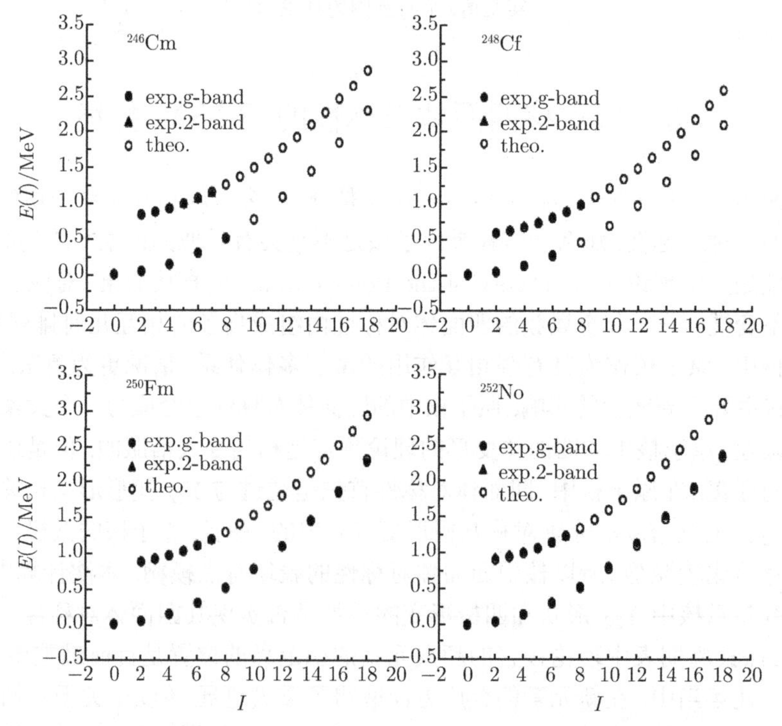

图 4.13 N=250 同中子异位素链最低两条带的 RASM 计算结果与实验数据的比较图, 实心圆圈为实验值, 空心圆圈为理论值

带. 而计算得到的从 0^+ 基态到 2^- 带的 3^- 态的跃迁几率对 ^{246}Cm, ^{248}Cf, ^{250}Fm 和 ^{252}No 分别为 $B(E3{:}0^+ \longrightarrow 3^-)$=243W.u., 285W.u., 254W.u.和 241W.u.. 将来 $E3$ 跃迁几率的测定对这些已观测到的 2^- 带的非轴对称激发模式, 也就是它们的四面体对称性的最终确定将是至关重要的. 目前, 这些 2^- 带的非轴对称激发特性得到了 RASM 模型的支持, 也得到了对 A=220~250 原子核较低实验带的轴对称八极形状和非轴对称八极形状的系统分析的支持, 详见文献 [7].

4.7 小　结

原子核是一个多体量子体系, 原子核中核子之间的相互作用是非常复杂的, 并且也是未知的. 然而, 核谱学可以提供包括单粒子运动和集体运动的很多实验信息. 实验室坐标系下的核谱学的这些性质能提供原子核在内禀坐标系下原子核对称性及其破缺的信息. 理论上最常用的模型有粒子–转子模型和推转壳模型, 这类方法中, 场和转动是通过外部的或经典转动独立处理得到具有角动量的状态. 因此, 在这类模型中出现了自洽计算的困难. 而我们的 RASM 方法可以通过投影技术来克服这些困难. RASM 方法假设体系波函数是由所有空间取向的变形态及其反射态线性组合而成. 通过假定 RASM 哈密顿量对于该态的期望值取极限, 导出了 RASM 的本征方程. 由 RASM 哈密顿量的转动不变性及反射对称性, 同时可以得到体系波函数具有确定的角动量和宇称. 在本书的应用中, RASM 哈密顿量除了包括四极相互作用、单极对力和四极对力外, 还包括八极、十六极相互作用. 相应地, 采用的 Nilsson+BCS 多准粒子态具有四极、八极和十六极形变, 将其角动量及宇称投影出来, 作为对角化 RASM 哈密顿量的基矢. 通过计算 RASM 的本征方程可以得到原子核的转动带. RASM 方法还进一步考虑了非轴对称的形变, 因此在此模型下原子核可能的重要的形状都可以得到描述. 我们的 RASM(不考虑八极形变时为 TPSM) 成功地描述了原子核的手征双重带、Wobbling 带、旋称劈裂和反转、八极形变原子核和超重核中的四面体对称性等当今核结构研究的热点问题. 理论计算结果非常好地再现了实验数据, 意味着该模型是描述变形原子核的有效方法.

第 5 章　基于投影壳模型的位能面理论及其应用

根据第 3, 4 章的讨论, Hartree-Fock 平均场理论由于计算复杂等原因主要用来描述原子核基态的性质, 尤其是用来描述原子核结合能随着核形状变化的问题. 而较重原子核的形状, 主要采用位能面理论, 目前, 位能面计算主要基于推转壳模型 (如 TRS 方法). 实践证明, 在大多数情形下, 该方法可以很好地描述原子核的形变. 然而它致命的缺点也是显而易见的. 在 TRS 方法中推转角频率作为一个经典力学概念, 去描述原子核这一量子多体体系, 有时可能会出现一些偏差. 例如在三轴形变下, 作为一个量子体系, 原子核的转动轴取向比较复杂, 这时我们就无法给这类态定义一个固定转动轴, TRS 方法关于固定转轴的基本假定变得不合理.

投影壳模型 (PSM) 可以通过角动量投影技术恢复被破坏的转动对称性, 该类方法成功地描述了典型的正常形变区 (稀土区) 的能谱, 投影壳模型中引入 γ 自由度之后可以发展成为三轴投影壳模型 (TPSM). 该模型相当好地描述了原子核三轴形变相关的一些热点前沿问题. 三轴投影壳模型中进一步考虑八极形变、十六极形变等就可以发展成为反射不对称壳模型 (RASM). 因此, 投影壳模型和三轴投影壳模型都可以看作是反射不对壳模型的一个特例, 该模型成功地描述了八极形变原子核的基本特征 (孙杨, 高早春, 陈永寿等的工作). 这类方法显著的优点是理论和实验可以直接比较, 物理图像十分自然而清晰. 然而, 现有的 PSM、TPSM 和 RASM 计算中, 形变是固定的, 是为了拟合实验数据人为地给出的. 因此, 该类模型得出的结果因所采用的形变参数不同而不同, 这将限制该理论的理论预言性. 而位能面理论可以自洽地给出原子核的形变, 但现有的位能面理论主要是基于推转壳模型, 如 TRS 方法, 有着上述缺点. 因此, 理论上需要进一步发展位能面理论, 以便更准确、更合理地描述原子核这个量子体系的形变. 我们期望发展一种基于投影壳模型的计算核形变的理论, 能够计算一定角动量和宇称核态的实验室系总能的位能面, 从而给出原子核更合理的形变. 最近我们建立了基于投影壳模型的位能面理论, 简称为 PTES(Projected Total Energy Surface), 编写了相应的计算程序. 应用于不同核区原子核的转动带结构和形变的计算, 研究结果说明本理论是描述高速转动原子核的有效方法. 实践表明, PTES 理论比常用的 TRS 理论和 TES 理论更能合理和自然地给出核形变随角动量的变化.

5.1 基于投影壳模型的位能面理论 (PTES)

为了在位能面计算理论中考虑由转动对称性恢复而产生的超越平均场效应, 我们建立了基于三轴投影壳模型的位能面理论 (PTES). 该理论的基本框架与第 3 章介绍的 TRS 方法基本一致, 而最主要的差别在于 PTES 方法给出的原子核总能量是对应好的角动量, 即角动量是好量子数, 而 TRS 方法给出的原子核总能量是对应半经典的物理量, 即推转频率. 换句话说, TRS 方法是“纯”的平均场方法, 而 PTES 方法则考虑了恢复转动对称性对应的超越平均场效应. 关于这两种方法的优缺点将在应用部分继续讨论. 总之, PTES 方法最大的优点是给出的位能面是对应确定的角动量, 因此计算得到的结果可以直接与实验进行比较.

要通过位能面研究原子核的形状, 必须计算原子核体系的总能量 (位能) 随形变参数的变化, 然后找出总能量相对形变参数有局部极小值处所对应的形变参数值, 这些形变参数值便是原子核可能具有的形变值. 在 PTES 模型的框架下体系的总位能简单形式可以表示为 (与 TRS 方法中给出的总能量组建方式相同)

$$E^{\text{tot}} = E_{\text{LD}} + E_{\text{corr}} + E_{\text{rot}}, \tag{5.1}$$

其中, 第一项 E_{LD} 为液滴部分的能量, 目前也有很多种液滴能的表达方式, 如小液滴模型等, 选取不同的液滴能表达式对总能量有一定的影响. 本章所采用的液滴能取自文献 [92]. E_{corr} 为量子效应对液滴模型的修正项, 由 Strutinsky 方法给出. E_{rot} 为转动能, 可以由不同原子核模型给出, 在我们的方法 (PTES) 中由三轴投影壳模型给出. 当然, 公式 (5.1) 中的每一项都是中子数和质子数 (N, Z), 形变参数 $(\varepsilon_2, \gamma, \varepsilon_4)$ 的函数, 只是没有明显写出来. 下面我们将这三部分能量一一给出.

5.1.1 液滴能 E_{LD}

液滴能主要包括库仑能和表面能量部分. 库仑能的一般表达式为

$$E_{\text{coul}} = \frac{1}{2}\sum_{i}\sum_{\neq j}\left\langle \psi(r_1, r_2, \cdots, r_z)\middle|\frac{e^2}{r_{ij}}\middle|\psi(r_1, r_2, \cdots, r_z)\right\rangle, \tag{5.2}$$

其中, $|\psi(r_1, r_2, \cdots, r_z)\rangle$ 是在单粒子态上建立的 Slater 行列式. 如果进一步忽略反对称化, 我们直接可以以单粒子波函数来代替 $|\psi(r_1, r_2, \cdots, r_z)\rangle$, 即

$$\begin{aligned} E_{\text{coul}} &= \frac{1}{2}\sum_{i}\sum_{\neq j}\left\langle \psi(r_i)\psi(r_j)\middle|\frac{e^2}{r_{ij}}\middle|\psi(r_i)\psi(r_j)\right\rangle \\ &= \frac{1}{2}\sum_{i}\sum_{\neq j}\rho_i(r_i)\left|\frac{e^2}{r_{ij}}\right|\rho_j(r_j)\mathrm{d}^3r_i\mathrm{d}^3r_j. \end{aligned} \tag{5.3}$$

为了进一步简化, 我们假定原子核是一个具有同类带电的三轴椭圆形, 其长半轴分别为 a, b 和 c. 这样, 以 a, b 和 c 表示库仑能, 可以表示成一维积分, 即

$$E_{\text{coul}} = \frac{3}{5}(Ze)^2 \frac{1}{2}\int_0^{\infty} \frac{\mathrm{d}\lambda}{\sqrt{(a^2+\lambda)(b^2+\lambda)(c^2+\lambda)}}, \tag{5.4}$$

这种表达式还可以通过椭球积分来简化:

$$E_{\text{coul}} = \frac{3}{5}(Ze)^2 \frac{1}{c^2-a^2} F(k,\phi_0), \tag{5.5}$$

其中, $F(k,\phi_0)$ 是椭球积分, 定义为

$$k^2 = \frac{b^2-a^2}{c^2-a^2},$$

$$\sin\phi_0 = \frac{\sqrt{c^2-a^2}}{c}.$$

在形变比较小时, 库仑能可以表示成下面形式:

$$E_{\text{coul}} = E_{c0}\left(1 - \frac{4}{45}\varepsilon^2 + \cdots\right), \tag{5.6}$$

其中, E_{c0} 是球形库仑能.

表面能表达式的推导非常复杂, 这里不再给出, 详见文献 [93]. 最后, 我们可以得到液滴能对总能量的贡献.

$$E_{\text{LD}} = a_c \frac{Z^2}{A^{1/3}} \delta E_{\text{coul}} + a_s(1 - x_s I^2)A^{2/3}\delta E_{\text{surf}}, \tag{5.7}$$

其中, δE_{coul} 和 δE_{surf} 分别为库仑修正能和表面修正能, 可以表示成

$$\begin{cases} \delta E_{\text{coul}} = \dfrac{E_c}{E_{c0}} - 1, \\ \delta E_{\text{surf}} = \dfrac{E_s}{E_{s0}} - 1, \end{cases} \tag{5.8}$$

其中, E_{c0}, E_{s0} 分别为球形核的库仑能和表面能, 并记

$$E_{c0} = a_c \frac{Z^2}{A^{1/3}}; \quad E_{s0} = a_s(1 - x_s I^2)A^{2/3}. \tag{5.9}$$

最后, 液滴能可以表示成

$$E_{\text{LD}} = E_{c0}\delta E_{\text{coul}} + E_{s0}\delta E_{\text{surf}}, \tag{5.10}$$

式中采用的参数分别取为

$$a_c = 0.70531,$$

$$a_s = 17.9439,$$

$$x_s = 1.7826.$$

5.1.2　壳修正能 (Strutinsky 方法) E_{corr}

液滴模型把原子核看成均匀带电、不可压缩的液滴. 人们发现, 液滴模型能给出与原子核结合能实验结果较为一致的基本趋势. 实际核与液滴模型之间的差别应主要归因于原子核的量子效应, 而这种量子效应反映在单粒子能级上则表现为能级的不均匀性, 即能级的壳效应. 因此, 如果我们在液滴模型的基础上再加上由单粒子能级的壳效应而引起的壳修正, 那么结果与实验的符合将会很好. 图 5.1 反映了壳修正能在计算原子核质量方面的关键作用. 最初人们考虑的壳修正都是唯象的. 虽然这些唯象的壳修正有时与实验符合得很好, 但这样的修正含有较多的参数, 而且也没有阐明壳修正的物理实质, 因此价值不大. 在 20 世纪 60 年代末, Strutinsky 提出了一种计算壳修正的有效方法 [94, 95], 成功地解释了实验上发现的裂变同核异能态现象. 此后, 这种方法得到广泛应用. 下面简要介绍这一方法.

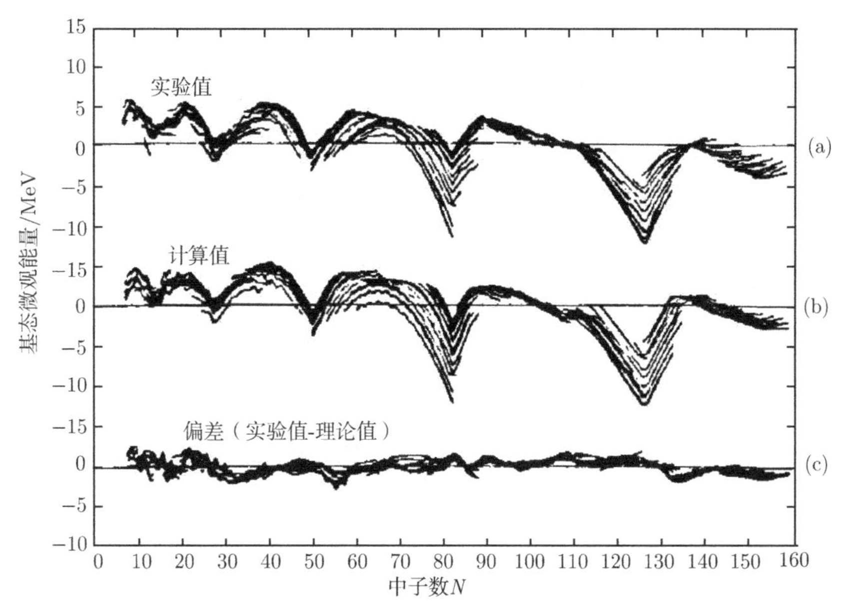

图 5.1　原子核质量的壳效应: (a) 实验核质量与某种液滴模型计算值之差; (b) 计算的壳修正值; (c) 实验核质量与计算值 (液滴加壳修正) 之差. 曲线连接同一元素的核

在 Strutinsky 方法中, 原子核的能量由两部分组成, 即由液滴模型描述的光滑部分 E_{smooth} 和反映量子效应的起伏部分 E_{corr}:

$$E_{\text{B}} = E_{\text{smooth}} + E_{\text{corr}}, \tag{5.11}$$

平滑部分常常用液滴能来描述:

$$E_{\text{smooth}} = E_{\text{LD}}. \tag{5.12}$$

E_{corr} 包括质子、中子的壳修正能量和对关联修正能量, 即 $E_{\mathrm{corr}} = E_{\mathrm{shell}} + E_{\mathrm{pair}}$. 为简单起见, 设 E_{shell} 为质子或中子的壳修正能量, 定义为

$$E_{\mathrm{shell}} = E - \overline{E},$$

其中, E 为单粒子能级之和:

$$E = \sum_{i=1}^{N} e_i,$$

$\overline{E}$ 为相应的平滑能量部分. 先定义能级密度

$$g(e) = \sum_{i=1}^{\infty} \delta(e - e_i),$$

那么 $\overline{E}$ 可由下式给出:

$$\overline{E} = \int_{-\infty}^{\overline{\lambda}} e\overline{g}(e)\mathrm{d}e,$$

其中, $\overline{g}(e)$ 为平均能级密度, 取为

$$\overline{g}(e) = \frac{1}{\gamma}\int_{-\infty}^{\infty} g(e') f\left(\frac{e'-e}{\gamma}\right)\mathrm{d}e',$$

$\overline{\lambda}$ 由下式确定:

$$N = \int_{-\infty}^{\overline{\lambda}} \overline{g}(e)\mathrm{d}e,$$

这里 N 为粒子数, f 通常选为具有高斯形式的函数:

$$f(x) = \frac{1}{\sqrt{\pi}}\mathrm{e}^{-x^2}P(x),$$

其中, P 为拉盖尔多项式:

$$P(x) = L_M^{1/2}(x^2),$$

M 一般取为 1, 2 或 3. 当 M 取 3 时, $P(x)$ 具有如下形式:

$$P(x) = \frac{35}{16} - \frac{35}{8}x^2 + \frac{7}{4}x^4 - \frac{1}{6}x^6,$$

γ 为高斯分布的宽度, 一般取 $\gamma = 1.0\hbar\omega_0$. 由此, 我们便可以计算出某一原子核在给定形变下的壳修正能量. 显然, 壳修正能量与形变有关, 对某些形变, 如 ε_2 接近 0 时, 能级分布很不均匀, 能级密集的地方得到负的壳修正, 能级稀疏的地方得到正的修正. 当 ε_2 取某些值时, 能级分布较为均匀, 此时的壳修正则很小.

除了能级的不均匀性对结合能有影响外, 对效应对结合能也有影响, 对修正能量常借助于 BCS 理论进行计算:

$$\begin{cases} E_{\text{pair}} = E_{\text{BCS}} - \sum_{i=1}^{A} e_i - \langle E_{\text{pair}} \rangle, \\ E_{\text{BCS}} = \sum_{\mu} 2e_\mu \nu_\mu^2 - \varDelta^2/G - G\left(\sum_{\mu} \nu_\mu^4 - \sum_{\mu} 1\right), \end{cases} \tag{5.13}$$

这里, μ 表示对的标号, G 为对作用强度, 可用下式计算:

$$G_{\pm} = \left(g_0 \pm g_1 \frac{N-Z}{A}\right) \frac{S(\varepsilon_2, \gamma)}{A}, \tag{5.14}$$

其中, "+" 对应质子, "-" 对应中子, S 为原子核的表面积. ν_μ^2 由下式确定:

$$\nu_\mu^2 = \frac{1}{2}\left[1 - \frac{e_\mu - G\nu_\mu^2 - \lambda}{\sqrt{(e_\mu - G\nu_\mu^2 - \lambda)^2 + \varDelta^2}}\right], \tag{5.15}$$

其中, λ 和 $\varDelta$ 由下式给出:

$$\begin{cases} 2\sum_{\mu} \nu_\mu^2 = N, \\ G\sum_{\mu} \nu_\mu \sqrt{1 - \nu_\mu^2} = \varDelta, \end{cases} \tag{5.16}$$

$\langle E_{\text{pair}} \rangle$ 为平均对修正能, 通常取为 -2.3MeV. 适当选取 g_0, g_1, 可使得在适当能级数目下算出的 $\varDelta$ 与实验较好地符合.

在本书中, 作为 PTES 理论的初步应用, 我们并没有考虑对效应对液滴能的修正. 并且我们的计算已验证考虑对效应对液滴能的修正虽然对极小点以外的位能曲面有点影响, 但不影响位能曲面上极小点的位置.

5.1.3 转动能 E_{rot}

要特别指出的是, 这里的 $E_{\text{rot}}(I^\pi)$ 是由三轴投影壳模型给出的 (详见 4.1 节 ~ 4.3 节), 它包含了集体转动能和一定组态下的准粒子激发能. 因此, 在 TRS 理论中的准粒子激发的形变驱动效应, 已自然地包含在 E_{rot} 中. 在 PTES 理论中, 集体转动能和转动准粒子激发能, 统一地由壳模型框架下的微观计算给出, 而且是好量子数角动量和宇称的函数. 公式 (5.1) 描述的 PTES 的计算中角动量为好量子数, 而且最小化过程也是对每一个特定的自旋进行的, 因此 PTES 理论可以归结为投影后变分 (Variation-After-Projection, VAP) 方法.

值得一提的是, 在正常的投影壳模型的计算中, 公式 (4.35) 中的多极相互作用强度 χ 根据形变参数自洽地给出. 注意, 这个多极相互作用项应包括四极–四极相

互作用 ($\lambda = 2$)、八极–八极相互作用 ($\lambda = 3$) 和十六极–十六极相互作用 ($\lambda = 4$), 它们分别导致原子核的四极、八极、十六极形变. 而在本书中, 作为该理论的初步应用, 我们没有考虑八极–八极相互作用 ($\lambda = 3$), 而考虑十六极–十六极相互作用 ($\lambda = 4$) 时, 我们对不同的原子核的计算, 把十六极形变参数固定在某个合理的值上.

由于 PTES 位能面上各点对应的形变值不一样, 如何取相互作用强度就成了问题. 而且不幸的是, 这种情况下还没有一个确定相互作用强度的统一方法. 因此, 我们建议采用正常投影壳模型的方法一样, 取某一个形变参数对应的 χ 作为我们整个位能面上涉及的 χ 值, 即在我们的位能面计算中取某一个形变参数对应的 χ 值为固定值. 这个形变参数取为对应 $E_{\rm LD} + E_{\rm shell}$ 的 Strutinsky 能量曲面上的局部极小点对应的形变参数. 因此, 我们的 PTES 计算需要两步完成, 第一步先计算 $E_{\rm LD} + E_{\rm shell}$ 的 Strutinsky 能量曲面, 确定其能量极小点对应的形变参数, 利用此形变参数计算出相互作用强度 χ. 第二步, 将利用这个固定的 χ 值计算原子核不同自旋下的 PTES 位能面. 注意, 为了节省计算时间, 这两步对应的位能面计算中计算格点可以不一样.

5.1.4　基于投影壳模型的位能面理论计算步骤

首先, 我们通过公式 (5.1) 中的液滴模型 + 壳修正, 给出变形准粒子真空态能量相对于球形液滴能的值 ($E_{\rm LD} + E_{\rm corr}$), 而投影壳模型由公式 (4.30) 给出确定自旋宇称 (I^π) 态相对于变形准粒子真空态的能量 $E_{\rm rot}(I^\pi)$. 因此, 总能量为

$$E(I^\pi, \varepsilon_2, \gamma) = E_{\rm LD} + E_{\rm corr} + E_{\rm rot}(I^\pi),$$

给出核态 (I^π) 能量相对于球形液滴能的值. 最后用总能量对 ε_2 和 γ 取极小点的方法可求出 Yrast 态或低激发态对应的原子核可能的形变.

5.2　A~130 区偶偶核 Yrast 带的 PTES 计算

不断积累的实验信息为 A~130 过渡区原子核的三轴形变提供了引人注目的证据, 尤其是 Xe, Ba, Ce 等核素 [34]. 作为我们 PTES 方法的应用, 也是为了验证此方法, 首先对 A~130 区比较典型的三轴形变原子核 ^{128}Xe 和 ^{132}Ce 的 Yrast 带进行了位能面计算. 下面我们将分别介绍它们的位能面计算.

5.2.1　^{128}Xe 原子核 Yrast 带的计算

5.2.1.1　计算参数的选取

对 Nilsson 势参数 κ, μ, 我们选取与主壳层相关的参数, 与文献 [96] 一致, 如表 5.1 所示. 这里, 我们没有考虑十六极形变, 取为 0. Nilsson 能级图如图 5.2(质

子) 和图 5.3(中子) 所示. 中子和质子单极对力强度分别取为 $G_N = 21.6/A$(中子), $G_P = 17.6/A$, 四极对力强度 G_2 取为与单极对力强度 G_0 成正比, $G_2 = fG_0$, 通常 $f = 0 \sim 0.2$, 在我们的计算中取为 0.2.

表 5.1　Nilsson 单粒子能级势参数

N	质子		中子	
(主壳层)	κ	μ	κ	μ
0	0.120	0.0	0.120	0.0
1	0.120	0.0	0.120	0.0
2	0.105	0.0	0.105	0.0
3	0.090	0.25	0.090	0.30
4	0.070	0.45	0.070	0.48
5	0.062	0.54	0.054	0.52
6	0.062	0.34	0.054	0.52
7	0.062	0.26	0.054	0.69
8···	0.062	0.26	0.054	0.69

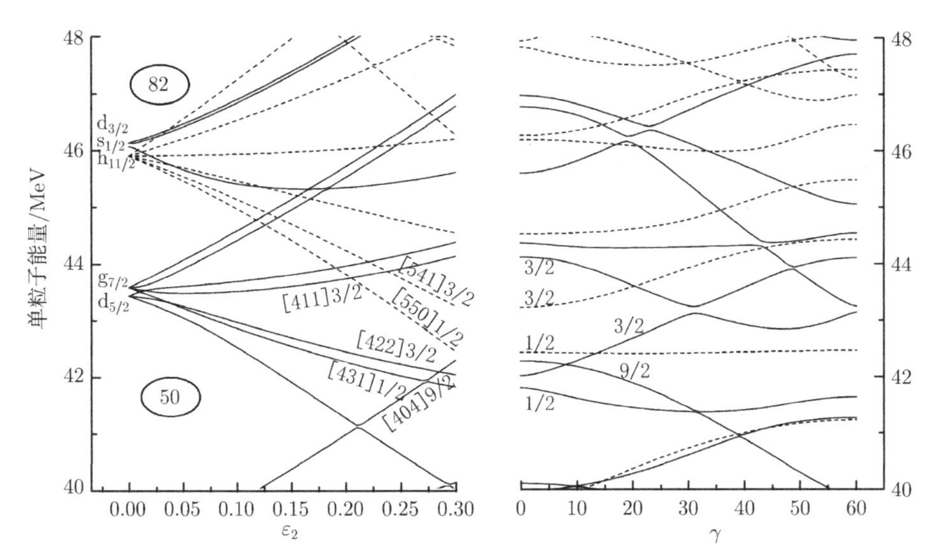

图 5.2　^{128}Xe 质子 Nilsson 能级. 右图 $\varepsilon_2 = 0.30, \varepsilon_4 = 0.00$, $50 \leqslant Z \leqslant 82$ 的情况 (实线表示正宇称态, 而虚线表示负宇称态)

5.2.1.2　PTES 位能面计算结果及分析

我们采用二维自洽计算方法, 即 ε_2 和 γ 均为自由变化参量, 然后在一定形变范围内对总能量寻找极小值的方法来确定原子核可能存在的形变.

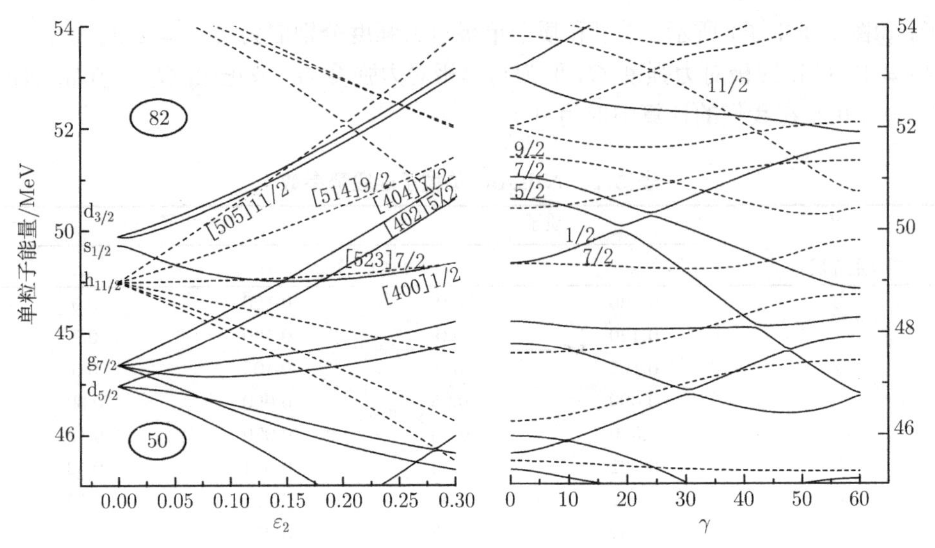

图 5.3　^{128}Xe 中子 Nilsson 能级. 右图 $\varepsilon_2 = 0.30, \varepsilon_4 = 0.00$, $50 \leqslant N \leqslant 82$ 的情况 (实线表示正字称态, 而虚线表示负字称态)

在实际计算中, 我们取

$$\varepsilon_2 : 0.1 \to 0.3 \quad \text{(20 points)},$$

$$\gamma : 0^\circ \to 50^\circ \quad \text{(20 points)}.$$

$$\left(\gamma : 10^\circ \to 50^\circ \quad \text{(18 points) (vacumn)}\right)$$

1) 准粒子真空态情况

作为初步计算, 我们首先对准粒子真空态进行了位能面自洽计算. 首先, 以基带带头及其上的 γ 带带头为例, 给出了它们总位能面等势图 (本章中凡未作明确说明, 等势图中的能量单位均为 MeV)(图 5.4 和图 5.5). 从图可以看出, 两曲面都存在有极小点, 是原子核可能存在的一种形变. 由图可以确定出其极小点的形变值分别为 ($\varepsilon_2 = 0.18, \gamma$=25°) 和 ($\varepsilon_2 = 0.2, \gamma$=30°). 对不同角动量值下进行的 PTES 计算表明, 极小点对应的形变值随着角动量的增加而变化, 随着角动量的增加, 位能面极小点对应的形变值有慢慢变大的趋势, 如表 5.2 所示.

自洽得到的结果不仅很好地再现了实验的基带, 而且也很好地再现了基态上的 γ 带, 自洽得到的形变参数 (形变参数随角动量变化) 与文献 [98]~[116] 上的基本一致, 能很好地验证 ^{128}Xe 作为 $A\sim 130$ 区原子核确实是一个比较典型的三轴形变核, 这检验了我们方法、程序及结果的正确性. 因为只考虑准粒子真空态, 我们只给出了 $I \leqslant 8$ 时的情况 (图 5.6), 而 $I > 8$ 时, 很可能有粒子破对 (质子对或中子对), 也就不适合用准粒子真空态来描述.

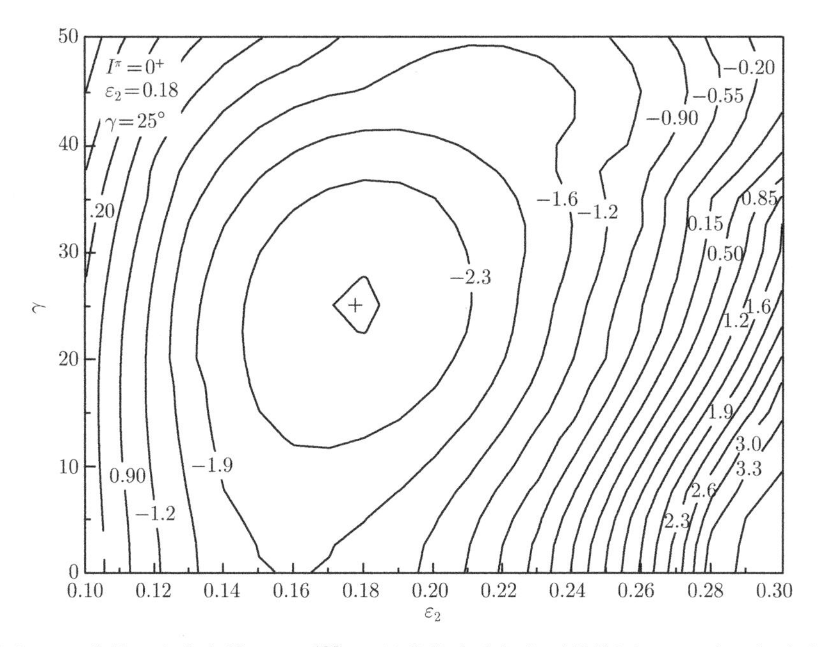

图 5.4 准粒子真空态情况下, ^{128}Xe 基带带头总位能面等势图. "+" 表示极小点

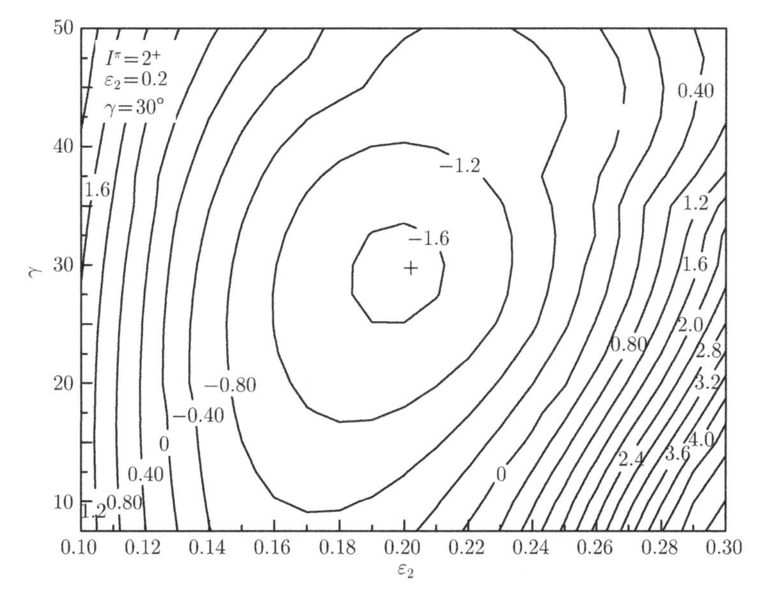

图 5.5 准粒子真空态情况下, ^{128}Xe 基态上的 γ 带带头总位能面等势图. "+" 表示极小点

2) 组态混合情况

A~130 区原子核不仅形成了一个典型的三轴形变岛, 其另外一个显著的特点是这个核区许多偶偶核存在两条正宇称两准粒子带 (S-band)(图 5.7), 认为其组态

表 5.2　^{128}Xe 基带及其 γ 带形变参数随角动量的变化

I^{π} (基带)	0^{+}	2^{+}	4^{+}	6^{+}	8^{+}
ε_2	0.18	0.18	0.19	0.19	0.20
γ	25°	25°	25°	25°	27.5°
I^{π} (γ 带)	2^{+}	3^{+}	4^{+}	5^{+}	
ε_2	0.20	0.20	0.20	0.21	
γ	30°	30°	27.5°	30°	

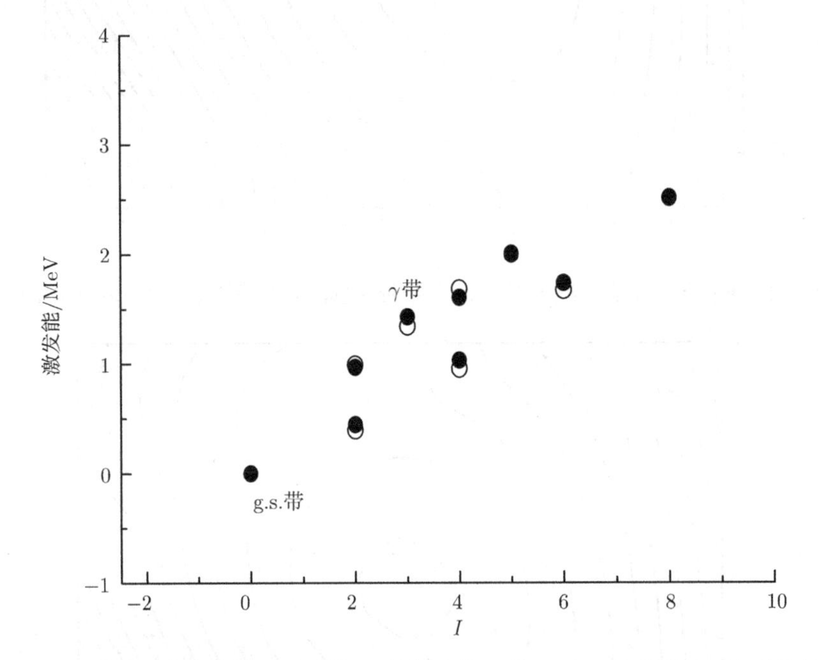

图 5.6　准粒子真空态情况下, ^{128}Xe 基带及其 γ 带 PTES 计算结果与实验比较 (图中实心圈为实验值, 而空心圈为理论计算值)

分别为中子 $(\mathrm{h}_{11/2})^2$ 和质子 $(\mathrm{h}_{11/2})^2$. 在这个核区, 当质子费米面在子壳 $\mathrm{h}_{11/2}$ 较低的轨道 (低 Ω 轨道) 附近时, 中子费米面则占据子壳 $\mathrm{h}_{11/2}$ 较高的轨道 (高 Ω 轨道). 因此, 此核区为研究准粒子占据高 j 闯入轨道不同位置时引起的不同形变驱动效应之间的相互作用以及竞争提供了一个很好的例子. 为了分析两准质子带 (2πS-band) 和两准中子带 (2νS-band) 中哪条 S-带是 Yrast 带的组成部分, 在组态混合情况下我们对 ^{128}Xe 原子核 Yrast 带分别计算了在只考虑两质子组态混合和只考虑两中子组态混合时的 PTES 位能面计算. 下面以考虑两准中子组态混合为例, 我们给出了 ^{128}Xe Yrast 带带头位能面等势图 (图 5.8). 由图可以确定出其极小点的形变值

为 ($\varepsilon_2 = 0.18, \gamma=25°$), 极小点对应的形变值随着角动量变化如表 5.3 所示, 表 5.3 也给出了当只考虑两准质子组态混合时, PTES 位能面极小值随角动量变化的情况 (表 5.3 下). 从表 5.3 上可以看出, 在只考虑两准中子组态混合情况下, 总的来讲位能面极小点对应的形变值随着角动量的增加而增加, 然而在 $I^{\pi}=10^{+}$ 时, 形变值却突然变小了, 我们认为这是由于在 $I^{\pi}=10^{+}$ 时有两个中子破对, 产生了回弯, 而高 j 准中子激发对形变有驱动效应, 从而引起了形变值的变小. 为了进一步说明形变参数变化的原因, 我们分别在回弯频率前后对 ^{128}Xe 原子核进行了 TRS 位能面计算, 计算中我们取十六极形变参数值为零. 图 5.9(a) 和 (b) 分别给出了当 $\omega = 0.03\omega_0$ 和 $\omega = 0.06\omega_0$ 时的总 Routhian 等势图. 从图 5.9(a) 可以确定出对应能量极小点的形变值, 即 $\varepsilon_2 = 0.18, \gamma = 17.5°$, 而当 $\omega = 0.06\omega_0$ 时能量极小点对应的形变值为 $\varepsilon_2 = 0.17, \gamma = 22.6°$. 其形变值变化趋势基本上是与 PTES 位能面计算结果一致的, 即回弯之后四极形变值有变小, 而三轴形变略有变大的趋势. 这进一步说明了我们计算结果的正确性. 这也符合高 j 高 Ω 轨道对形变驱动的趋势.

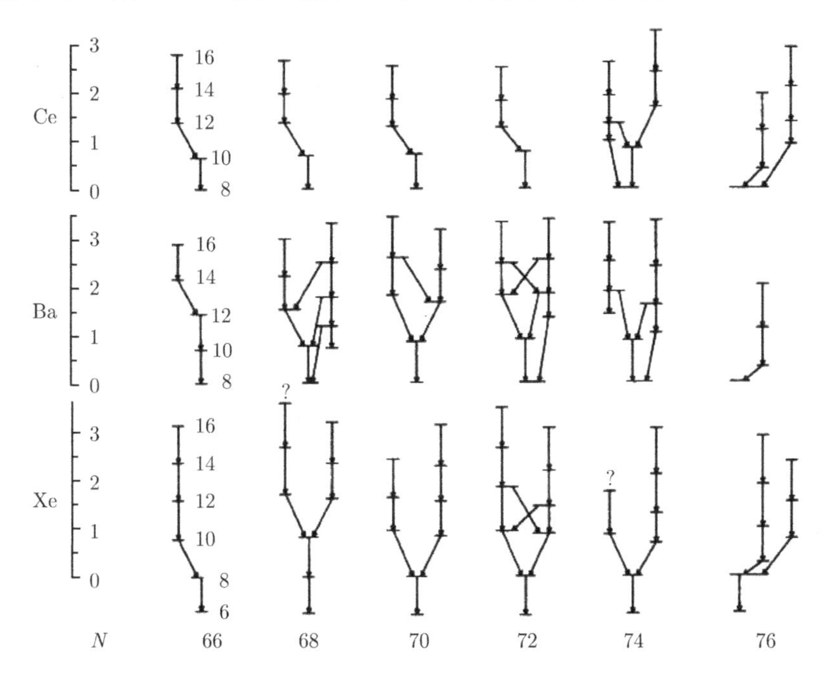

图 5.7 Xe, Ba, Ce 偶偶同位素部分能级图, 其基带和 S-带中所有被观测到的能级在 $I \leqslant 16$ 的情况 (取自文献 [99])

通过 PTES 自洽计算得到的 Yrast 带能谱与实验比较结果如图 5.10(a) 和 (b) 所示. 为了更清楚地说明, 我们还分别给出了 $E(\gamma)$ 随着角动量的变化图 (图 5.10(c) 和 (d)). 由图我们可以看出, 只考虑中子组态时的情况与实验符合得都比较好, 因此我们可以确定, 在 ^{128}Xe 原子核中 $\mathrm{h}_{11/2}$ 轨道上两个中子比两个质子首先破对. 另一方面, 从图 5.10(b) 和 (d), 即只考虑两准质子组态混合时我们可以看出, 也存在有回弯, 只是与两准中子组态混合情况相比较要稍晚一些, 大概在 I=14$^+$ 时产生了回弯. 因此, 这一结果不仅说明了在 ^{128}Xe 原子核中 $\mathrm{h}_{11/2}$ 轨道上中子对首先破对, 更进一步说明了 ^{128}Xe 原子核确实存在两条正宇称 S-带, 组态分别为 $\nu(\mathrm{h}_{11/2})^2$ 和 $\pi(\mathrm{h}_{11/2})^2$, 我们的计算结果与文献 [99] 结果一致.

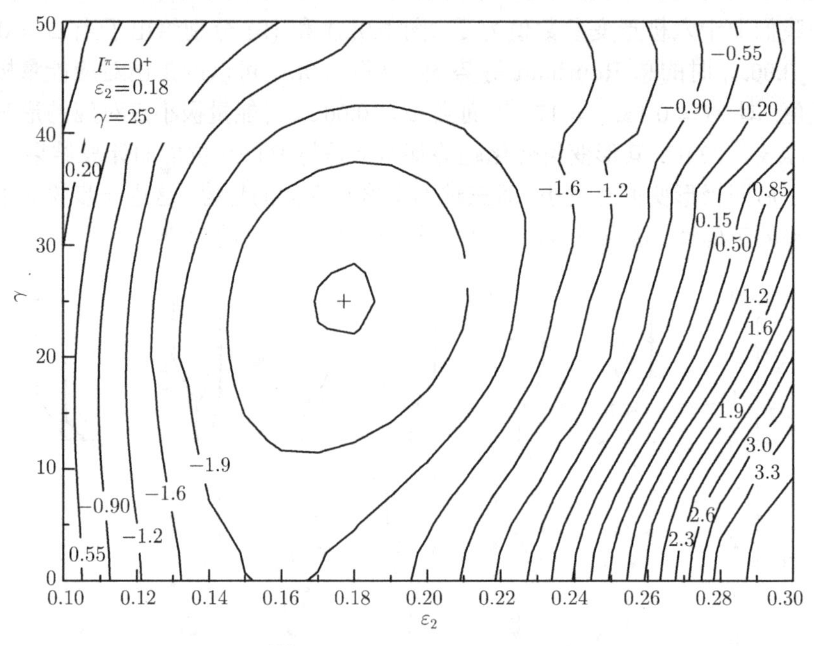

图 5.8　组态混合情况下, ^{128}Xe Yrast 带带头总位能面等势图. “+” 表示极小点

表 5.3　分别考虑两准中子组态混合和两准质子组态混合情况下, ^{128}Xe Yrast 带形变参数随角动量的变化

I^π $(\nu(\mathrm{h}_{11/2})^2)$	0^+	2^+	4^+	6^+	8^+	10^+	12^+	14^+	16^+	18^+	$\cdots$
ε_2	0.18	0.18	0.19	0.19	0.20	0.18	0.19	0.19	0.19	0.19	$\cdots$
γ	25°	25°	25°	25°	27.5°	27.5°	32.5°	32.5°	32.5°	32.5°	$\cdots$
I^π $(\pi(\mathrm{h}_{11/2})^2)$	0^+	2^+	4^+	6^+	8^+	10^+	12^+	14^+	16^+	18^+	$\cdots$
ε_2	0.18	0.18	0.18	0.20	0.20	0.20	0.20	0.20	0.20	0.20	$\cdots$
γ	25°	25°	25°	25°	25°	30°	25°	25°	25°	25°	$\cdots$

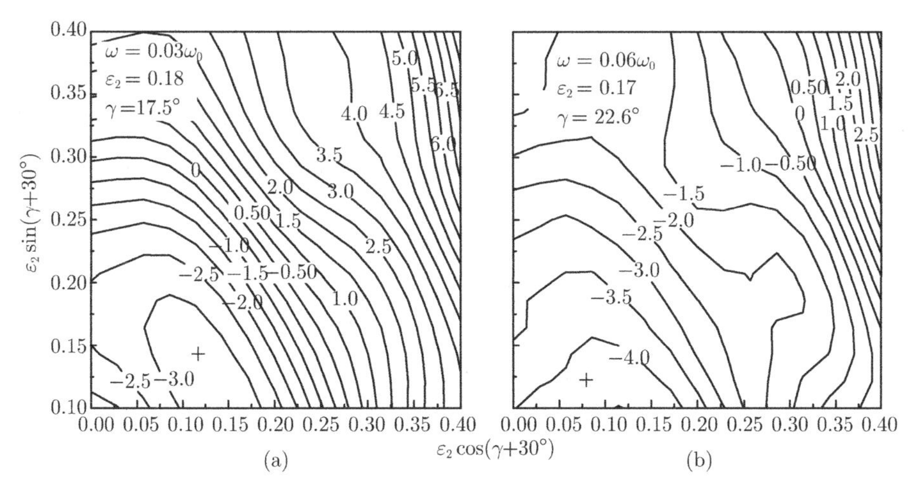

图 5.9 ^{128}Xe 的总 Routhian 等势图. (a) $\omega=0.03\omega_0$ 的情况; (b)$\omega=0.06\omega_0$ 的情况. "+" 为极小点

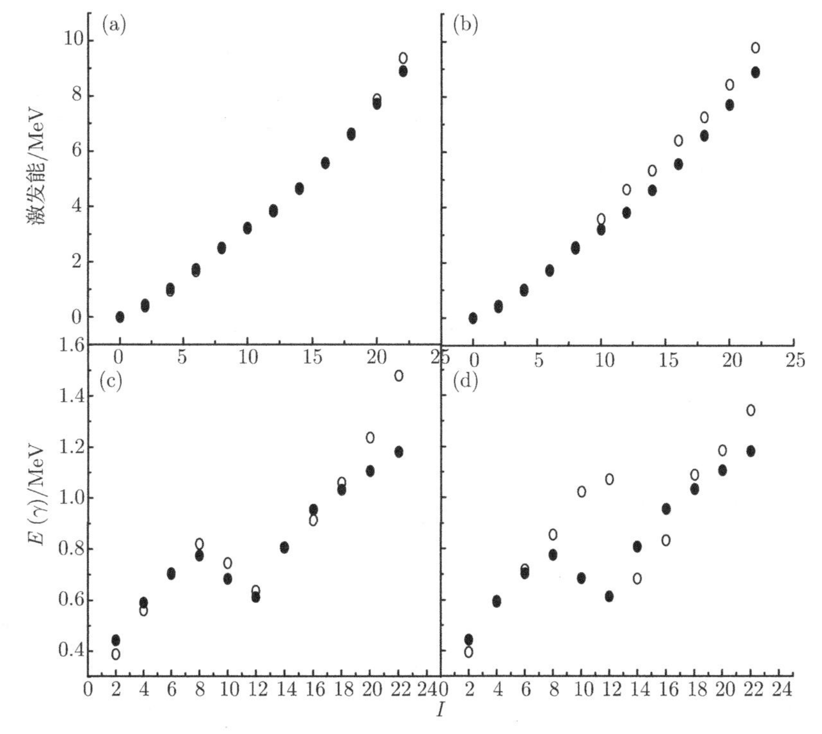

图 5.10 组态混合情况下 ^{128}Xe Yrast 带 PTES 计算结果与实验比较. (a) 只考虑两质子组态混合时的能谱计算; (b) 只考虑两中子组态混合时的能谱计算; (c) 只考虑两质子组态混合时的 $E(\gamma)$ 计算; (d) 只考虑两中子组态混合时的 $E(\gamma)$ 计算. (图中实心圈为实验值, 而空心圈为理论计算值)

5.2.1.3　与 TRS 位能面计算结果的比较

为了更进一步说明我们 PTES 方法的正确性及合理性, 我们还对 ^{128}Xe 原子核 Yrast 带进行了三维 TRS 位能面计算, 即 $\varepsilon_2, \gamma, \varepsilon_4$ 都认为是自由变化的参数. 另外, 为了计算方便, 我们把形变参量 ε_2 和 γ 变为另外两种参量 α 和 β (详见第 3 章).

在实际计算中, 我们取

$$\begin{aligned} \alpha: &\quad 0.0 \to 0.4 \quad (15 \text{ points}), \\ \beta: &\quad 0.1 \to 0.4 \quad (15 \text{ points}), \\ \varepsilon_4: &\quad -0.02 \to 0.055 \quad (16 \text{ points}). \end{aligned}$$

在计算中, 需要的参数主要有质子、中子的对能隙 $\varDelta$ 以及 Nilsson 势参数 κ 和 μ. 质子和中子的对能隙可以通过质子和中子的奇偶质量差来计算 (详见文献 [117]), 这里考虑到对效应随 ω 的增加而减弱, 在实际计算中我们引入了 0.9 的减弱因子. 而 Nilsson 势参数 κ 和 μ 取与 PTES 计算相同的值. 图 5.11(a) 就是经过上述三维自洽计算得到的对应于 ^{128}Xe 原子核 Yrast 带当 $\omega = 0.04\omega_0$ 时总位能面的等势图, 其中 ω_0 由 $\hbar\omega_0 = 41/\sqrt[3]{A}$ 给出. 该图与通常的 TRS 等势图的不同之处在于, 图中各点已对 ε_4 求了极小, 因此各点的 ε_4 不是完全一样的. 由图可以确定出 A 点的形变值为 $\varepsilon_2 = 0.19, \gamma = 23°$. 确定了 ε_2 和 γ, 我们可以在 $\varepsilon_4(\varepsilon_2, \gamma)$ 曲面图上确定出 A 点的 $\varepsilon_4 = 0.016$, 如图 5.11(b) 所示. 最后, 本自洽计算得到的 ^{128}Xe 原子核 Yrast 带当 $\omega = 0.04\omega_0$ 时能量极小值对应的形变参数分别为 $\varepsilon_2 = 0.19, \gamma = 23°$ 和 $\varepsilon_4 = 0.016$. 可见, 这一结果与我们的 PTES 位能面计算结果基本上是一致的, 都表明 ^{128}Xe 原子核具有很大的三轴形变, 而且我们的 PTES 方法能给出比 TRS 结果更大的三轴形变值.

由于 A~130 区许多偶偶核都存在两条正宇称两准粒子带 (S-band)[99], 其组态分别为中子 $(h_{11/2})^2$ 和质子 $(h_{11/2})^2$. 因此, $(h_{11/2})$ 轨道上是两个中子先破对还是两个质子先破对, 对 Yrast 带的结构很重要. 通过位能面分析我们发现, ^{128}Xe 原子核中两个中子先破对, 即其 Yrast 带两准粒子部分是正宇称的两准中子 S-带. 为了进一步研究准粒子占据高 j 闯入轨道不同位置时引起的不同形变驱动效应, 我们还对 A~130 区另外一个原子核, 即 ^{132}Ce 的 Yrast 带进行了 PTES 位能面计算. 得到的结果认为, 在这个原子核中 $(h_{11/2})$ 轨道上的两质子破对而组成的 S-带是该核 Yrast 带的组成部分. 下面将介绍它的 PTES 计算及其结果.

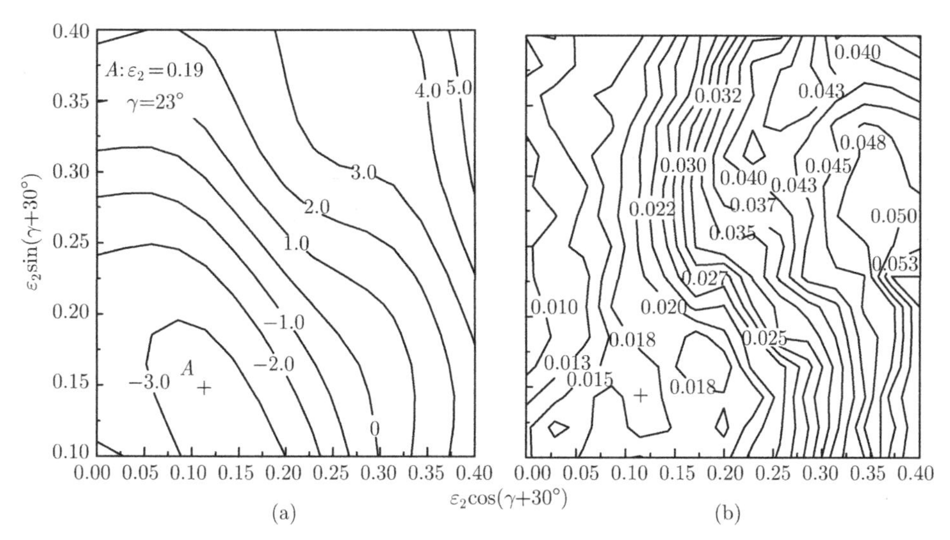

图 5.11 (a) ^{128}Xe 的总 Routhian 等势图, A 点为极小点; (b) ^{128}Xe 核中十六极形变的确定. 其中 "+" 所表示的地方为总位能面的极小处

5.2.2 ^{132}Ce 原子核 Yrast 带的计算

5.2.2.1 计算参数的选取

对 Nilsson 势参数 κ, μ, 我们与 ^{128}Xe 选取相同的参数 (表 4.1). 其 Nilsson 能级图与 ^{128}Xe 的相似, 不再给出. 这里, 我们同样没有考虑十六极形变, 取为 0. 中子和质子单极对力强度分别取为 $G_N = 17.6/A$(中子), $G_P = 20.6/A$ (质子), 四极对力强度 G_2 取为与单极对力强度 G_0 成正比, $G_2 = fG_0$, 通常 $f = 0 \sim 0.2$, 在我们的计算中取为 0.2.

5.2.2.2 PTES 位能面计算结果及分析

我们同样采用了二维自洽计算方法, 即 ε_2 和 γ 均为自由变化参量, 然后在一定形变范围内对总能量寻找极小值的方法来确定原子核可能存在的形变.

在实际计算中, 我们取

$$\varepsilon_2 : 0.1 \to 0.3 \quad (20\ \text{points}),$$
$$\gamma : 0° \to 50° \quad (20\ \text{points}).$$

对 γ 带:

$$\varepsilon_2 : 0.1 \to 0.33 \quad (23\ \text{points}),$$
$$\gamma : 5° \to 50° \quad (19\ \text{points}).$$

1) 准粒子真空态情况

与对 ^{128}Xe 的计算一样作为初步计算, 我们首先对准粒子真空态进行了位能面自洽计算. 首先, 以基带带头及其上的 γ 带带头为例, 给出了它们总位能面等势图 (图 5.12 和图 5.13). 从图可以看出, 两曲面都存在有极小点, 是原子核可能存在的一种形变. 由图可以确定出其极小点的形变值分别为 ($\varepsilon_2 = 0.19, \gamma$=22.5°) 和 ($\varepsilon_2 = 0.27, \gamma$=45°), 极小点对应的形变值同样随着角动量变化, 如表 5.4 所示.

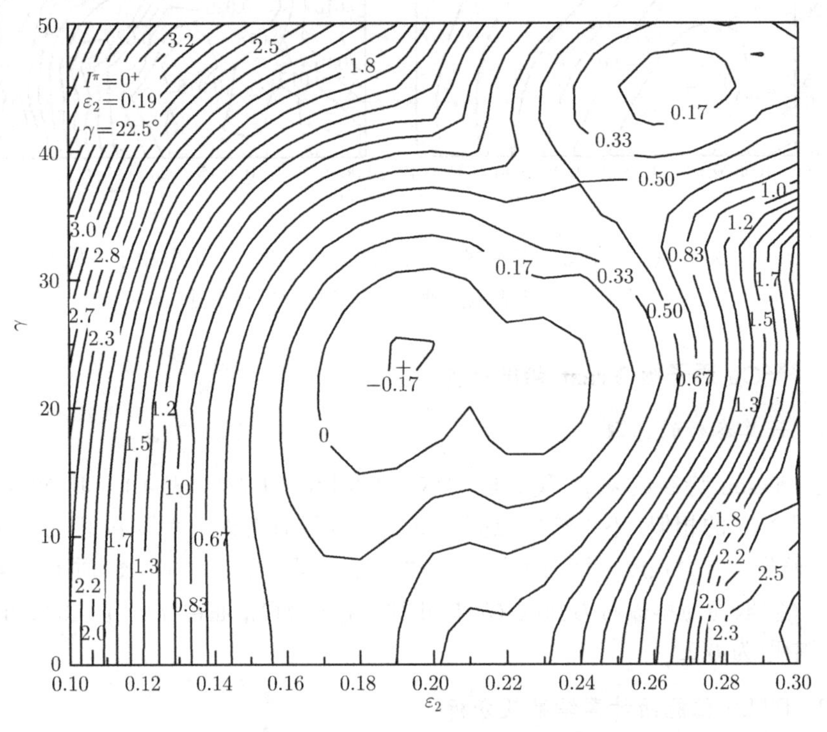

图 5.12　准粒子真空态情况下, ^{132}Ce 基带带头总位能面等势图. “+” 表示极小点

自洽得到的结果基本上再现了实验的基带及其 γ 带 [99,118−122]. 从自洽得到的形变参数可以看出, ^{132}Ce 作为 A~130 区原子核确实也是一个比较典型的三轴形变核. 由于只考虑准粒子真空态, 我们只给出了 $I \leqslant 6$ 时的情况 (图 5.14), 而 $I > 6$ 时, 很可能有粒子破对 (质子对或中子对), 也就不适合用准粒子真空态来描述.

2) 组态混合情况

在分析 ^{128}Xe 原子核的时候曾讨论到 A~130 区偶偶核存在两条正宇称两准粒子带 (S-band), 认为其组态分别为中子 $(\mathrm{h}_{11/2})^2$ 和质子 $(\mathrm{h}_{11/2})^2$. 通过计算证明了 ^{128}Xe 原子核中 $\mathrm{h}_{11/2}$ 轨道上的两个中子破对而组成的 S-带是其 Yrast 带的组成部分, 而 ^{132}Ce 原子核中到底是两准中子带还是两准质子带是其 Yrast 带的组成部分呢? 为了弄清哪种 S-带 (两准质子或两准中子) 是其 Yrast 带的组成部分, 我们在组态混合情况下, 对 ^{132}Ce 原子核 Yrast 带分别计算了在只考虑两质子组态混合和只考虑两中子组态混合时的 PTES 位能面计算. 下面以考虑两准质子组态混合为例, 我们给出了 ^{132}Ce Yrast 带带头位能面等势图 (图 5.15). 由图可以确定出其极小点的形变值为 ($\varepsilon_2 = 0.19, \gamma$=22.5°), 极小点对应的形变值随着角动量变化如表 5.5 所示. 表 5.5 也给出了当只考虑两准中子组态混合时, PTES 位能面极小值随角动量变化的情况 (表 5.5 下).

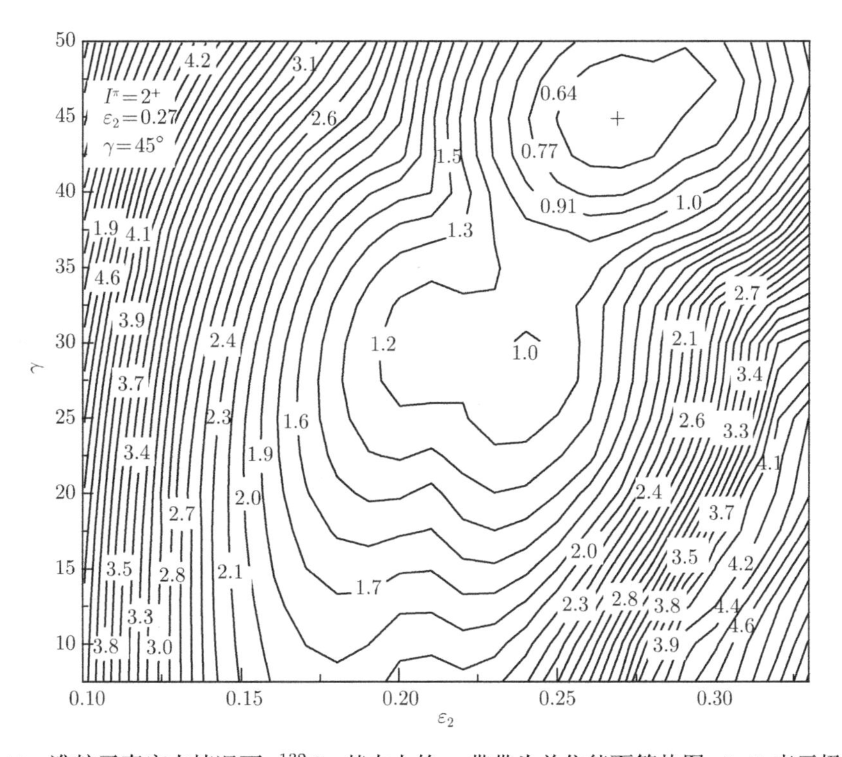

图 5.13　准粒子真空态情况下, ^{132}Ce 基态上的 γ 带带头总位能面等势图. "+" 表示极小点

表 5.4　^{132}Ce 核基带及其 γ 带形变参数随角动量的变化

I^π (基带)	0^+	2^+	4^+	6^+
ε_2	0.19	0.19	0.20	0.23
γ	22.5°	22.5°	22.5°	20°
I^π (γ 带)	2^+	4^+	6^+	
ε_2	0.27	0.29	0.29	
γ	45°	47.5°	47.5°	

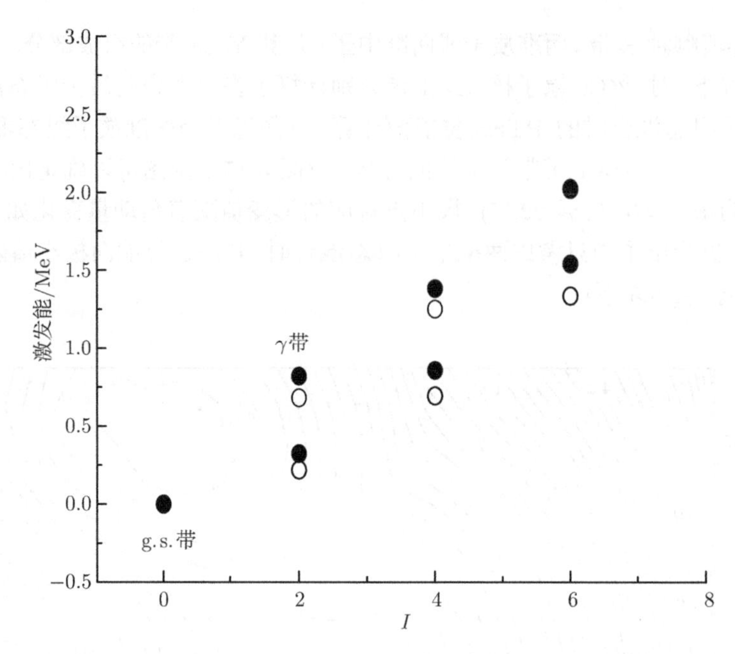

图 5.14　准粒子真空态情况下, ^{132}Ce 基带及其 γ 带 PTES 计算结果与实验比较 (图中实心圈为实验值, 而空心圈为理论计算值)

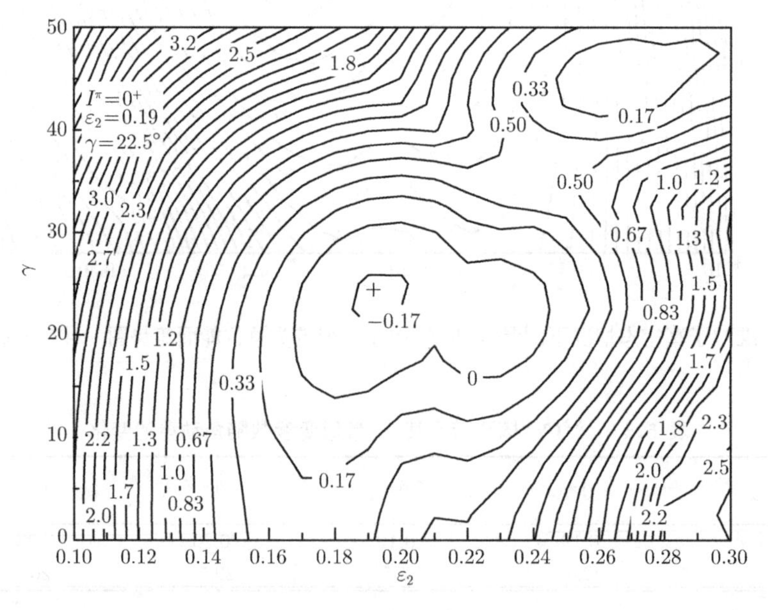

图 5.15　组态混合情况下, ^{132}Ce Yrast 带带头总位能面等势图. “+” 表示极小点

从表 5.5 上可以看出, 随着角动量的增加其四极形变值 ε_2 由 0.19 增大到 0.23,

而三轴形变的变化不是很大. 为了说明四极形变会有如此大的变化, 我们还对 ^{132}Ce 原子核分别在 $\omega = 0.02\omega_0$ 和 $\omega = 0.04\omega_0$ 时进行了 TRS 位能面计算, 这里我们取十六极形变为零, 计算结果如图 5.16 所示, (a) 表示 $\omega = 0.02\omega_0 \approx 0.16$MeV 的情况, 对应角动量值比较小; (b) 表示 $\omega = 0.04\omega_0 \approx 0.34$MeV 的情况, 对应角动量值稍大, I=4~6. 从图可以看出, 当 $\omega = 0.02\omega_0$ 时能量极小点对应的形变值为 $\varepsilon_2 = 0.2, \gamma = 15°$, 而当 $\omega = 0.04\omega_0$ 时能量极小点对应的形变值为 $\varepsilon_2 = 0.22, \gamma = 19°$. 这一结果与我们的 PTES 计算结果基本上一致, 即 I=4~6 时四极形变值突然变大了. 另一方面也说明了 ^{132}Ce 原子核有很大的三轴形变 $\gamma \approx 20$. 表 5.5 下给出了只考虑两准中子组态混合时的形变参数随着角动量的增加而变化的情况. 我们可以看出, 当只考虑两准中子组态混合时, 角动量增加到 $I=10^+$, 不仅四极形变变大了, 三轴形变也变得很大. 为了说明两个中子破对 (2ν S-带) 为何会引起如此大的形变, 我们首先分析中子 Nilsson 单粒子能级图 (图 5.3). 从图我们可以看出, 当 γ 值比较大 ($\gamma \geqslant 25°$) 时, 子壳 $\mathrm{h}_{11/2}$ 高 Ω 轨道表现出很强的 γ 驱动效应, 而子壳 $\mathrm{h}_{11/2}$ 低 Ω 轨道却较平坦, 甚至往小的 γ 方向驱动. 而通过分析波函数, 我们可以知道 ^{132}Ce 核中中子填在子壳 $\mathrm{h}_{11/2}$ 高 Ω 轨道上, 而质子填在子壳 $\mathrm{h}_{11/2}$ 低 Ω 轨道上. 这就说明, 当 ^{132}Ce 核子壳 $\mathrm{h}_{11/2}$ 高 Ω 轨道上两个中子破对比子壳 $\mathrm{h}_{11/2}$ 低 Ω 轨道上两个质子破对有更强的 γ 形变驱动效应. 另外, 我们从 ^{132}Ce 核液滴能 + 壳修正能等势图 (图 5.17(a)) 可以看出, 其等势面存在两个极小点. 因此, 我们认为, 当原子核转动较快时, 原子核的稳定形变有可能从第一个极小点跑到第二个极小点的位置, 而第二个极小点正好对应较大的形变 (既有很大的拉长形变也有很大的三轴形变). 这也意味着 ^{132}Ce 有可能存在形状共存, 即有较小形变的形状 ($\varepsilon_2 \sim 0.2, \gamma \sim 20°$) 和较大形变的形状 ($\varepsilon_2 \sim 0.3, \gamma \sim 50°$). 如果实验能测量此两准中子 S-带的 Q_t 值, 证实其大形变, 它将是一个很有趣的课题. 图 5.17 中, 我们还给出了 ^{128}Xe 核液滴能 + 壳修正能的能量等势图 (图 5.17(b)). 从图可以看出, 其能量等势图只存在一个极小点, 这有可能是 ^{128}Xe 与 ^{132}Ce 两个核, 虽然它们的中子数相同, 都为 74, 但它们两准中子带的形变却有如此大区别的主要原因.

表 5.5 分别考虑两准中子组态混合和两准质子组态混合情况下, ^{132}Ce Yrast 带形变参数随角动量的变化

I^π $(\pi(\mathrm{h}_{11/2})^2)$	0^+	2^+	4^+	6^+	8^+	10^+	12^+	14^+	16^+	18^+	…
ε_2	0.19	0.19	0.23	0.23	0.23	0.23	0.23	0.23	0.23	0.23	…
γ	22.5°	22.5°	22.5°	20°	20°	20°	20°	20°	20°	20°	…
I^π $(\nu(\mathrm{h}_{11/2})^2)$	0^+	2^+	4^+	6^+	8^+	10^+	12^+	14^+	16^+	18^+	…
ε_2	0.19	0.20	0.20	0.20	0.20	0.27	0.27	0.27	0.29	0.29	…
γ	25°	25°	25°	22.5°	22.5°	47.5°	47.5°	47.5°	50°	50°	…

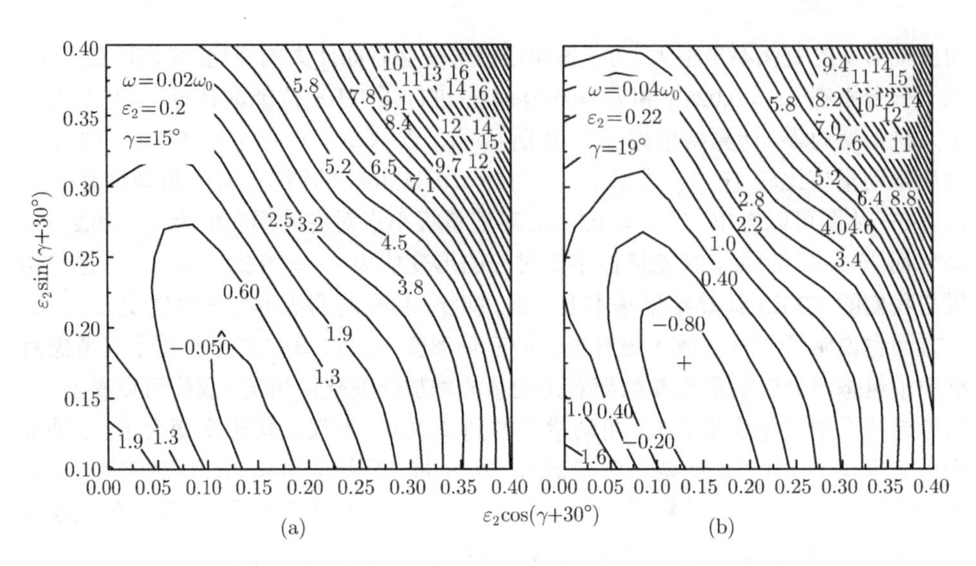

图 5.16　^{132}Ce 的总 Routhian 等势图. (a) $\omega = 0.02\omega_0$ 的情况; (b)$\omega = 0.04\omega_0$ 的情况. "+" 点为极小点

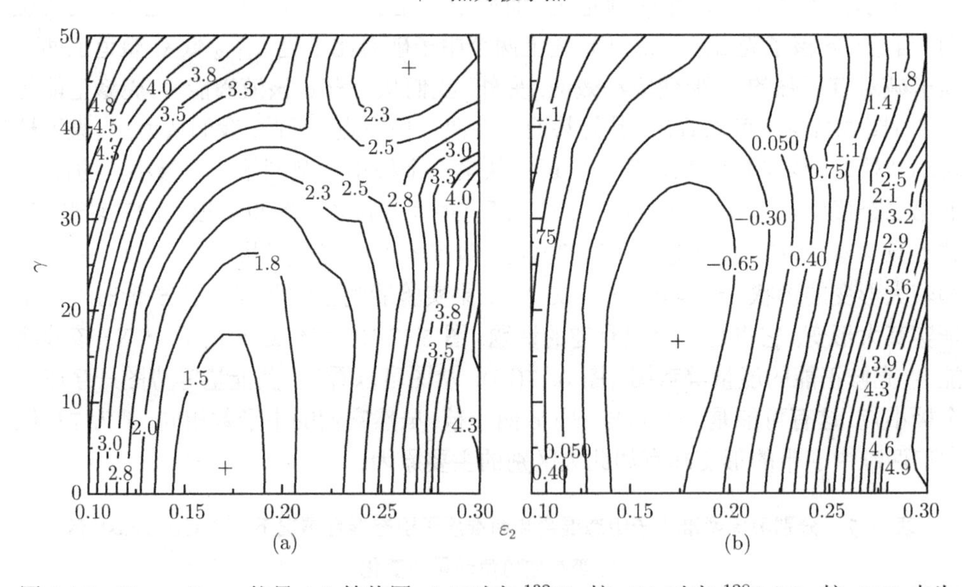

图 5.17　$E_{\rm LD}$+ $E_{\rm shell}$ 能量 (a) 等势图. (a) 对应 ^{132}Ce 核; (b) 对应 ^{128}(b)Xe 核. "+" 点为极小点

我们对不同角动量值都可以画出它们的 PTES 位能面等势图, 这里不再一一给出. 只考虑两准质子组态混合和只考虑两准中子组态混合情况下自洽计算得到的 Yrast 带能谱比较结果分别如图 5.18(a) 和 (b) 所示. 为了更清楚地说明, 我们还分别给出了 $E(\gamma)$ 随着角动量的变化图 (见图 5.18(c) 和 (d)). 从图 5.18(a) 和 (c) 可以看出, 在只考虑两准质子组态混合的情况下, 我们的计算很好地再现了实验的能谱, 因此可以确定在 ^{132}Ce 原子核中 $h_{11/2}$ 轨道上的两个质子破对而组成的 S- 带是其 Yrast 带的组成部分, 这与文献的结果 [99] 完全一致.

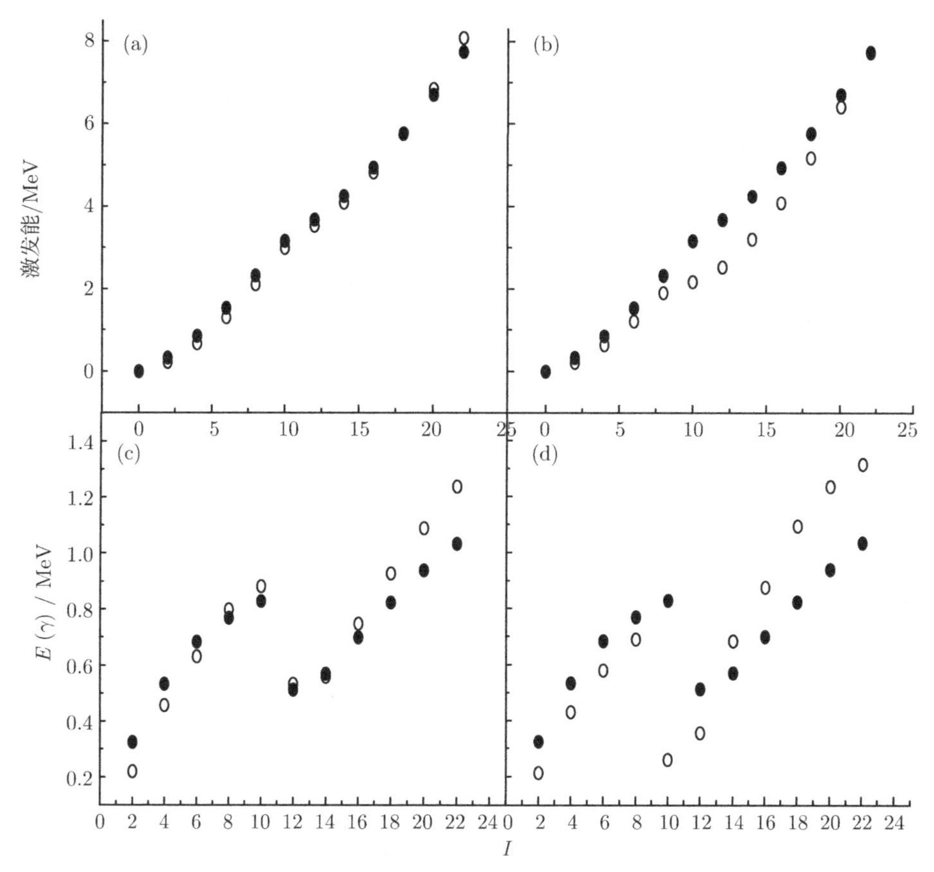

图 5.18 组态混合情况下 ^{132}Ce Yrast 带 PTES 计算结果与实验比较. (a) 只考虑两质子组态混合时的能谱计算; (b) 只考虑两中子组态混合时的能谱计算; (c) 只考虑两质子组态混合时的 $E(\gamma)$ 计算; (d) 只考虑两中子组态混合时的 $E(\gamma)$ 计算. (图中实心圈为实验值, 而空心圈为理论计算值)

5.2.3 小结

我们采用 PTES 位能面计算方法对典型的三轴形变核区 $A\sim130$ 中的原子核 Yrast 带进行了研究. 此核区许多偶偶核存在两条正宇称两准粒子带 (S-band), 认为其组态分别为中子 $(h_{11/2})^2$ 和质子 $(h_{11/2})^2$. 在这个核区, 当质子费米面在子壳 $h_{11/2}$ 较低的轨道 (低 Ω 轨道) 附近时, 中子费米面则占据子壳 $h_{11/2}$ 较高的轨道 (高 Ω 轨道). 因此, 这个核区为研究准粒子占据高 j 闯入轨道不同位置时引起的不同形变驱动效应之间的相互作用以及竞争提供了一个很好的例子. 本书中, 我们选 ^{128}Xe 核与 ^{132}Ce 核分别给出了两准中子 S 带和两准质子 S 带为 Yrast 带的组成部分的情况. 通过计算发现 ^{128}Xe 原子核中两准中子 S 带是其 Yrast 带的组成部分, 而 ^{132}Ce 原子核中两准质子 S 带为其 Yrast 带的组成部分. 我们的计算不仅很好地再现了实验的 Yrast 带, 验证了存在有很大的三轴形变, 而且也进一步证明了这两个原子核两条正宇称的 S-带的存在, 并预言了 ^{132}Ce 核两准中子 S-带有形状共存的现象. 计算得到的形变参数也与文献上的基本一致. 我们还采用 TRS 位能面计算方法进行了进一步研究, 得到的结果也支持了我们的 PTES 结果. 另外, 我们的准粒子真空态的计算也很好地再现了实验的 γ 带, 这个结果也说明了我们的 PTES 能很好地再现原子核激发带 (如 γ 带). 这些结果进一步验证了我们的方法、程序及结果的正确性.

5.3 A~170 区偶偶核 Yrast 带的 PTES 计算

到目前为止, 已经收集了大量的实验数据, 尤其是质量数为 A=170~200 的偶偶核较低态的能谱学. 这个质量区原子核由于正好处在两个幻数中间, 引起大家非常大的兴趣. 这些核表现为扁椭球形或三轴形, 这对由于形变而引起的壳结构的深入理解将非常有用. 例如, Er, Yb, Hf, W, Os, Pt 等原子核丰中子同位素就有从长椭球形到扁椭球形的形状转换, 并且它们的基态具有三轴形变. 因此这些丰中子原子核将是研究原子核形变转变, 包括形变变换到扁椭球形和三轴形状的较好的量子多体体系. 这个过渡区原子核的特征还在于扁椭球形状和长椭球形状之间的强烈竞争, 即形状共存, 特别令人感兴趣的是 ^{190}W, 见文献 [100]~[102]. 虽然在这个核区有趣的物理现象比较丰富, 如上所述, 并且已经采用基于平均场近似的方法对这些现象成功地进行了描述. 但超越平均场效应对原子核三轴形变的影响一直没有被研究. 下面我们将采用 PTES 方法研究超越平均场效应对原子核三轴形变的影响, 为此, 较轻钨原子核 $^{170\sim178}$W 是研究的最佳目标之一, 因为它们在平均场理论 (如 TRS 方法) 中被预言是具有长椭球形状的转子.

1) 计算参数的选取

对 Nilsson 势参数 κ, μ, 我们选取与主壳层相关的参数, 取自文献 [82], 如表 5.6 所示. 这里, 我们没有考虑十六极形变, 取为 0, 所需的 Nilsson 能级图如图 5.19(质子) 和图 5.20(中子) 所示, 单极对力强度取为大家经常用的标准形式, 即 $G_0 = \left(20.12 \mp 13.13\dfrac{N-Z}{A}\right)/A$(其中, 负号对应中子, 正号对应质子), 四极对力强度 G_2 取为与单极对力强度 G_0 成正比, $G_2 = fG_0$, 通常 $f = 0 \sim 0.2$, 在我们的计算中取为 0.16, 这也是大家经常用的值.

表 5.6 Nilsson 单粒子能级势参数

N	质子		中子	
(主壳层)	κ	μ	κ	μ
0	0.120	0.0	0.120	0.0
1	0.120	0.0	0.120	0.0
2	0.105	0.0	0.105	0.0
3	0.090	0.25	0.090	0.30
4	0.070	0.39	0.065	0.57
5	0.062	0.43	0.060	0.65
6	0.062	0.34	0.054	0.69
7	0.062	0.26	0.054	0.69
8···	0.062	0.26	0.054	0.69

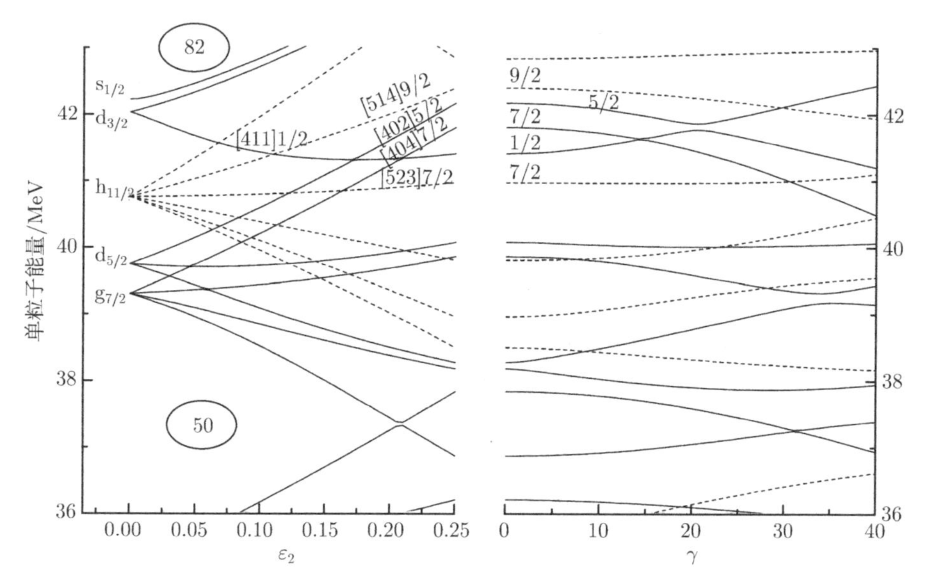

图 5.19 质子 Nilsson 能级. 右图 $\varepsilon_2=0.25, \varepsilon_4=0.00$, $50\leqslant Z\leqslant 82$ 的情况 (实线表示正宇称态, 而虚线表示负宇称态)

2) 特定角动量下的 PTES 计算

本次工作中的所有 PTES 计算都是在特定的角动量和宇称下进行的, 这样我们计算得到的核态具有好的角动量和宇称, 因此我们的计算结果可以直接与实验值进行比较. 我们以 ^{172}W 核基态 ($I^\pi=0^+$) 的 PTES 位能面等势图为例简要介绍基于投影壳模型的位能面计算结果, 见图 5.21. 在实际计算中, ε_2 从 0.1 到 0.3, 取了 20 个格点, 而 γ 从 0° 到 50° 也取了 20 个格点. 图 5.21 表示 ^{172}W 核的基态 PTES 位能面存在极小点, 对应的形变参数为 ($\varepsilon_2=0.252, \gamma=16.4$), 表明 ^{172}W 核基态有较大的形变, 特别值得注意的是具有相当大的三轴形变, 即 $\gamma \sim 16°$. 我们对偶偶核 $^{170\sim178}$W 的 Yrast 态的 PTES 计算都得到了与 ^{172}W 核基态差不多大小的三轴形变, 可能是因为超越平均场效应.

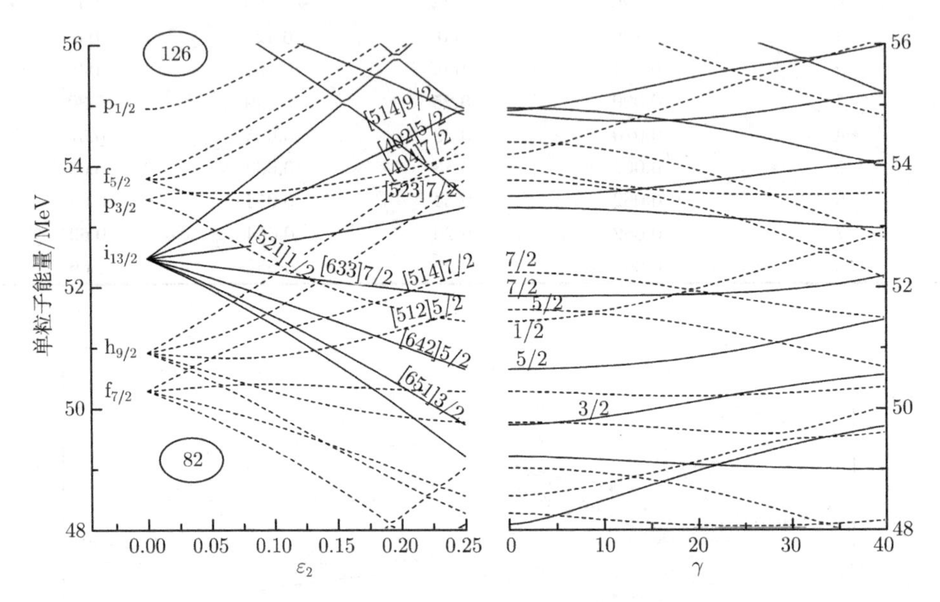

图 5.20　中子 Nilsson 能级. 右图 $\varepsilon_2 = 0.25, \varepsilon_4 = 0.00$, $82 \leqslant N \leqslant 126$ 的情况 (实线表示正宇称态, 而虚线表示负宇称态)

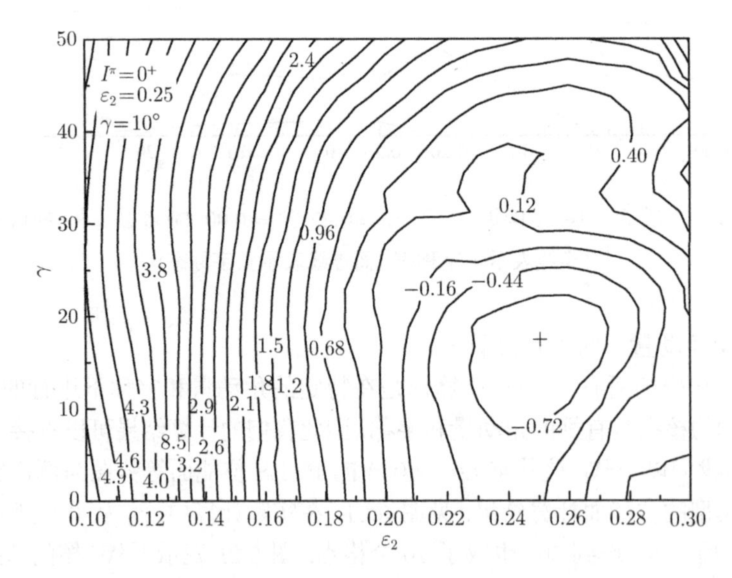

图 5.21　组态混合情况下, ^{172}W Yrast 带带头总位能面等势图. “+” 对应极小点

3) 偶偶核 $^{170\sim178}$W 的 Yrast 态的 PTES 计算

利用上一节介绍的 PTES 方法, 我们对偶偶核 $^{170\sim178}$W 的 Yrast 态不同自旋下进行了位能面计算, 计算的最高自旋为 20. 我们发现对以上五个偶偶核 $^{170\sim178}$W Yrast 态不同自旋 $I^\pi = 0^+, 2^+, 4^+, 6^+, \cdots, 20^+$ 下的共 55 个 PTES 位能面图都存在形变极小点. 利用这些形变极小点, 我们可以确定出偶偶核 $^{170\sim178}$W 的 Yrast 带不同自旋下可能的形变参数, 结果见表 5.7. 由表 5.7 可以看出, 偶偶核 $^{170\sim178}$W 不同自旋下得到的形变参数 (包括 ε_2 和 γ) 几乎不随着自旋变化, 而是基本保持常数, 它们是较好的变形核 (Well Deformed Nuclei), 其动力学转动惯量随着自旋没有太明显的变化. 另外, 我们从表 5.7 还可以看到, 跟其他钨同位素相比较, ^{172}W 核基态给出的 ε_2 形变更大些. 这是由于中子单粒子能级 (如图 5.20) 中的 N=98 时的大能隙对应的壳效应的结果. 壳效应在平均场理论中得到了很好的描述, 而我们的 PTES 方法中也包含了这部分. 这个论证的有效性可以通过 TRS 位能面计算来验证, 结果发现与其他钨同位素比较的情况下, 在 ^{172}W 的基态下的 ε_2 也有一定的增加, 见表 5.8. 对于偶偶核 $^{170\sim178}$W Yrast 态的 PTES 计算都给出了相当大的三轴形变, 平均约为 $\gamma = 15°$. 这是引人注目的, 因为纯平均场近似, 例如 TRS 计算, 对于这个 5 个轻钨核, 得到的三轴形变参数几乎为零, 见表 5.8. 因此, 在 PTES 计算中产生的如此大的三轴形变应该归结为通过角动量投影方法恢复的转动对称性对应的超越平均场效应.

表 5.7　$^{170\sim178}$W 同位素 Yrast 态 PTES 位能面极小点对应的形变参数随角动量的变化

	I^π	0^+	2^+	4^+	6^+	8^+	10^+	12^+	14^+	16^+	18^+	20^+
^{170}W	ε_2	0.242	0.242	0.242	0.242	0.242	0.242	0.242	0.242	0.24	0.24	0.24
	γ	17.6°	17.6°	17.4°	17.2°	17.2°	17.2°	17.2°	17.2°	16.2°	16.2°	16°
^{172}W	ε_2	0.252	0.252	0.252	0.254	0.254	0.256	0.258	0.256	0.252	0.250	0.252
	γ	16.4°	16.4°	16.2°	16°	15.8°	16.2°	15.8°	15.2°	15.4°	15.6°	15.4°
^{174}W	ε_2	0.244	0.244	0.244	0.246	0.246	0.246	0.248	0.246	0.244	0.244	0.244
	γ	18.2°	18.2°	18.2°	18°	18°	18°	17.8°	18°	18.2°	18.4°	18.6°
^{176}W	ε_2	0.24	0.24	0.24	0.24	0.24	0.241	0.241	0.24	0.24	0.24	0.24
	γ	11.4°	11.4°	10.8°	10.4°	9.8°	9.6°	9.2°	9°	9°	9.4°	9.4°
^{178}W	ε_2	0.244	0.244	0.244	0.244	0.244	0.244	0.244	0.246	0.246	0.242	0.246
	γ	11.8°	11.8°	11.6°	11.4°	11°	10.6°	10.6°	10.4°	10.2°	11.4°	11.6°

表 5.8　在 $\hbar\omega = 0.02\hbar\omega_0$ 时的 $^{170\sim178}$W 同位素基态 TRS 位能面极小点对应的形变参数

Nuclei	^{170}W	^{172}W	^{174}W	^{176}W	^{178}W
ε_2	0.224	0.241	0.234	0.224	0.224
γ	−3°	2°	2°	−3°	−3°

我们首先对不同的状态 (不同自旋) 计算 PTES 位能面, 然后进行关于 ε_2 和 γ 的极小化程序计算得出该态对应的总能量和可能的平衡形变. 这样, 原子核的 Yrast 带在 PTES 理论框架下自洽地给出. 图 5.22 给出 PTES 计算得到的偶偶核 $^{170\sim178}$W 的 Yrast 带, 相应的形变参数见表 5.7, 与实验数据之间的比较. 可以看出, 我们的计算结果与实验数据吻合良好.

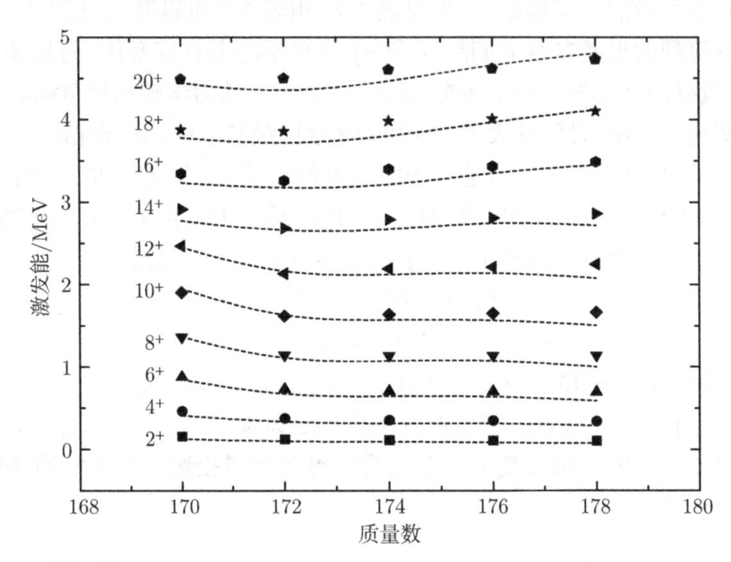

图 5.22 $^{170\sim178}$W Yrast 带 PTES 计算结果与实验比较 (图中实心图标为实验值, 而虚线为理论计算值)

5.3.1 偶偶核 $^{170\sim178}$W Yrast 带中的形变变化

从表 5.7 可以看出, $^{170\sim178}$W 同位素每个核的 Yrast 带中 ε_2 随着自旋的增加几乎是保持不变的, 表明是一个很好的变形转子. 但是在带交叉部分 ε_2 也有较小的变化, 这是因为此时两准粒子的作用会开始起作用. 所计算的 5 个核 Yrast 带的 ε_2 几乎不变, 而且这 5 个核的拉长形变, ε_2 的值基本也相同. 如对 ^{170,174,176,178}W 核的 ε_2 值基本在 0.24 附近, 而只有 ^{172}W 的 ε_2 值稍不同, 并且大一些, 为 0.25, 而这种特殊性在上一节中被解释为由壳效应引起. 相对于拉长形变 ε_2 的稳定性, 三轴形变参数却随着中子数的增加而稍有减小的趋势, 如 ^{170,172,174}W 核给出的三轴形变 $\gamma\approx17^\circ$, 而 ^{176,178}W 核的稍小一些, $\gamma\approx11^\circ$. 这种 γ 形变的变化也可以归结为壳效应的影响. 从中子的单粒子 Nilsson 能级图 5.20 可以看出, 当 $\varepsilon_2=0.25$ 时 N=98 处的能隙在三轴形变 $\gamma=0^\circ\sim30^\circ$ 的范围内仍然存在. 与能隙相关的负壳修正能量提供了 ^{170,172,174}W 核中形成较大 γ 软的基本条件, 因为这几个核中子费米面就在此能隙附近. 另一方面, 由于 ^{176,178}W 核中子费米面离此能隙高很多, 对应的三轴形变就会小一些. 因此量子转动能的加入对 ^{170,172,174}W 核的 γ 驱动效应比 ^{176,178}W 核的要大.

我们计算得到的 $^{170\sim178}$W 同位素基态的 γ 形变随着中子数的增加稍有减小的趋势. 然而有趣的是, 我们注意到这些核观测到的 γ 带带头的能量随着中子数的增加而略有增加的趋势. 以上两个随着中子数的增加时的相反变化趋势可能有其相关性, 这种情况在我们的三轴投影壳模型下的 γ 带的计算中也得到体现, 即当中子数增加时, 必须使用稍微小一点的 γ 形变来再现实验数据, 见表 5.7.

顺排角动量是体现转动带带结构的重要物理量, 顺排角动量随着角频率的变化曲线可以反映转动带中的带交叉问题, 也可以反映转动带中形变参数随着角动量变化的情况. 因此, 我们的 PTES 计算结果的合理性还可以通过比较利用 PTES 计算结果给出的顺排角动量随着角频率变化的结果与实验值来验证, 如图 5.23 所示. 从图 5.23 可以看出, 这 5 个钨同位素的实验顺排角动量 i_x 随着角频率的变化情况基本相同, 支持了我们的计算结果, 即这 5 个钨同位素的拉长形变、ε_2 的值基本相同. 而每个核的顺排角动量 i_x 在角频率 $\omega\approx0.3$ 附近开始有突然增加的趋势, 这结果是由于这时两准粒子开始起作用. 此现象也支持了我们的计算结果, 即这 5 个钨同位素 Yrast 带在带交叉部分 ε_2 也有较小的变化, 见表 5.7. 更值得注意的是, 我们利用 PTES 计算结果给出了顺排角动量的理论值, 也画出了随角频率变化的曲线 (在图 5.23 中用空心图标表示), 可以看出我们的理论值很好地再现了实验数据 (实心图标表示). 再一次验证了我们的计算结果.

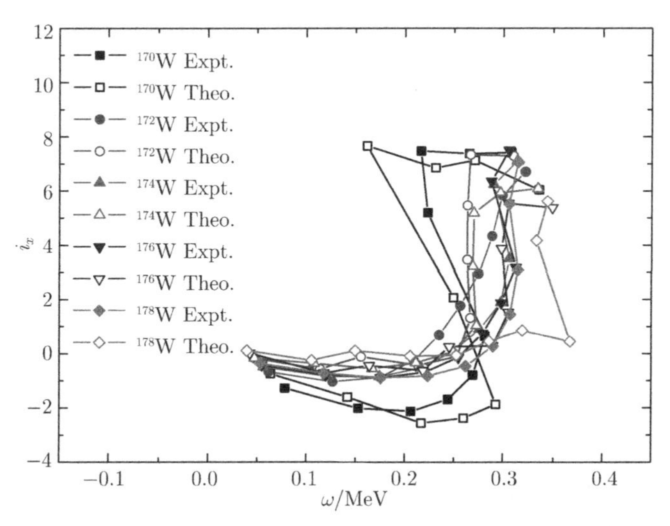

图 5.23 $^{170\sim178}$W Yrast 带顺排角动量随着角频率的变化与实验比较图 ($J_0=35\hbar^2\mathrm{MeV}^{-1}$, $J_1=45\hbar^4\mathrm{MeV}^{-1}$ 取自文献 [126])

然而, 通过高精度实验技术测量得到的跃迁四极矩 (Transition Quardrupole Moments, Q_t) 是提供原子核转动带四极形变参数的最佳可观测量之一, 它可以表示为四极形变参数 (ε_2, γ) 的函数:

$$Q_t = \frac{6ZeA^{2/3}}{(15\pi)^{1/2}} r_0^2 \beta_2 \left(1 + \frac{2}{7}\left(\frac{5}{\pi}\right)^{1/2} \beta_2\right) \cos(30^\circ + \gamma). \tag{5.17}$$

通过寿命测量, ^{170}W 和 ^{172}W Yrast 带的电四极矩 Q_t 被实验确定到自旋值 $I = 20$[103, 104]. 我们也可以把表 5.7 给出的 Yrast 带的四极形变参数 (ε_2, γ) 代入上述公式, 得到 ^{170,172}W 核的电四极矩, 计算时我们取 $\beta_2 = \varepsilon_2/0.946$ 和 $r_0 = 1.280$fm. 这样计算得到的结果可以与实验测量的结果进行比较, 见图 5.24. 可以看出, 我们的计算结果除了 ^{170}W 核 Yrast 带的自旋 10^+ 到 14^+ 的三个状态下比实验值高出很多以外, 其他情况基本再现了实验数据. 在自旋 10^+ 到 14^+ 下观测到的 Q_t 值为什么会突然下降仍有待解释, 然而, 我们应该提到, 由于复杂的 γ 射线侧馈送 (Side Feedings), 难以确保在带相互作用区域的寿命测量的高精度. 不幸的是, 在其他轻钨同位素中没有更多的实验 Q_t 数据与我们的 PTES 计算结果进行比较, 因此表 5.7 给出的其他核的理论结果需要作进一步的实验验证.

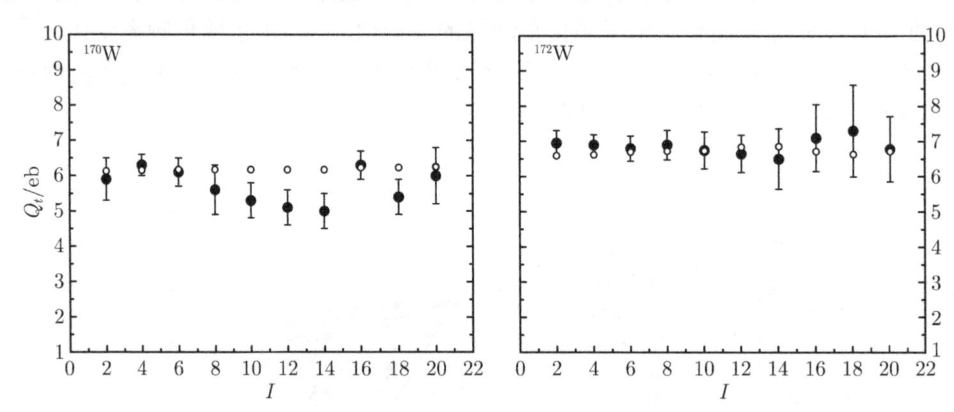

图 5.24 ^{170,172}W Yrast 带的电四极矩随角动量的变化与实验比较图 (实心圈为实验值, 而空心圈为理论计算值)

5.3.2 偶偶核 $^{170\sim178}$W 的 γ 自由度

我们对偶偶核 $^{170\sim178}$W Yrast 带的 PTES 计算给出了较大的三轴形变, 平均值为 $\gamma \sim 15^\circ$. 根据上面几节的分析, 得到如此大的三轴形变的原因应该归结为超越平均场效应. 而在这 5 个轻钨同位素中观测到的较低 γ 带可以看作是这些核存在相当大的轴形变的间接证据. 在 γ 带的 TPSM 计算中, 拉长形变 ε_2 取与它们的基态 $(I^\pi = 0^+)$ 一样的值, 而 γ 形变参数取使计算再现实验 γ 带的值, 见表 5.9. 我们的 TPSM 计算很好地再现了实验 γ 带的数据也再现了基态带, 如图 5.25 所示. 为了再现 γ 带, 我们采用了约 25° 的三轴形变, 而这些轻钨同位素的相应 γ 值随着中子数的增加略有下降的趋势. 我们知道 γ 带带头的能量对 γ 形变比较敏感. γ 形变约为几度的较小变化对再现实验数据都是至关重要的. 实验观测到的这 5 个钨同位素 γ 带带头能量分别从 0.937MeV 对 ^{170}W, 0.930MeV 对 ^{172}W, 0.977MeV 对 ^{174}W, 1.042MeV 对 ^{176}W, 到 1.111MeV 对 ^{178}W. 从 ^{170}W 到 ^{178}W, γ 带带头能量增加了 174keV, 这时对应的 γ 形变却降了约 4°. 在核素图中有很多这样具有较好形变 (Well-Deformed) 的核被平均场理论预言具有轴对称 ($\sim 0°$) 形状, 却观测到了它们的较低 γ 带, 这种现象一直是无法解释的难题. 目前, 这种 γ 带被解释为围绕长椭球形状的 γ 振动. 我们的 PTES 理论预言了这种原子核基态具有较大三轴形变的普遍性, 从而对原子核较低 γ 带普遍存在的理解变得更加透明, 即轴对称形状对应的 γ 振动不再是理论模型的坚实起点.

表 5.9 TPSM 计算采用的四极形变参数 ε_2 和 γ

Nuclei	^{170}W	^{172}W	^{174}W	^{176}W	^{178}W
ε_2	0.242	0.252	0.244	0.240	0.244
γ	27.5°	25°	25°	24°	23°

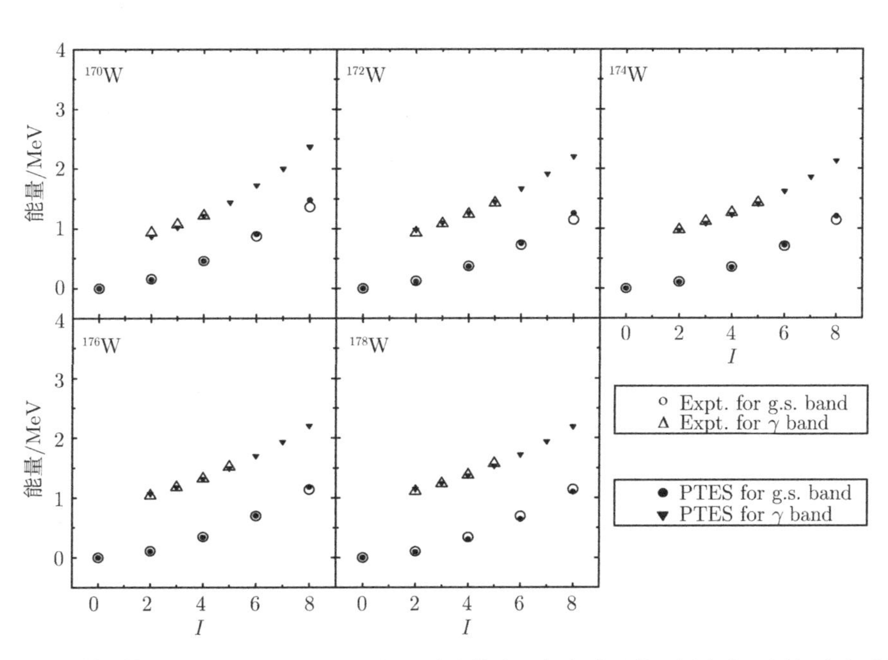

图 5.25 $^{170\sim178}$W 同位素基带及其 γ 带能谱计算结果与实验比较 (图中空心图标为实验值, 而实心图标为理论计算值)

5.3.3 PTES 计算和 TRS 计算之间的比较

TRS 位能面理论已被广泛用于研究高速转动的原子核形状, 是基于平均场近似, 不包括超越平均场效应的典型核模型. 因此, 我们的 PTES 计算结果有必要与 TRS 计算结果进行比较. TRS 方法中采用的经典物理量, 即推转频率已经是描述原子核转动的重要的物理量. 然而, 由于 TRS 方法的这种半经典性质, 是不可能严格地描述 $I^{\pi}=0^{+}$ 好角动量态的基态. 应该注意的是, 具有 $I=0$ 的转动态是量子转动态, 与推转频率为零的态不完全匹配. 通常, 为了描述原子核的基态, TRS 计算根据经验选择一个较小的推转频率, 这个值比零要大且远低于带交叉频率, 进行计算. 作为示例, ^{172}W 核 $\hbar\omega=0.02\hbar\omega_0$ 时的 TRS 位能面在图 5.26 中给出. 由图可以确定出其极小点的形变值为 ($\varepsilon_2=0.241, \gamma=2°$). 通过 TRS 位能面计算得到的拉长形变 ε_2 与 PTES 位能面计算得到的结果基本一样, 但是 TRS 方法总是给出与 PTES 方法非常不同的 γ 形变. 从 TRS 计算得到的 $\gamma=2°$ 表示 ^{172}W 基态具有轴对称性, 而从 PTES 计算获得的 $\gamma=16.4°$ 意味着该核基态具有非轴对称性. 请注意, 目前的 PTES 计算和 TRS 计算以相同的单粒子状态和大致相同的对相互作用以及相同的模型空间截断, 主要区别在于前者包含角动量投影引起的超越平均场效应, 而后者没有包含. 因此, 我们安全地得出结论, 与角动量投影相关的超越平均场效应是从 PTES 计算获得较大三轴形变的主要原因.

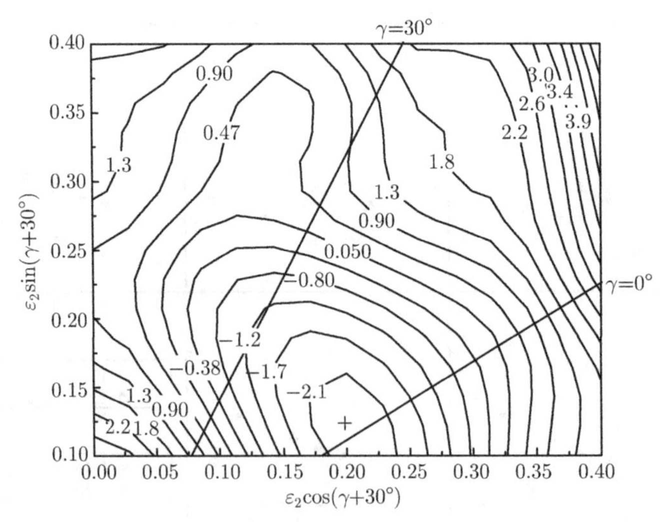

图 5.26 $\hbar\omega=0.02\hbar\omega_0$ 时 ^{172}W 总 Routhian 等势图. “+” 为极小点

最近 Möller 等采用宏观微观 FRLDM(Finite-Range Liquid-Drop Model) 模型对 7206 个原子核基带进行了系统的位能面计算 [105, 106], 结果表明考虑三轴形变时的基带能量普遍比认为基带是轴对称时的能量要小 0.2MeV. 因此, 以前 TRS 计算认为是轴对称的许多原子核很可能是非轴对称的, 存在一定的三轴形变. TRS 方法和 FRLDM 方法得到的不同结果来自它们采用的不同参数, 否则这两个模型属于相同类型的宏观微观模型. 对于轻钨 $^{170\sim178}$W 同位素, FRLDM 和 TRS 计算都给出轴对称的基态的存在. 但是, 我们的 PTES 和 TPSM 计算, 如上所述, 却预言了较大的三轴形变, 例如基带对应的三轴形变约为 15° 和 γ 带对应的三轴形变约为 25°. PTES 和 TPSM 计算比 FRLDM 计算预言的较大 γ 形变再一次证实了超越平均场效益对三轴形变的影响.

PTES/TPSM 方法处理原子核的转动是量子的, 并允许通过角动量投影的三维转动. 相比之下, TRS/CSM 方法处理原子核转动是半经典的, 并要求系统以一定角频率绕最短轴转动. PTES/TPSM 方法中的超越平均场效应是量子效应, 有利于三轴转动. 最近, 通过使用 HSDB 哈密顿量, 对偶偶 sd 核第一次进行了平均场中被破坏的所有对称性都被恢复后的计算. 计算结果表明, 具有角动量投影的投影后变分 (VAP) 的波函数对应的内禀形状普遍为三轴形, 而通常的 HFB 方法却给出轴对称的形状 [107]. 另外, 其他关于三轴形变及其对低能核结构现象的影响的理论研究也给出了相同的结论, 即超越平均场效应在原子核的三轴形变中起到了非常重要的作用 [108~115].

以上主要是比较了 TRS 方法和 PTES 方法的计算结果, 表明应该考虑在 PTES 方法中的超越平均场效应. 而 PTES 方法的另一个特点是给出的形变参数随着角动量是变化的. 这一点与 PSM 计算不一样, PSM 方法中虽然也考虑了与 PTES 方法对应的超越平均场效应, 但形变参数不随角动量变化, 对所有角动量的计算都是固定的, 这两种情况下的结果比较见图 5.27. 图中中间的点对应实验值, 左边的横

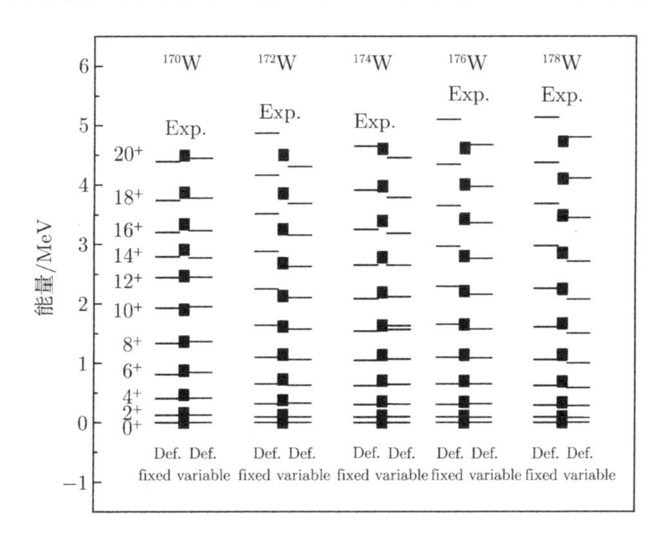

图 5.27　形变参数固定和随角动量变化时的 $^{170\sim178}$W Yrast 带计算结果与实验值的比较

线是采用 TRS 方法给出的固定形变参数下的 PSM 计算结果, 右边的横线是采用 PTES 方法给出的随角动量变化的形变参数下的计算结果. 从图 5.27 可以看出, 形变参数随角动量变化时能更好地再现实验数据.

5.3.4　总能量的分解

为了进一步详细地研究与角动量投影相关的超越平均场效应, 我们分别给出了分解总能量的各部分能量对应的能量等势图, 我们还是以 ^{172} 核为例. 图 5.28 分别给出了液滴 + 壳修正能和转动能 (只给出了 $I^{\pi}=0^{+}$) 的能量等势图. 从液滴 + 壳修正能等势图 (图 5.28(a)) 可以看出, 其极小点对应的形变值 $\varepsilon_2 \sim 0.24$ 和 $\gamma=0°$, 并表现出围绕极小值的表面的平坦度在 γ 方向具有 γ 软的现象.

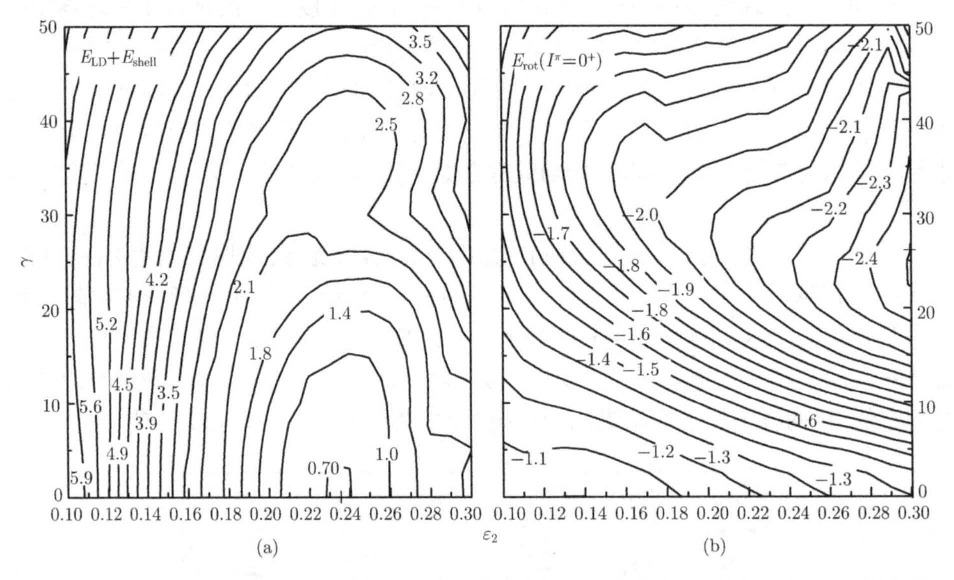

图 5.28　总位能面分解后各部分的能量曲面等势图: (a) 液滴能 + 壳修正能; (b) 转动能

转动能 ($I^{\pi}=0^{+}$) 等势图 (5.28(b)) 表示它使原子核往大的拉长形变及大的 γ(约 25°) 方向驱动. 可以看出, 在 $\varepsilon_2 = 0.24$ 处, 转动能可以在 γ 方向上产生足够大的驱动效应, 以使总能量从轴对称到 $\gamma = 16°$ 降低了约 600keV.

图 5.28(a) 所示的 $E_{\rm LD} + E_{\rm shell}$ 能量也适用于当前的 TRS 计算, 所以图 5.26 给出的 TRS 可以认为图 5.28(a) 给出的 $E_{\rm LD} + E_{\rm shell}$ 加上由 CSM 计算得到的转动能而得到. 在 $E_{\rm LD} + E_{\rm shell}$ 能量曲面上的对应轴对称的极小点在 TRS 面上保持不变, 意味着在 TRS 方法中引入的经典转动能引起的 γ 形变驱动效应不足以引起 TRS 曲面上三轴形变极小点. 相反, 如图 5.28(b) 所示的量子转动能可以提供较强的 γ 形变驱动效应, 在 ^{172} 核 Yrast 态的 PTES 曲线上引起非轴对称的极小点.

虽然量子转动能和经典转动能之间的直接比较是不可能的, 但是可以看出, 在 $\varepsilon_2 = 0.24$ 处, 经典转动对应的 $\hbar\omega = 0.02\hbar\omega_0$ 时的 TRS 计算从 $\gamma = 0°$ 到 $15°$ 所降低的能量约为 0.1MeV (可通过读取图 5.26 和图 5.28(a) 的数据来估计), 然而, 与量子转动对应的 $I^\pi = 0^+$ 时的 PTES 计算 (图 5.28(b)) 所降低的能量约为 0.6MeV. 这些结果表明, 在原子核位能面的计算中, 由于角动量投影而引起的超越平均场效应在研究原子核对称性及其破缺中起着至关重要的作用. 我们想强调, 角动量 $I = 0$ 的量子核态与 $I > 0$ 的转动态具有相同的基本性质, 因此 $I > 0$ 时的转动能能量曲面与 $I = 0$ 时的曲面具有相同的结构. 然而, $\hbar\omega = 0$ 的推转核态不是转动态, 在 CSM 框架下, 转动态用 $\hbar\omega > 0$ 对应的推转态来描述. 因此, 在 CSM 中严格地描述量子数为 $I = 0$ 的核基态是个致命的问题.

5.3.5 小结

转动对称性的恢复在具有非轴对称形状的原子核的平均场计算中起着至关重要的作用. 这已经通过角动量投影后的变分技术在 PTES 方法中得到实现. 被称为超越平均场效应的角动量投影允许我们建立具有确定自旋和宇称的总能量曲面. 对偶偶核 $^{170\sim178}$W Yrast 态的基于投影壳模型的位能面计算呈现了对应 $\varepsilon_2 \sim 0.24$ 和 $\gamma \sim 17° - 11°$ 的形变极小点, 给出了一定的三轴形变. 相比之下, 作为典型的平均场近似的 TRS 计算却给出了对应 $\varepsilon_2 \sim 0.23$ 和 $\gamma \sim 2°$ 的形变极小点, 表明是轴对称的形状.

我们的 PTES 位能面理论很好地再现了偶偶核 $^{170\sim178}$W 的 Yrast 带的实验结果. 计算得到的电四极矩 (Q_t) 也很好地再现了已有的 ^{170,172}W 的实验数据. 通过采用 PTES 计算确定的拉长形变和 $\gamma \sim 25°$, TPSM 计算也很好地再现了 $^{170\sim178}$W 的实验激发 γ 带. 通过角动量投影包含在 PTES 方法中的超越平均场效应是先前认为的轴对称核 (如轻钨同位素), 通过 PTES 方法预言的较大三轴形变的根本原因.

第 6 章　^{178}Hf 同核异能态的描述

6.1　^{178}Hf 同核异能态的 γ 自由度

同核异能态是原子核的一种长寿命激发态. 由于其较高的激发能, 同核异能态退激可以释放出很大的能量, 尤其对于某些寿命很长的同核异能态可以作为理想的储能介质, 被认为有巨大的潜在应用前景. 如研发新的能量储存技术、高能 γ 激光等. 因此, 掌握原子核同核异能态的形成, 激发和退激机制成为当今核科学研究的新挑战之一.

同核异能态的研究一直是核结构的前沿领域 [127−131], 也是各国争相研究的热点课题. 其中, 对 ^{178m2}Hf(16$^+$) 态的研究最为引人注目. 它不仅有很长的寿命 (31 年) 而且也有很高的激发能 (2.4MeV), 是非常理想的储能介质. 然而迄今为止, ^{178m2}Hf 的生产和退激机制还没有最终解决. 本工作目的是试图探索 ^{178m2}Hf 的可能退激途径. 即首先将 ^{178m2}Hf 激发到某些中间态 (Gateway States), 再经过一系列电磁跃迁到达基态, 从而达到释放能量的目的 (图 6.1). 我们研究发现, 引入 γ 自由度, 可以很好地再现 ^{178}Hf 的 γ 带, 同时, 我们的计算给出了基于 ^{178m2}Hf 组态的 γ 振动带的预言, 可以考虑将其作为 ^{178m2}Hf 退激的候选中间态.

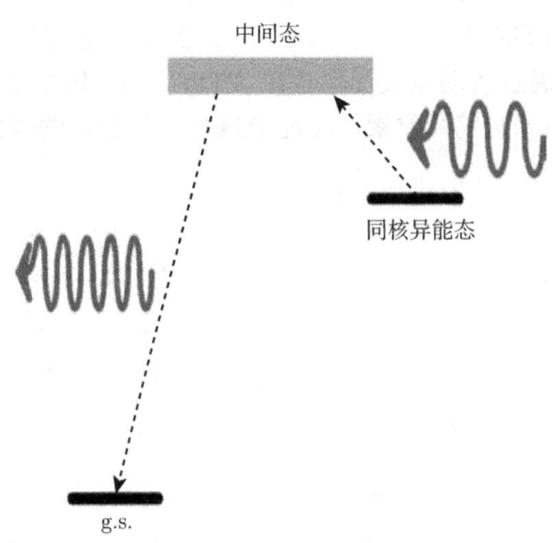

图 6.1　^{178}Hf 同核异能态退激路径的示意图

我们首先应用含有多准粒子组态的三轴投影壳模型[96] 对 ^{178}Hf 已发现的 6

条转动带进行了计算. 计算中所需要的 Nilsson 参数, 对中子 4, 5, 6 三个大壳, $\kappa = 0.0636$, $\mu = 0.393$, 对质子 3, 4, 5 三个大壳, $\kappa = 0.062$, $\mu = 0.614$[132], 其 Nilsson 能级图如图 6.2(质子) 和图 6.3(中子) 所示. 形变参数取 $\epsilon_2 = 0.28$, $\epsilon_4 = 0.06$, 单极对力强度取为 $G_0 = \left(20.46 \mp 10.86\dfrac{N-Z}{A}\right)/A$(其中, 负号对应中子, 正号对应质子), 由此所得的能隙可以很好地再现两准粒子带的位置. 通过计算, 我们发现当 $\gamma = 22^\circ$ 时, 不仅可以再现实验观测的多准粒子带 (图 6.4), 还可以很好地再现实验的 γ 带 [133~135](图 6.5(a)). 通过分析波函数, 我们还可以确定此 6 条转动带的组态. 我们发现实验的 6^+ 带是正宇称两准中子带, 即

$$\nu[512]\frac{5}{2}^- \oplus \nu[514]\frac{7}{2}^-,$$

16^+ 带是由负宇称的两准中子和负宇称的两准质子构成的四准粒子带:

$$\nu[514]\frac{7}{2}^- \oplus \nu[642]\frac{9}{2}^+ \oplus \pi[404]\frac{7}{2}^+ \oplus \pi[514]\frac{9}{2}^-,$$

最低的 8^- 带是负宇称的两准中子带:

$$\nu[514]\frac{7}{2}^- \oplus \nu[642]\frac{9}{2}^+,$$

次低的 8^- 带是负宇称的两准质子带:

$$\pi[404]\frac{7}{2}^+ \oplus \pi[514]\frac{9}{2}^-,$$

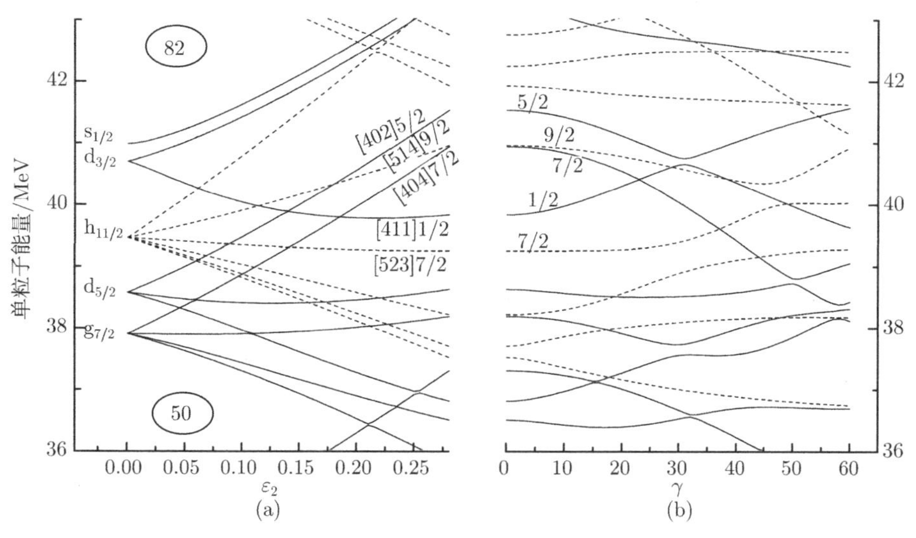

图 6.2 ^{178}Hf 质子 Nilsson 能级. 右图 $\varepsilon_2 = 0.28, \varepsilon_4 = 0.06$, $50 \leqslant Z \leqslant 82$ 的情况

(实线表示正宇称态, 而虚线表示负宇称态)

而 14^- 带是由正宇称的两准中子和负宇称的两准质子构成的四准粒子带：

$$\nu[512]\frac{5}{2}^- \oplus \nu[514]\frac{7}{2}^- \oplus \pi[404]\frac{7}{2}^+ \oplus \pi[514]\frac{9}{2}^- .$$

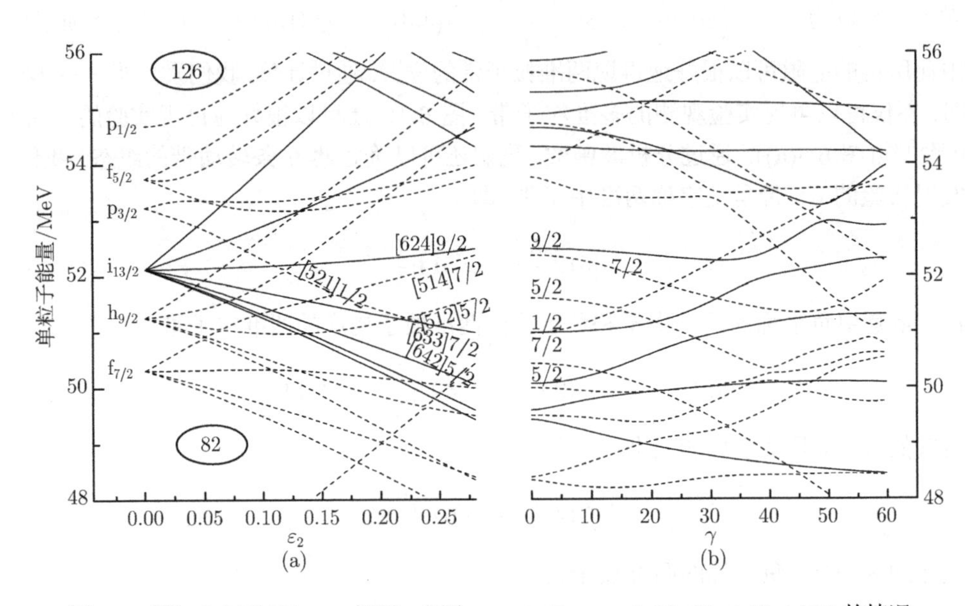

图 6.3　^{178}Hf 中子 Nilsson 能级. 右图 $\varepsilon_2 = 0.28, \varepsilon_4 = 0.06$, $82 \leqslant N \leqslant 126$ 的情况 (实线表示正字称态, 而虚线表示负宇称态)

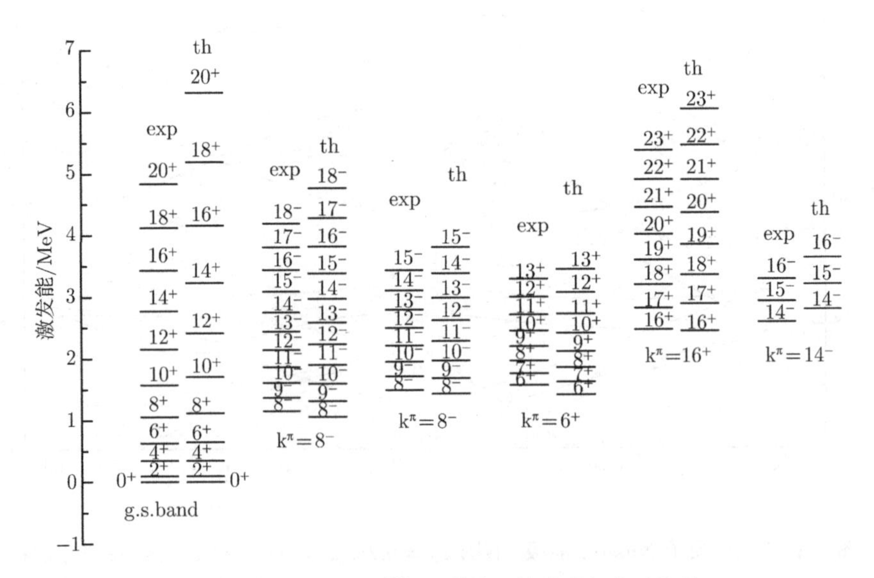

图 6.4　$\gamma = 22°$ 时 ^{178}Hf 能谱计算结果与实验比较

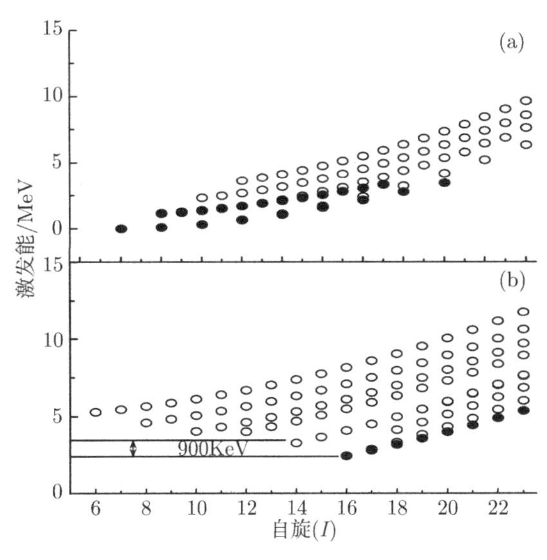

图 6.5 ^{178}Hf γ 带的计算 (图中实心圈为实验值, 而空心圈为理论计算值): (a) 基带及其上的 γ 带的能谱计算结果与实验比较; (b)^{178m2}Hf(16^+) 态及其上的 γ 带的能谱计算结果与实验比较

如果我们假定 ^{178m2}Hf 的内禀组态也具有如基态一样的 γ 自由度, $\gamma = 22°$, 则基于 ^{178m2}Hf 内禀组态之上会有若干条转动带存在 (图 6.5(b)). 其中, 我们注意到带头为 14^+ 的转动带处于 ^{178m2}Hf 之上, 约 900keV 处, 由于它们均属于相同的内禀组态, 从 16^+ 态向 14^+ 激发比较容易实现. 实验验证 14^+ 态的存在有两方面的意义, 其一, 14^+ 态的存在意味着 ^{178m2}Hf γ 自由度的存在, 则该体系具有好量子数 K 的混合, 可以增加两态之间的电磁跃迁几率. 然而, 当 K 是好量子数时, K 值相差很大的两态之间的跃迁是禁止的. 其二, 14^+ 的存在本身又可能成为 ^{178m2}Hf 实现退激途中的一座可能的桥梁. 因此, 能否验证 14^+ 态的存在是一项有挑战性的课题.

另外, 作为 PTES 方法的初步应用, 我们首先对原子核 ^{178}Hf 的真空态做了一些初步的计算. 计算结果如图 6.6 所示 (包括了投影前后的结果). 从图 6.6(a) 可以看出, 在 $\epsilon_2 = 0.231$ 时位能面出现极小值, 这与文献 [136] 基本符合. 另外, 由图 6.6(b) 可以看出, 投影前原子核在 $\gamma = 0°$ 时能量有极小值, 这表明该原子核是轴对称的, 然而, 投影后的位能面图给出了截然不同的结果, 即对所有角动量取值情况下, 小 γ 对应的能量几乎是一个常数, 直到大于 15°, 能量才慢慢变大. 这表明投影后的 ^{178}Hf 已变得 γ 非常软. 这一现象给了我们一个有益的启示, 由此我们推测该核的其他核态可能也是 γ 软的. 下面将应用我们的 PTES 位能面计算方法研究 ^{178}Hf 核的 Yrast 带.

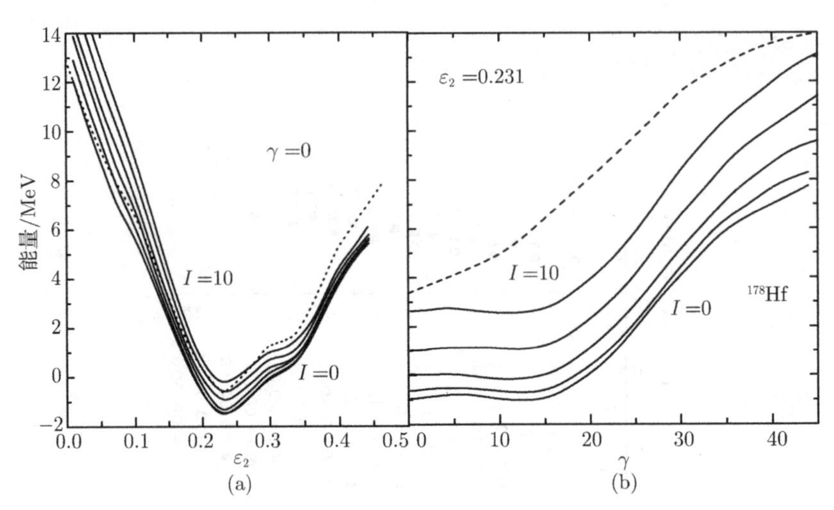

图 6.6　角动量 I 分别取 $I = 0, 2, 10$ 时位能面曲线图: (a) 位能面随 ϵ_2 的变化曲线 ($\gamma = 0°$); (b) 位能面随 γ 变化的曲线 ($\epsilon_2 = 0.231$). 实线 (虚线) 对应投影后 (前) 的情况

6.2　^{178}Hf Yrast 带的 PTES 计算

应用基于投影壳模型的位能面理论, 我们首先在纯组态情况下, 对 ^{178}Hf 实验发现的六条转动带进行了 PTES 自洽计算, 然后在组态混合的情况下对 ^{178}Hf 的 Yrast 带进行了进一步研究. 实验能谱取自文献 [133]~[135].

6.2.1　计算参数的选取

在计算中, 需要的参数主要有 Nilsson 势参数 κ、μ、单极对力强度和四极对力强度. 取 Nilsson 势参数时, 与上面计算同核异能态时一样, 对中子取 4, 5, 6 三个大壳, $\kappa = 0.0636$, $\mu = 0.393$, 对质子取 3, 4, 5 三个大壳, $\kappa = 0.062$, $\mu = 0.614$[132], Nilsson 能级图如图 6.2(质子) 图 6.3(中子). 单极对力强度取为标准形式, 即 $G_0 = \left(20.12 \mp 13.13\dfrac{N-Z}{A}\right)/A$(其中, 负号对应中子, 正号对应质子), 四极对力强度 G_2 取为与单极对力强度 G_0 成正比, 即 $G_2 = fG_0$, 通常 $f = 0 \sim 0.2$, 在我们的计算中取标准值, 为 0.16. 另外, 我们计算位能面时, 让 ε_2 和 γ 均为自由变化参量, 而 ε_4 取为固定值, $\varepsilon_4 = 0.056$[137].

6.2.2　PTES 位能面计算结果

1) 纯组态情况

我们采用了二维自洽计算方法, 即 ε_2 和 γ 均为自由变化参量, 然后在一定形变范围内采用对总能量寻找极小值的方法来确定原子核可能存在的形变. 在实际计

算中, 我们取

$$\varepsilon_2 : 0.05 \rightarrow 0.35 \quad (11\ \text{points}),$$
$$\gamma : 4^\circ \rightarrow 34^\circ \quad (11\ \text{points}).$$

下面我们以 6 条转动带带头位能面为例, 简单介绍一下我们的 PTES 位能面计算 (图 6.7). 说明的是, 我们在纯组态的情况下对实验的 6 条转动带进行 PTES

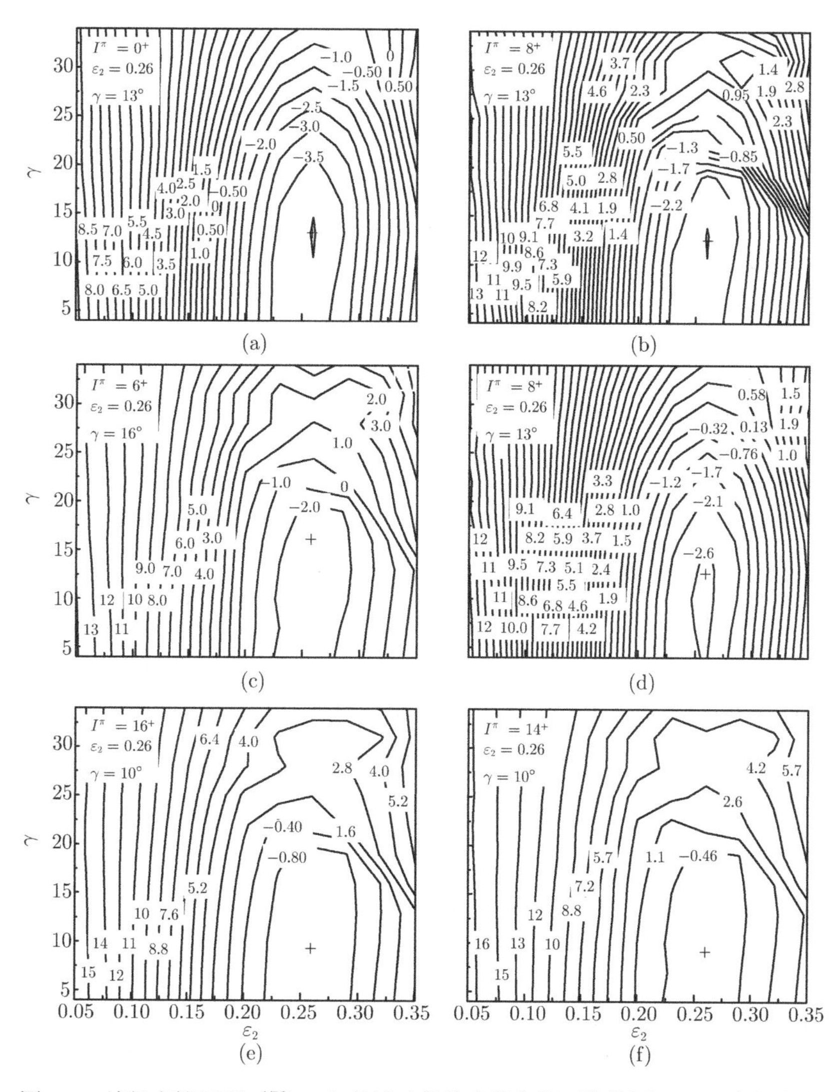

图 6.7　纯组态情况下, ^{178}Hf 六条转动带带头总位能面等势图. “+”为极小点. (a) 基带; (b) 最低的 8^- 带; (c)6^+ 带; (d) 次低的 8^- 带; (e)16^+ 带; (f)14^- 带

位能面计算时, 只是作了粗略的计算, 相信如果格点取的再密一点会得到更好的结果. 另外, 通过 PTES 位能面计算发现极小点对应的形变值会随着角动量的增加而变化. 采用自洽计算得到的形变参数来给出的能谱见 (图 6.8), 从图中可以看出, 我们的计算基本上能与实验结果符合. 这表明了我们的方法能够描述原子核激发态形变.

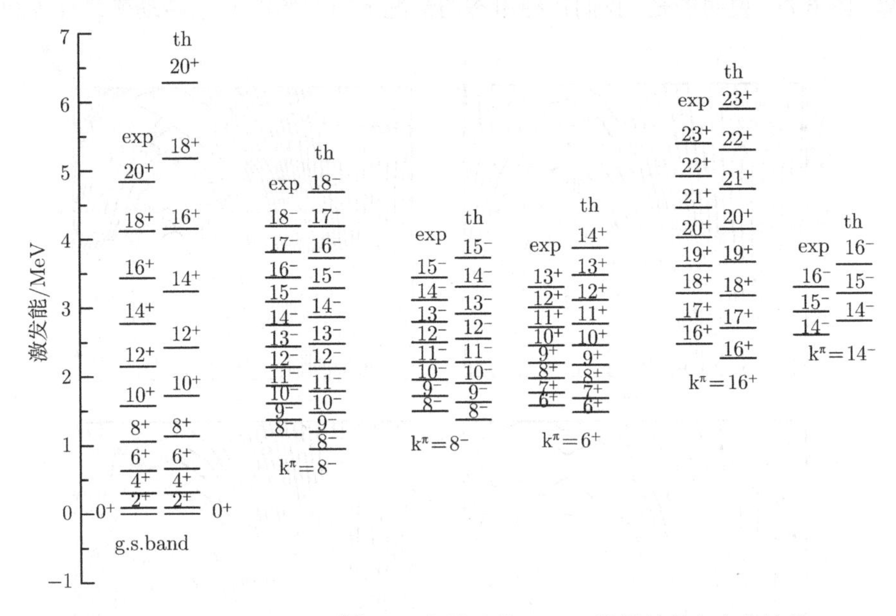

图 6.8　纯组态情况下, ^{178}Hf 六条转动带 PTES 计算结果与实验比较

2) 组态混合情况

与纯组态情况相比较, 组态混合要复杂得多. 下面我们以 ^{178}Hf Yrast 带, 包括同核异能态 ^{178m2}Hf(16^+) 带位能面计算为例, 进行组态混合的 PTES 位能面计算. 与纯组态情况类似, 我们同样采用二维自洽计算方法, 在一定形变范围内采用对总能量寻找极小值的方法来确定原子核可能存在的一组形变 (ε_2, γ).

在实际计算中, 我们取

$$\varepsilon_2 : 0.05 \to 0.35 \quad (20 \text{ points}),$$
$$\gamma : 0^\circ \to 50^\circ \quad (20 \text{ points}).$$

图 6.9 和图 6.10 分别为通过二维自洽计算得到的 Yrast 带带头和同核异能态 ^{178m2}Hf(16^+) 带头总位能面等势图. 从图中可以看出, 两曲面都存在有极小点, 是原子核可能存在的一种形变. 由图可以确定出其极小点的形变值分别为 ($\varepsilon_2 = 0.25, \gamma{=}12^\circ$) 和 ($\varepsilon_2 = 0.26, \gamma{=}11^\circ$). 而且, 通过位能面计算发现, 极小点对应的形变

值随着角动量增大而变化, 如表 6.1 所示. 对应每个角动量, 都有一个总位能曲面, 这里不再一一给出.

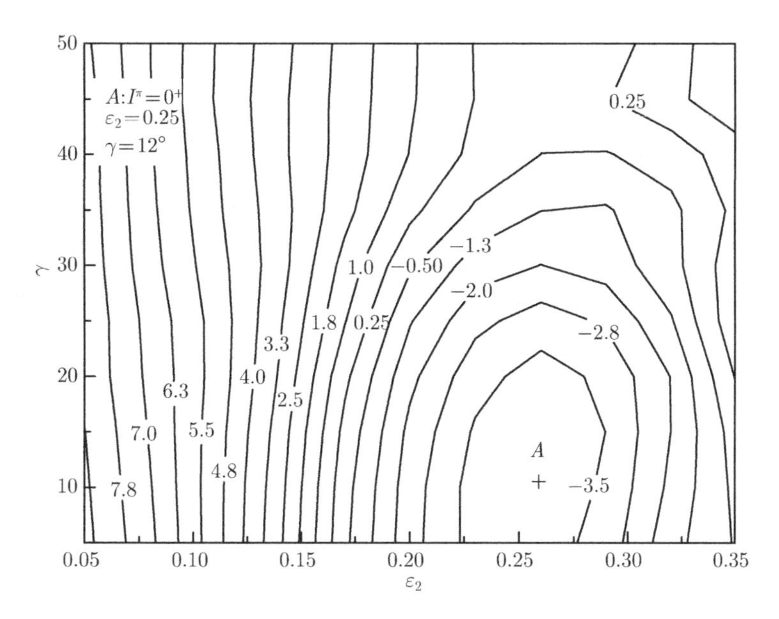

图 6.9 ^{178}Hf Yrast 带带头总位能面等势图. “+”为极小点

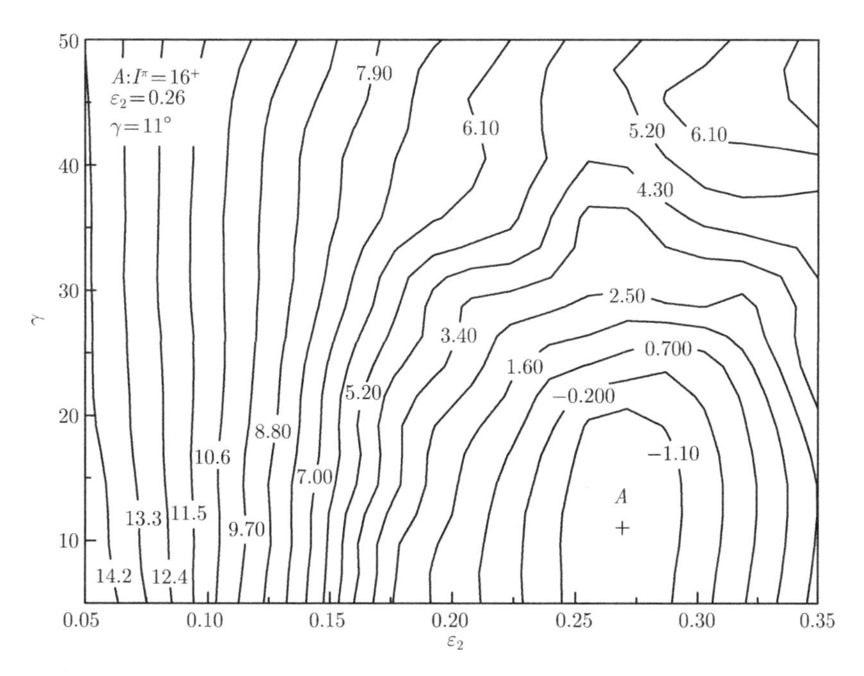

图 6.10 ^{178}Hf 同核异能态 ^{178m2}Hf(16^+) 带头总位能面等势图. “+”为极小点

表 6.1 ^{178}Hf Yrast带形变参数随角动量的变化

I^π	0^+	2^+	4^+	6^+	8^+	10^+	12^+	14^+	16^+	17^+	18^+	19^+	···
ε_2	0.25	0.25	0.25	0.25	0.25	0.25	0.25	0.25	0.26	0.26	0.25	0.25	···
γ	12°	12°	12°	12°	15°	13°	13°	13°	11°	11°	10°	10°	···

通过分析波函数, 我们发现 ^{178}Hf Yrast 带的结构很特别, 在 $I \leqslant 14$ 时, 其结构主要是零准粒子态和两准粒子态 (包括两准质子态和两准中子态), 而当 $I \geqslant 16$ 时, 其结构主要是由负宇称两准质子态和负宇称两准中子态构成的四准粒子态 ($\nu[514]7/2^- \oplus \nu[624]9/2^- \oplus \pi[404]7/2^+ \oplus \pi[514]9/2^-$) 组成的, 正好是实验的同核异能态 ^{178m2}Hf(16^+), 且它与 $I < 14$ 的零准粒子态和两准粒子态 (包括两准质子态和两准中子态) 之间没有矩阵元, 即矩阵元为零, 因此, 我们对本征方程进行对角化时完全可以在两个空间内对角化, 即 $I < 14$ 时一个空间, $I \geqslant 16$ 时在另外一个空间内对角化. 因此, 在组态混合的情况下, 我们不仅能计算出 Yrast 带而且还可以计算出基带, 计算结果分别如图 6.11 和图 6.12 所示. 从计算结果与实验比较, 我们可以看出, 通过 PTES 位能面计算自洽得到的形变参数能很好地再现了实验的 Yrast 带及基带, 这又是对我们的理论和程序的一种检验.

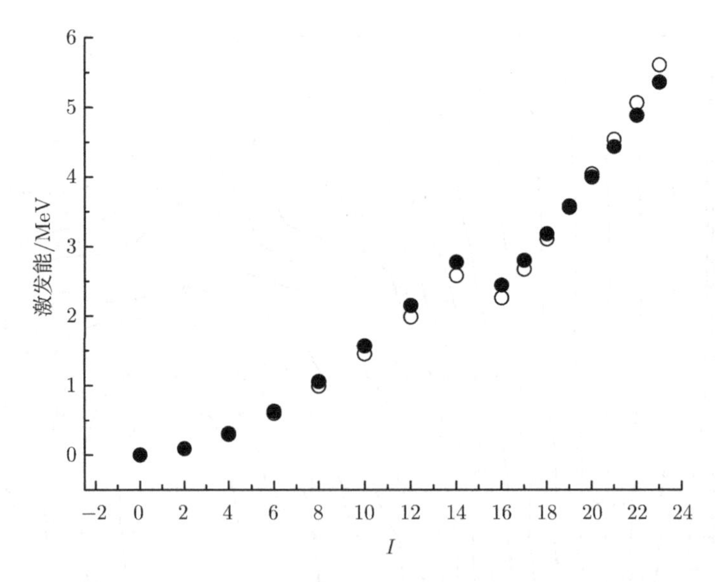

图 6.11 ^{178}Hf Yrast 带 PTES 计算结果与实验比较 (图中实心圈为实验值, 而空心圈为理论计算值)

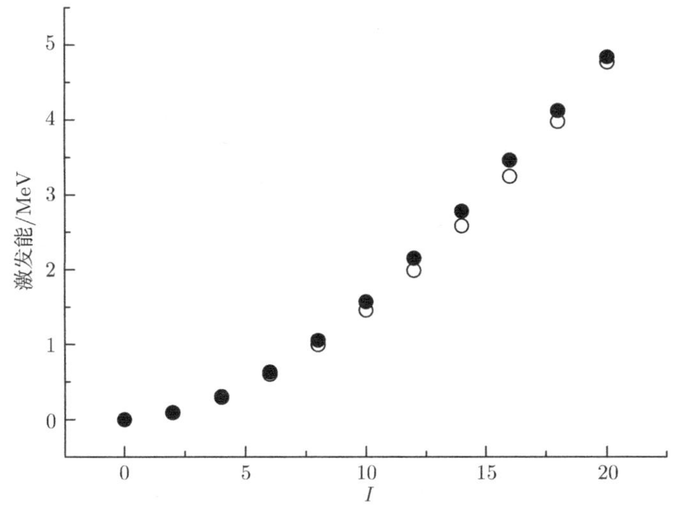

图 6.12　^{178}Hf 基带 PTES 计算结果与实验比较 (图中实心圈为实验值, 而空心圈为理论计算值)

6.3 小　结

在投影壳模型中引入 γ 自由度就发展为三轴投影壳模型 (TPSM), Sheikh 等建立了只含准粒子真空态的模型 [97], 最近, 我们建立了含有多准粒子组态的完整的三轴投影壳模型 [96], 使得对原子核的三轴形变高速转动态的描述得以实现. 我们首先采用含有多准粒子组态的三轴投影壳模型对 ^{178}Hf 已发现的 6 条带进行了计算. 在 $\gamma = 22^\circ$ 时, 很好地再现了 γ 带. 在相同 γ 形变下预言了基于 ^{178m2}Hf(16^+) 态的 γ 带的存在, 其带头 ($I^\pi = 14^+$) 的位置在 ^{178m2}Hf(16^+) 态之上大约 900keV 处. 该 14^+ 态与 16^+ 同核异能态具有相同的内禀组态, 因此, 应较容易从 16^+ 态激发上去. 我们希望, 该 14^+ 态有可能比 ^{178m2}Hf(16^+) 态有更多的机会跃迁到基带, 从而实现 ^{178m2}Hf(16^+) 的退激. ^{178m2}Hf(16^+) 同核异能态是一个非常理想的储能介质, 然而, 它的退激问题还没有得到最终的解决. 因此, 如果实验能证实该 $\gamma(14^+)$ 带的存在, 它将具有很重要的意义. 我们还采用 PTES 位能面计算方法, 首先在纯组态情况下对实验发现的 6 条转动带进行了研究, 发现我们的方法不仅能很好地再现基带, 也很好地再现了激发带, 理论计算给出这些转动带的组态结构. 在此基础上, 我们还在组态混合情况下研究了 ^{178}Hf Yrast 带, 得到的结果与实验结果符合.

第7章　超重核结构与性质的理论研究

长寿命超重元素, 即"超重岛"的存在是核物理最重要的预言之一, 去寻找该"超重岛"成为当今核科学的一个重要目标. 在过去的十几年里, 科学家们在新元素的合成方面做了大量的工作, 取得了重要的进展, 并在 2016 年对新发现的 113, 115, 117 和 118 元素进行了命名. 我们知道稳定的超重元素的存在是由于原子核的壳效应, 因为根据液滴模型, 随着核子数的增加, 对应的库仑排斥力也增加, 因此不可能存在这么重的元素. "超重岛"的位置与原子核单粒子结构有着密切的关系. 因此, 与元素合成实验一样, 核谱学实验研究在寻找"超重岛"的工作中也非常重要, 然而至今为止, 关于超重核结构的信息几乎没有找到. 所以人们建议, 通过研究超镄核区原子核, 尤其是通过研究它们的激发态结构可以获得关于超重核单粒子结构有用的信息. 束内光谱学和 α 衰变或同核异能态衰变对应的光谱学已用来研究 $Z \approx 100$ 和 $N \approx 150 \sim 160$ 核的结构, 并积累了大量的实验数据. 这些核实际上不是真正的超重核, 但是它们就在超重核区的门口, 并且实验发现它们具有较大、较好的形变. 例如, 实验提取的四极形变参数为 $\beta = 0.25 \sim 0.30$. 由于形变效应, 对"超重岛"的位置较重要的球形子壳中的单粒子轨道可能将接近这些超镄核的费米面, 因此研究这些变形的超镄核可能给超重核的研究提供一个间接手段. 除此之外, 超镄核的核谱学实验还表明该核区有可能存在更加奇特的形变, 例如非轴对称八极形变, 即土豆形, 该形状已被我们的 RASM 模型得到了再现, 并进一步被多维约束协变密度泛函理论证实. 超镄核区得到的这些所有实验数据将对超重核理论提供重要的约束. 我们将采用 PTES 方法和 TPSM 方法对 Z=100 核的 Yrast 带和它们的 γ 自由度进行系统的分析, 主要讨论角动量投影和形状变化同时考虑的情况对 Z=100 核转动带的性质带来什么样的影响.

7.1　$^{246\sim256}$Fm 同位素 Yrast 带 PTES 描述

7.1.1　计算参数的选取

目前, 超重核区甚至是超镄核区的单粒子状态都是未知的. 本工作中, 我们采用的单粒子状态是基于壳模型的单粒子状态, 它是通过使用变形的 Nillson 势构建的, 相应的 Nillson 参数 κ, μ, 取自文献 [82], 如表 7.1 所示. 该区采用以上参数给出的单粒子状态与大家常采用的另外一个单粒子势, 即 Wodds-Saxon 势给出的单粒子状态一致. 这里, 我们没有考虑十六极形变, 取为 0. 单极对力强度取为 $G_0 = \left(20.12 \mp 13.13\dfrac{N-Z}{A}\right)/A$(其中, 负号对应中子, 正号对应质子), 四极对力强度 G_2 取为与单极对力强度 G_0 成正比, 即 $G_2 = fG_0$, 通常 $f = 0 \sim 0.2$, 在我们的计算中取为 0.13, 这些参数的取值基本与其他关于超重核的投影壳模型计算一致.

表 7.1 Nilsson 单粒子能级势参数

N	质子		中子	
(主壳层)	κ	μ	κ	μ
0	0.120	0.0	0.120	0.0
1	0.120	0.0	0.120	0.0
2	0.105	0.0	0.105	0.0
3	0.090	0.25	0.090	0.30
4	0.070	0.39	0.065	0.57
5	0.062	0.43	0.060	0.65
6	0.062	0.34	0.054	0.69
7	0.062	0.26	0.054	0.69
8	0.062	0.26	0.054	0.69

7.1.2 $^{246\sim256}$Fm 同位素 Yrast 带的 PTES 计算

我们采用在第 5 章中介绍的 PTES 方法对 $^{246\sim256}$Fm 同位素的 Yrast 带进行了系统的计算. 我们的计算是对特定的角动量进行的, 对不同的角动量都可以给出对应的 PTES 位能面等势图, 再通过取极小点对应的形变值来确定该状态下的可能形变. 作为示例, 我们以 ^{248}Fm 核基带带头 $I^\pi = 0^+$ 为例, 给出 PTES 位能面等势图, 见图 7.1. 从图 7.1 可以看出, 该位能面有极小点, 对应的形变参数为 $(\varepsilon_2 = 0.27, \gamma = 14°)$, 表明存在较大的拉长形变, 也有一定的三轴形变. 采用相同的方法我们对 $^{246\sim256}$Fm 同位素每个核 Yrast 带不同角动量 $(I^\pi = 0^+, 2^+, \cdots, 30^+)$ 进行了 PTES 计算, 得到的极小点对应的形变参数见表 7.2. 从表 7.2 可以看出, 形变参数随着角动量的变化不太明显, 说明是比较好的转子. 那么在这些核中什么时候才会发生带交叉、粒子破对呢? 为此, 我们还对这些核进行了准粒子真空态下的 PTES 计算, 计算结果如表 7.3 所示. 从表 7.3 可以看出, 形变参数随着角动量的变化基本保持不变. 利用表 7.2 和 7.3 的结果我们还分别计算了 $^{246\sim256}$Fm 同位素的 Yrast 带和基带, 如图 7.2 所示. 我们的计算不仅很好地再现了实验结果, 而且通过比较准粒子真空态下的计算和组态混合下的计算, 可以看出 $I \geqslant 26$ 两种计算结果才开始有些分歧, 表明这时开始两准粒子才起作用. 为了进一步说明以上讨论的问题, 我们还计算了 $^{246\sim256}$Fm 同位素的 i_x 值, 并与实验值进行了比较, 如图 7.3 所示. 图 7.3 说明 $^{246\sim256}$Fm 核确实是好转子, 虽然实验没有观测到很高的自旋态, 但是理论计算表明当 $I > 26$ 时开始 i_x 出现突然增加, 表明将有粒子破对.

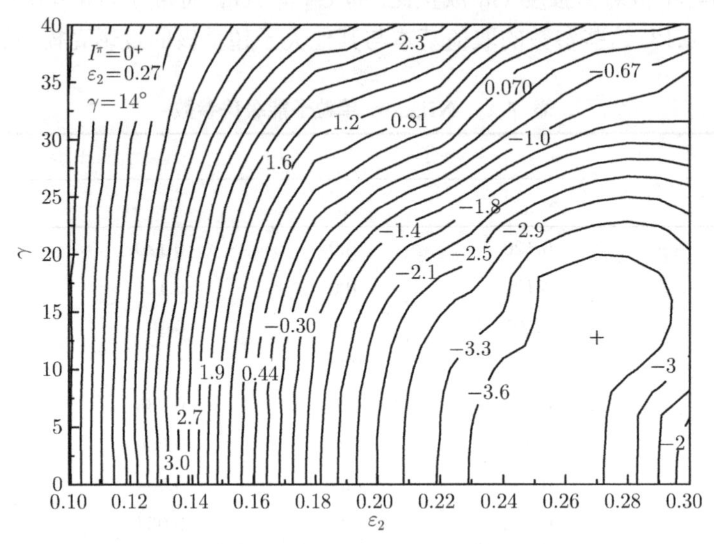

图 7.1 组态混合情况下, ^{248}W Yrast 带带头总位能面等势图. “+”对应极小点

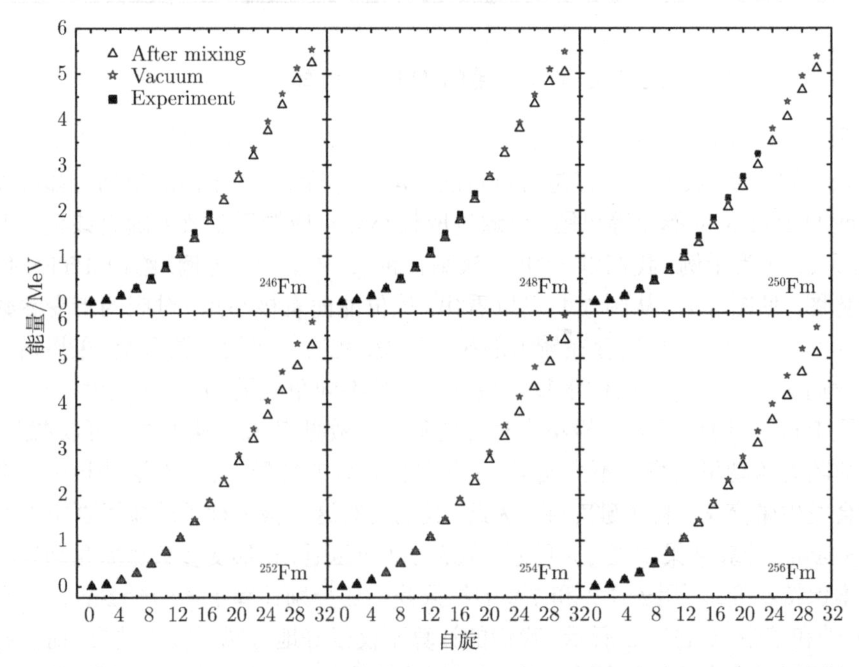

图 7.2 $^{246\sim256}$Fm Yrast 带 PTES 计算结果与实验比较 (图中黑色实心方块为实验值, 而黑色三角形为组态混合下的理论计算值, 空心星形位准粒子组态下的理论计算值)

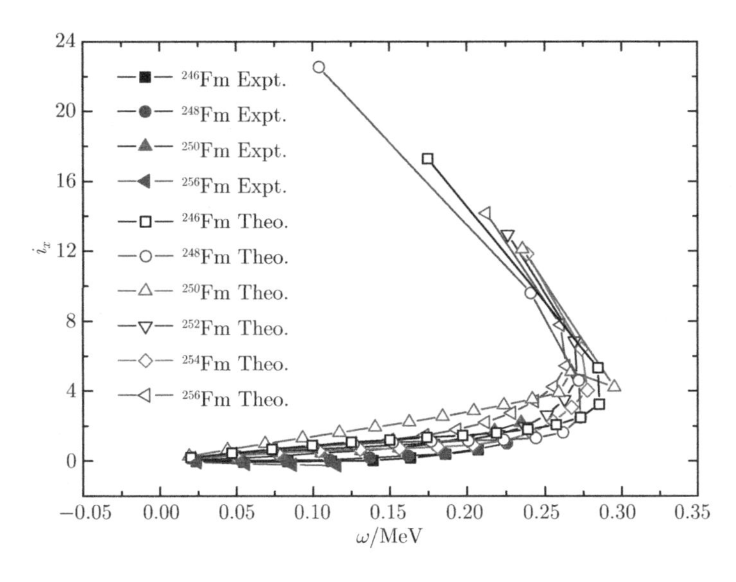

图 7.3 $^{246\sim256}$Fm Yrast 带顺排角动量随着角频率的变化与实验比较图 ($J_0 = 65\hbar^2\text{MeV}^{-1}$, $J_1 = 160\hbar^4\text{MeV}^{-1}$)

表 7.2 的结果中值得注意的是, 我们对 $^{246\sim256}$Fm 的 PTES 计算给出了一定的三轴形变, 平均约 10°. 这个结果也应该是在我们的理论中考虑了由角动量投影相关的超越平均场效应的结果, 关于该核区 γ 自由度的进一步讨论将在下一节中给出.

表 7.2 $^{246\sim256}$Fm 同位素 Yrast 态 PTES 位能面极小点对应的形变参数

	I^π	0^+	2^+	4^+	···	14^+	16^+	18^+	20^+	22^+	···	30^+
^{246}Fm	ε_2	0.28	0.28	0.28	···	0.28	0.28	0.28	0.28	0.28	···	0.28
	γ	12°	12°	12°	···	12°	12°	12°	12°	12°	···	12°
^{248}Fm	ε_2	0.27	0.27	0.27	···	0.27	0.27	0.27	0.27	0.27	···	0.27
	γ	14°	14°	14°	···	14°	14°	14°	14°	14°	···	14°
^{250}Fm	ε_2	0.25	0.25	0.25	···	0.25	0.25	0.25	0.25	0.25	···	0.25
	γ	8°	8°	8°	···	6°	6°	6°	6°	6°	···	6°
^{252}Fm	ε_2	0.24	0.24	0.24	···	0.28	0.28	0.28	0.28	0.23	···	0.24
	γ	10°	10°	10°	···	6°	6°	6°	6°	8°	···	8°
^{254}Fm	ε_2	0.24	0.24	0.24	···	0.24	0.24	0.28	0.28	0.28	···	0.28
	γ	10°	10°	10°	···	10°	10°	8°	8°	8°	···	8°
^{256}Fm	ε_2	0.24	0.24	0.25	···	0.25	0.25	0.28	0.28	0.28	···	0.28
	γ	10°	10°	12°	···	10°	10°	10°	10°	10°	···	10°

表 7.3　$^{246\sim256}$Fm同位素基态 PTES 位能面极小点对应的形变参数(准粒子真空态计算)

	I^π	0^+	$\cdots$	6^+	$\cdots$	14^+	16^+	18^+	20^+	22^+	22^+	26^+	$\cdots$
^{246}Fm	ε_2	0.27	$\cdots$	0.28	$\cdots$	0.28	0.28	0.28	0.28	0.28	0.28	0.28	$\cdots$
	γ	12°	$\cdots$	12°	$\cdots$	12°	12°	12°	12°	12°	12°	12°	$\cdots$
^{248}Fm	ε_2	0.27	$\cdots$	0.27	$\cdots$	0.27	0.27	0.27	0.27	0.27	0.27	0.28	$\cdots$
	γ	14°	$\cdots$	14°	$\cdots$	14°	14°	14°	14°	14°	14°	14°	$\cdots$
^{250}Fm	ε_2	0.25	$\cdots$	0.25	$\cdots$	0.25	0.25	0.25	0.25	0.25	0.25	0.25	$\cdots$
	γ	8°	$\cdots$	8°	$\cdots$	8°	6°	6°	6°	6°	6°	4°	$\cdots$
^{252}Fm	ε_2	0.24	$\cdots$	0.24	$\cdots$	0.24	0.24	0.24	0.24	0.28	0.28	0.29	$\cdots$
	γ	10°	$\cdots$	10°	$\cdots$	10°	10°	10°	8°	6°	6°	6°	$\cdots$
^{254}Fm	ε_2	0.24	$\cdots$	0.24	$\cdots$	0.24	0.28	0.28	0.28	0.28	0.28	0.28	$\cdots$
	γ	10°	$\cdots$	10°	$\cdots$	10°	8°	8°	8°	8°	6°	6°	$\cdots$
^{256}Fm	ε_2	0.24	$\cdots$	0.25	$\cdots$	0.25	0.25	0.28	0.28	0.28	0.28	0.28	$\cdots$
	γ	10°	$\cdots$	12°	$\cdots$	10°	10°	10°	10°	8°	8°	8°	$\cdots$

7.2　$^{246\sim256}$Fm 同位素 γ 自由度

TRS 位能面理论已被广泛用于研究高速转动的原子核形状, 是基于平均场近似, 不包括超越平均场效应的典型核模型. 因此, 我们的 PTES 计算结果有必要与 TRS 计算结果进行比较. 作为示例, 我们给出了对 ^{248}Fm 原子核当 $\omega = 0.02\omega_0$ 时的 TRS 位能面等势图, 结果如图 7.4 所示, 由图可以确定出其极小点的形变值为 $(\varepsilon_2 = 0.24, \gamma \sim 2°)$. 给出的拉长形变也较大, 但基本上是轴对称的. 可是我们的 PTES 位能面计算方法却得到一定的三轴形变, 达到了 $\gamma = 14°$. 为了说明引起三轴形变的原因, 图 7.5 分别给出了液滴 + 壳修正能和转动能 (只给出了 I^π=4^+) 的能量等势图. 从液滴 + 壳修正能等势图 (图 7.5(a)) 可以看出, 其极小点对应的形变值 γ=0°, 这在某种程度上说明了液滴 + 壳修正能在三轴形变的形成中并没有起任何作用. 而从转动能 (I^π=4^+) 等势图 (图 7.5(b)) 可以看出, 它使原子核往大的拉长形变及大的 γ 方向驱动. 因此, 可以认为在 ^{248}Fm 核三轴形变的形成中其转动能起了很重要的作用. PTES 计算结果表明我们的方法能给出比 TRS 方法大的 γ 形变, 在计算 A ~130 区原子核和 A ~170 区原子核时也得到了相同的结论, 再一次表明角动投影对应的超越平均场效应在原子核的三轴形变中起着重要的作用.

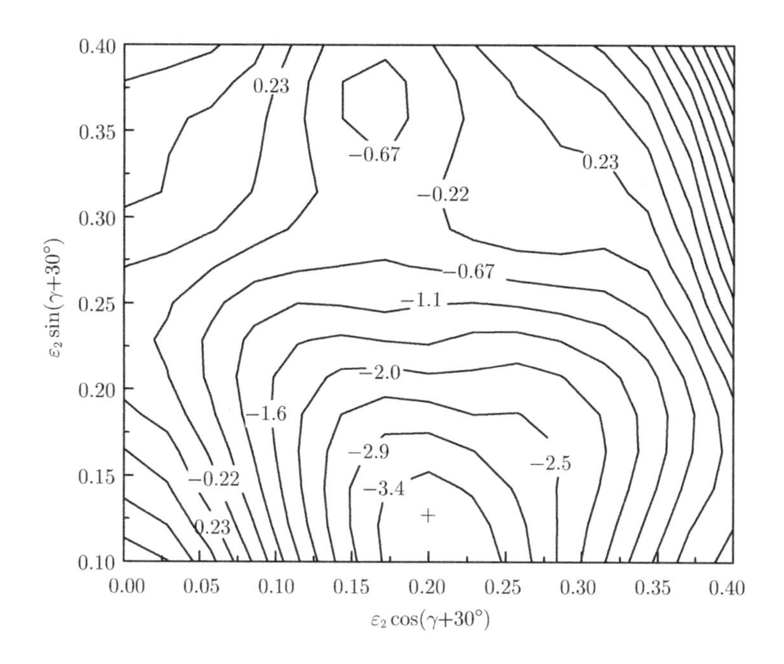

图 7.4 $\omega=0.02\omega_0$ 时 ^{248}Fm 总 Routhian 等势图. "+" 为极小点

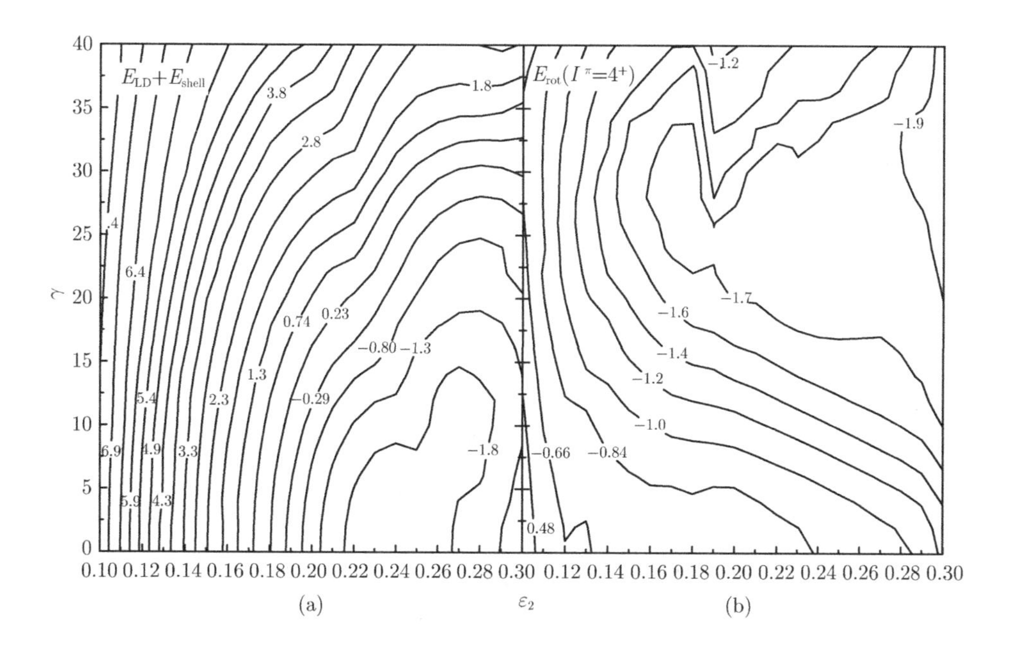

图 7.5 总位能面分解后各部分的能量曲面等势图: (a) 液滴能 + 壳修正能, (b) 转动能

为了进一步说明角动投影对应的超越平均场效应在原子核 ^{248}Fm 的三轴形变中起到的作用, 我们还计算了位能面随形变参数变化, 计算结果如图 7.6 所示 (包括了投影前后的结果). 从图 7.6(a) 可以看出, 在 $\epsilon_2 = 0.255$ 时位能面出现极小值, 而从图 7.6(b) 可以看出, 投影前原子核在 $\gamma = 0°$ 时能量有极小值, 这表明该原子核是轴对称的, 然而, 投影后的位能面图给出了截然不同的结果, 即对所有角动量取值情况下, 小 γ 对应的能量几乎是一个常数, 直到大于 18°, 能量才慢慢变大. 这表明投影后的 ^{248}Fm 已变得 γ 非常软. 这个现象进一步说明角动量投影在三轴形变上的重要性, 支持了我们以上的结论.

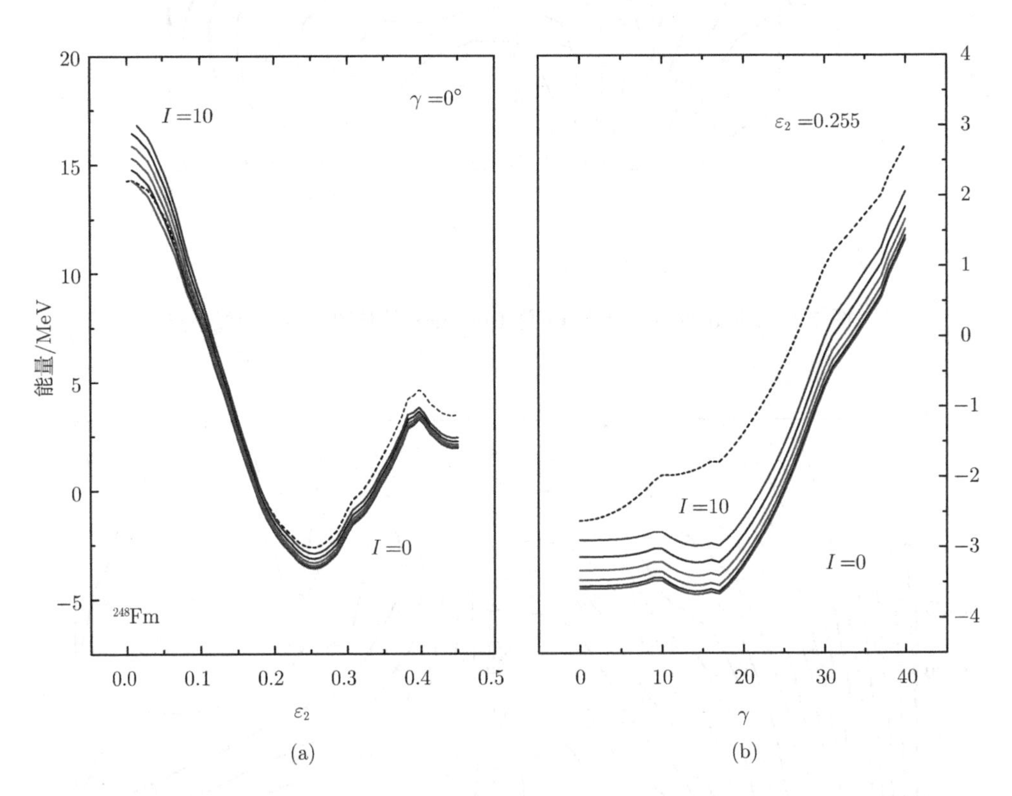

图 7.6　角动量 I 分别取 $I = 0, 2, 10$ 时位能面曲线图: (a) 位能面随 ϵ_2 的变化曲线 ($\gamma = 0°$); (b) 位能面随 γ 变化的曲线 ($\epsilon_2 = 0.255$). 实线 (虚线) 对应投影后 (前) 的情况

另外, 实验上已观测到 ^{254,256}Fm 原子核较低 γ 带, 可以看作是这些核存在相当大的三轴形变的间接证据. 在 γ 带的 TPSM 计算中, 拉长形变 ε_2 取与它们的基态 ($I^\pi = 0^+$) 一样的值, 而 γ 形变参数取使计算再现实验 γ 带的值. 例如, 对 ^{254}Fm $\gamma = 25°$, 对 ^{256}Fm $\gamma = 23°$. 我们的 TPSM 计算很好地再现了实验 γ 带的

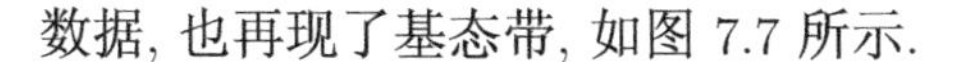
数据, 也再现了基态带, 如图 7.7 所示.

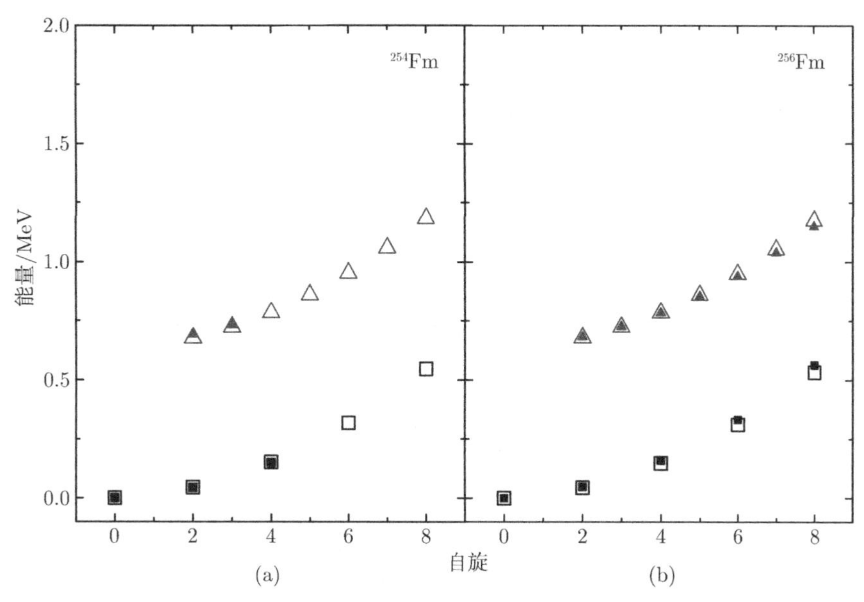

图 7.7 ^{254,256}Fm 原子核基带及其 γ 带能谱计算结果与实验比较 (图中空心图标为实验值, 而实心图标为理论计算值)

7.3 小 结

无论是超重核的合成还是“超重岛”的寻找, 都离不开研究超重核的单粒子结构, 然而关于超重核单粒子结构的实验信息至今几乎为零. 因此, 我们希望通过研究超镄核区原子核的结构与性质来获得超重核有用的关于其结构 (如单粒子结构) 的信息. 本次工作中我们采用 PTES 方法和 TPSM 方法, 系统地对 $^{246\sim256}$Fm 同位素的 Yrast 带以及 γ 自由度进行了较详细的描述. 计算中我们采用 Nillson 势来构建 Fm 核单粒子结构, 计算得到的结果很好地再现了 Yrast 带以及 γ 带的实验数据. 与 PTES 方法在 $^{170\sim178}$W 同位素 Yrast 态上的应用一样, 我们给出了一定的三轴形变, 得出了相同的结论, 即转动对称性的恢复在具有非轴对称形状的原子核的平均场计算中起着至关重要的作用. 这已经通过角动量投影后的变分技术在 PTES 方法中得到实现. 被称为超越平均场效应的角动量投影允许我们建立具有确定自旋和宇称的总能量曲面.

第 8 章 投影后变分方法在时间反演不对称的平均场中的应用

理论上, 人们可以通过求薛定谔方程来获得量子多体体系的波函数, 相互作用壳模型 (Full Shell Model) 就是基于这个思想. 然而, 由于计算量的问题, 相互作用壳模型目前为止只能应用于较小的组态空间. 为了解决这一问题, 人们引进了近似方法, 如蒙特卡罗方法、壳模型空间阶段方法等.

除了这些近似方法以外, 我们也可以应用投影技术, 在 HFB 真空态的基础上做一个或多个对称性投影. 这一思想已将在 VAMPIR 方法 [140] 和之前的投影后变分 (VAP)[141] 方法中得以应用. 在 VAMPIR 方法中, 计算结果最好的是, 对于一个单 HFB 真空态的 GCV 方法, 这里的 HFB 转化参量是完全无限制的 (变量 d 是复数). 然而, GCV 在做质子数、中子数和角动量投影时要处理五重积分, 这需要花费大量的时间. 另外, 在文献 [141] 中已经表明, 角动量投影比同位旋投影和粒子数投影要重要得多. 所以, 我们提出一个更简单的 VAP 方法, 在 HF 真空态的基础上只做角动量投影. 这只需要处理三重积分, 而且这种方法对 sd-壳的原子核基态能量的计算比壳模型给出的基态能量值只高出不到 1.5MeV(图 8.4). 另外, 在原来的 VAP 方法中保持了 HFB 真空态和 HF 真空态的时间反演对称性. 这导致了我们的 VAP 方法仅仅局限于计算偶偶核的偶自旋态. 为了用一致的方法来描述奇奇核、奇-A 核和偶偶核的晕态, 我们考虑到在 VAP 计算中将时间反演对称性进行破缺. 还有, 在目前的计算中, 我们意识到 HF 转化参数 (d) 是实数时, 即使我们进行了时间反演对称性破缺还是不够的. 例如, 在转化参数为实数的 HF 真空态的基础上, 我们无法通过 VAP 方法计算得到偶偶核 1^+ 态的能量值. 在我们考虑了转化参数 (d) 是复数后, 这一问题就不存在了. 为了得到投影能量的最小值, 我们需要计算能量的一阶偏导数, 就像 VAMPIR 中的计算一样. 然而, 在实际计算中, 我们注意到, 在时间反演对称性破缺的平均场中, 很难获得 VAP 能量的收敛值. 我们期待, 这一问题能通过求投影能量的二阶偏导数时得到解决. 幸运的是, 我们新发展的技术实现了关于二阶偏导数这一猜想. 确实, 通过求解能量的二阶偏导数, 我们的 VAP 方法计算的能量收敛值更加稳定.

8.1 在时间反演不对称平均场中的投影后变分方法

首先, 我们可以任意选取一个 HFB 真空态 $|\varPhi_0\rangle$, 并假定 $|\varPhi_0\rangle$ 是归一化的波函

数. 与 $|\Phi_0\rangle$ 相对应的准粒子算符表示为 $\beta^\dagger_{0,\mu}$ 和 $\beta_{0,\mu}$. 根据 Thouless 定理 [142], 我们可以将 $|\Phi_0\rangle$ 转换为一个新的 HFB 真空态 $|\Phi\rangle$ (对应的单准粒子算符表示为 $\beta^\dagger_\mu$ 和 β_μ). 形式如下:

$$|\Phi\rangle = \mathcal{N}\mathrm{e}^{\frac{1}{2}\sum_{\mu\nu} d_{\mu\nu}\beta^\dagger_{0,\mu}\beta^\dagger_{0,\nu}}|\Phi_0\rangle = \mathcal{N}\mathrm{e}^{\frac{1}{2}\sum_{\mu\nu} d_{\mu\nu}A^\dagger_{\mu\nu}}|\Phi_0\rangle, \tag{8.1}$$

为了简化, 这里我们定义粒子对算符:

$$\begin{cases} A^\dagger_{\mu\nu} = \beta^\dagger_{0,\mu}\beta^\dagger_{0,\nu}, & (8.2)\\ A_{\mu\nu} = (\beta^\dagger_{0,\mu}\beta^\dagger_{0,\nu})^\dagger = \beta_{0,\nu}\beta_{0,\mu}, & (8.3)\end{cases}$$

这里 $\mathcal{N}$ 是归一化因子, 所以 $\langle\Phi|\Phi\rangle = 1$. d 为反对称矩阵, 其矩阵元是决定 $|\Phi\rangle$ 的变分参量. 我们可以通过改变 $d_{\mu\nu}$ 矩阵元来改变波函数 $|\Phi\rangle$. 这里, 我们定义是复数, 形式如下:

$$d_{\mu\nu} = x_{\mu\nu} + \mathrm{i}y_{\mu\nu}, \tag{8.4}$$

其中, $x_{\mu\nu}$ 和 $y_{\mu\nu}$ 均为实数.

然后, 对波函数 $|\Phi\rangle$ 进行粒子数投影和角动量投影, 可以得到投影态 $P^N P^Z P^J_{MK}|\Phi\rangle$. 这里, P^N, P^Z 和 P^J_{MK} 分别是中子数、质子数和角动量投影算符. 而试探波函数可以写为由投影态展开的形式:

$$|\Psi_{J,M}\rangle = \sum_K f_K P^N P^Z P^J_{MK}|\Phi\rangle = \sum_K f_K P^S_{MK}|\Phi\rangle, \tag{8.5}$$

为简化公式, 记 $P^N P^Z P^J_{MK} \equiv P^S_{MK}$. 相对应的投影能量就可以写为

$$E_J = \frac{\langle\Psi_{J,M}|\hat{H}|\Psi_{J,M}\rangle}{\langle\Psi_{J,M}|\Psi_{J,M}\rangle} = \frac{\sum_{K'K} f^*_{K'} f_K H_{K'K}}{\sum_{K'K} f^*_{K'} f_K N_{K'K}}, \tag{8.6}$$

其中,

$$H_{K'K} = \langle\Phi|\hat{H}P^S_{K'K}|\Phi\rangle, \tag{8.7}$$

$$N_{K'K} = \langle\Phi|P^S_{K'K}|\Phi\rangle. \tag{8.8}$$

事实上 E_J 和相应的 f_K 参数可以通过求解 Hill-Wheeler(HW) 方程得到

$$\sum_K (H_{K'K} - E_J N_{K'K}) f_K = 0. \tag{8.9}$$

f_K 参数也满足归一化条件,

$$\langle\Psi_{J,M}|\Psi_{J,M}\rangle = \sum_{K'K} f^*_{K'} f_K N_{K'K} = 1. \tag{8.10}$$

明显, E_J 和 f_K 参数是关于 d 矩阵的函数. 而在 VAMPIR 方法则认为 f_K 是独立的系数, 与 $d_{\mu\nu}$ 无关.

我们期待能够找到一个适当的 d 矩阵, 使得能量 E_J 的值达到最小值. 这可以通过投影后变分 (VAP) 来实现, 其中要求出能量 E_J 的一阶偏导数.

首先, 我们对等式 (8.9) 和 (8.10) 的两边求关于 $x_{\mu\nu}$ 的一阶偏导数, 进而得到一系列线性方程:

$$\begin{aligned}
&\frac{\partial E_J}{\partial x_{\mu\nu}}\sum_K N_{K'K}f_K-\sum_K\frac{\partial f_K}{\partial x_{\mu\nu}}(H_{K'K}-E_JN_{K'K})\\
=&\sum_K\left(\frac{\partial H_{K'K}}{\partial x_{\mu\nu}}-E_J\frac{\partial N_{K'K}}{\partial x_{\mu\nu}}\right)f_K, \qquad (8.11)\\
&\sum_K(f^*_{K'}\frac{\partial f_K}{\partial x_{\mu\nu}}+\frac{\partial f^*_{K'}}{\partial x_{\mu\nu}}f_K)N_{K'K}\\
=&-\sum_K f^*_{K'}f_K\left(\frac{\partial N_{K'K}}{\partial x_{\mu\nu}}\right), \qquad (8.12)
\end{aligned}$$

$\dfrac{\partial H_{K'K}}{\partial x_{\mu\nu}}$ 和 $\dfrac{\partial N_{K'K}}{\partial x_{\mu\nu}}$ 的值我们可以通过求下列展开式而获得:

$$\frac{\partial H_{K'K}}{\partial x_{\mu\nu}}=\langle\Phi|\hat{H}P^S_{K'K}A^\dagger_{\mu\nu}|\Phi\rangle+\langle\Phi|A_{\mu\nu}\hat{H}P^S_{K'K}\Phi\rangle-2H_{K'K}\mathrm{Re}\langle\Phi|A^\dagger_{\mu\nu}|\Phi\rangle, \quad (8.13)$$

$$\frac{\partial N_{K'K}}{\partial x_{\mu\nu}}=\langle\Phi|P^S_{K'K}A^\dagger_{\mu\nu}|\Phi\rangle+\langle\Phi|A_{\mu\nu}P^S_{K'K}\Phi\rangle-2N_{K'K}\mathrm{Re}\langle\Phi|A^\dagger_{\mu\nu}|\Phi\rangle, \quad (8.14)$$

等式 (8.13) 和 (8.14) 右侧的矩阵元可以通过我们新发展的方法来进行数值计算. 解 (8.11) 和 (8.12) 式组成的方程组, 就可以得到 $\dfrac{\partial E_J}{\partial x_{\mu\nu}}$ 和 $\dfrac{\partial f_K}{\partial x_{\mu\nu}}$.

对于 $\dfrac{\partial E_J}{\partial y_{\mu\nu}}$ 和 $\dfrac{\partial f_K}{\partial y_{\mu\nu}}$, 存在与 (8.11) 和 (8.12) 式相同的形式, 但是我们需要将 $x_{\mu\nu}$ 替换为 $y_{\mu\nu}$. 这里, $\dfrac{\partial H_{K'K}}{\partial y_{\mu\nu}}$ 和 $\dfrac{\partial N_{K'K}}{\partial y_{\mu\nu}}$ 可以书写为

$$\begin{aligned}
\frac{\partial H_{K'K}}{\partial y_{\mu\nu}}=&\mathrm{i}(\langle\Phi|\hat{H}P^S_{K'K}A^\dagger_{\mu\nu}|\Phi\rangle-\langle\Phi|A_{\mu\nu}\hat{H}P^S_{K'K}\Phi\rangle)\\
&-2\mathrm{i}H_{K'K}\mathrm{Im}\langle\Phi|A^\dagger_{\mu\nu}|\Phi\rangle, \qquad (8.15)\\
\frac{\partial N_{K'K}}{\partial y_{\mu\nu}}=&\mathrm{i}(\langle\Phi|P^S_{K'K}A^\dagger_{\mu\nu}|\Phi\rangle-\langle\Phi|A_{\mu\nu}P^S_{K'K}\Phi\rangle)\\
&-2\mathrm{i}N_{K'K}\mathrm{Im}\langle\Phi|A^\dagger_{\mu\nu}|\Phi\rangle, \qquad (8.16)
\end{aligned}$$

另外, 人们还可以直接通过等式 (8.6) 来求解 E_J 的一阶偏导数:

$$\frac{\partial E_J}{\partial x_{\mu\nu}}=\frac{\sum_{K'K}\left[f_{K'}^*f_K\left(\frac{\partial H_{K'K}}{\partial x_{\mu\nu}}-E_J\frac{\partial N_{K'K}}{\partial x_{\mu\nu}}\right)\right]}{\langle\Psi_{J,M}|\Psi_{J,M}\rangle}+\frac{\sum_{K'K}\left[\left(\frac{\partial f_{K'}^*}{\partial x_{\mu\nu}}f_K+f_{K'}^*\frac{\partial f_K}{\partial x_{\mu\nu}}\right)(H_{K'K}-E_JN_{K'K})\right]}{\langle\Psi_{J,M}|\Psi_{J,M}\rangle}, \tag{8.17}$$

上述等式右边的第二部分, 由于 HW 方程, 所以有

$$\frac{\partial E_J}{\partial x_{\mu\nu}}=\frac{\sum_{K'K}\left[f_{K'}^*f_K\left(\frac{\partial H_{K'K}}{\partial x_{\mu\nu}}-E_J\frac{\partial N_{K'K}}{\partial x_{\mu\nu}}\right)\right]}{\langle\Psi_{J,M}|\Psi_{J,M}\rangle}. \tag{8.18}$$

如果将 $x_{\mu\nu}$ 换成 $y_{\mu\nu}$, 上述等式仍然成立, 我们的数值计算表明, 通过等式 (8.18) 与通过 (8.11) 和 (8.12) 式得到的能量 E_J 的一阶偏导数完全相同. 通过等式 (8.11) 和 (8.12) 得到的 $\frac{\partial f_K}{\partial x_{\mu\nu}}$ 和 $\frac{\partial f_K}{\partial y_{\mu\nu}}$ 在计算中几乎没起作用, 所以人们更喜欢用等式 (8.18). 然而, $\frac{\partial f_K}{\partial x_{\mu\nu}}$ 和 $\frac{\partial f_K}{\partial y_{\mu\nu}}$ 在我们求 E_J 的二阶偏导数时却起到了作用, 如 Hessian 矩阵, 在数值最优化中, 二阶偏导数起到了至关重要的作用. 第一, 它可以检验得到的收敛值是极小值、极大值还是鞍点值. 在目前的工作中, 我们希望找到能量的极小值, 如果得到的是极小值, 那么二阶偏导数是正定的或者半正定的 (二阶偏导数大于等于 0). 然而这不是我们关心的, 因为 VAP 能量的极小值不是唯一的. 我们可以假设, 如果一个态 $|\Phi\rangle$ 处在能量的最小值, 那么转动态 $|\Phi'\rangle=\hat{R}(\Omega)|\Phi\rangle$ 对应相同的能量值. 明显, $|\Phi\rangle$ 和 $|\Phi'\rangle$ 有不同的 d 矩阵. 因此, 我们的 Hessian 矩阵必须是半正定的.

在准粒子牛顿方法中, 最小值通常被认为是唯一的. 相应的, 近似的二阶偏导数在最小值被认为是正定的. 我们已经将 BFGS 算法应用于前期的计算中, 而且它在时间反演对称的平均场中起到了作用. 然而, 在目前的工作中, 时间反演对称性破缺, BFGS 收敛得非常慢, 有时甚至根本无法得到收敛值. 在这种情况下, 我们又回到了牛顿方法, 那里二阶偏导数需要精确计算. 二阶偏导数的推导更加复杂. 我们可以直接在一阶偏导数 (8.18) 式的基础上求 E_J 关于 $x_{\mu\nu}$ 的二阶偏导数, 得到

$$\frac{\partial^2 E_J}{\partial x_{\mu\nu}\partial x_{\mu'\nu'}}=\sum_{K'K}f_{K'}^*f_K\left(\frac{\partial^2 H_{K'K}}{\partial x_{\mu\nu}\partial x_{\mu'\nu'}}-E_J\frac{\partial^2 N_{K'K}}{\partial x_{\mu\nu}\partial x_{\mu'\nu'}}\right)$$

$$
\begin{aligned}
&-\sum_{K'K} f_{K'}^* f_K \left(\frac{\partial E_J}{\partial x_{\mu\nu}} \frac{\partial N_{K'K}}{\partial x_{\mu'\nu'}} + \frac{\partial E_J}{\partial x_{\mu'\nu'}} \frac{\partial N_{K'K}}{\partial x_{\mu\nu}} \right) \\
&-\sum_{K'K} \left(\frac{\partial f_{K'}^*}{\partial x_{\mu\nu}} \frac{\partial f_K}{\partial x_{\mu'\nu'}} + \frac{\partial f_{K'}^*}{\partial x_{\mu'\nu'}} \frac{\partial f_K}{\partial x_{\mu\nu}} \right) \times (H_{K'K} - E_J N_{K'K}).
\end{aligned} \tag{8.19}
$$

值得注意的是, 我们将用 (8.11) 式来获得 (8.19) 式. (8.19) 式中的矩阵元 $\dfrac{\partial^2 H_{K'K}}{\partial x_{\mu\nu}\partial x_{\mu'\nu'}}$ 和 $\dfrac{\partial^2 N_{K'K}}{\partial x_{\mu\nu}\partial x_{\mu'\nu'}}$ 的推导详见文献 [143]. 另外, 我们也需要计算 $\dfrac{\partial^2 E_J}{\partial x_{\mu\nu}\partial y_{\mu'\nu'}}$ 和 $\dfrac{\partial^2 E_J}{\partial y_{\mu\nu}\partial y_{\mu'\nu'}}$ 与 (8.19) 式的形式相同, 但是 $x_{\mu\nu}$(或 $x_{\mu'\nu'}$) 需替换为 $y_{\mu\nu}$(或 $y_{\mu'\nu'}$).

一旦得到了 E_J, E_J 的一阶偏导数和二阶偏导数, E_J 的最小化就变成了优化问题, 可以用域算法来解决.

8.2 计算结果及分析

在目前的计算中, 我们将 $|\varPhi_0\rangle$ 和 $|\varPhi\rangle$ 简化为 HF Slater 行列式 (SD), 所以不用进行粒子数投影, 只需要进行角动量投影, 这节省了很多计算时间. 建立一个初始的 $|\varPhi_0\rangle$ Slater 行列式是我们进行 VAP 计算的出发点. 对于球形的单粒子基, 在一个 M-维的空间中, 通常可以被标记为 $|i\rangle \equiv |Nljm\rangle$, 而与其相对应的产生和消灭算符分别标记为 $c_i^\dagger$ 和 c_i. 根据 Peter Ring 和 Peter Schuck 所著的教材 *The Nuclear Many-Body Problem*[142], 关于 HFB 的转换可以写为

$$
\begin{pmatrix} c \\ c^\dagger \end{pmatrix} = \begin{pmatrix} U_0 & V_0^* \\ V_0 & U_0^* \end{pmatrix} \begin{pmatrix} \beta_0 \\ \beta_0^\dagger \end{pmatrix} = \begin{pmatrix} U & V^* \\ V & U^* \end{pmatrix} \begin{pmatrix} \beta \\ \beta^\dagger \end{pmatrix}. \tag{8.20}
$$

值得注意的是, 在 HFB 的转换中, 我们并没有将质子和中子混合. 最简单的 HFB 转换是 $U = I$ 和 $V = 0$, 其中 I 是单位矩阵. 相应的真空态是真正的真空态 $|0\rangle$, 即 $c_i|0\rangle = 0$. 基于这样的 HFB 转换, 将矩阵 U 和矩阵 V 的前 $n(\leqslant M)$ 列互相交换, 进而能够得到一对新的矩阵 U 和矩阵 V. 因此, 相对应的真空态就可以写成 $|\varPhi_{00}\rangle \equiv \prod_{i=1}^n c_i^\dagger|0\rangle$. 例如, Slater 行列式占有最前面的 n 个轨道, 相应的产生和消灭算符变为

$$
\beta_{00,\mu}^\dagger = \begin{cases} c_\mu^\dagger, \mu > n, \\ c_\mu, \mu \leqslant n. \end{cases} \tag{8.21}
$$

现在, $|\varPhi_0\rangle$ Slater 行列式可以通过 Thouless 定理从 $|\varPhi_{00}\rangle$ 中获得.

$$
|\varPhi_0\rangle = \mathcal{N}_0 \mathrm{e}^{\frac{1}{2}\sum_{\mu\nu} d_{0,\mu\nu}\beta_{00,\mu}^\dagger\beta_{00,\nu}^\dagger}|\varPhi_{00}\rangle, \tag{8.22}
$$

为了保证粒子数是好的量子数, 与非零参量的 $\beta^{\dagger}_{00,\mu}\beta^{\dagger}_{00,\nu}$ 对不能改变粒子数. 换言之, 由 (8.21) 式中的 $d_{0,\mu\nu}$ 对应的 μ 和 ν 必须满足 $\mu > n$ 和 $\nu \leqslant n$, 或者 $\mu \leqslant n$ 和 $\nu > n$. 这种限制对公式 (8.1) 中的 d 矩阵同样适用. 考虑到 d 是反对称矩阵, 可以很容易计算由 $D_{\rm VAP}$ 表示的独立 $d_{\mu\nu}$ 矩阵元的数量, 可以具体地表示为

$$D_{\rm VAP} = N(M_N - N) + Z(M_Z - Z), \tag{8.23}$$

这里, N 和 Z 分别表示价中子数和价质子数;M_N 和 M_Z 分别是质子和中子的空间维度数. 注意, 对一个给定的原子核, $D_{\rm VAP}$ 与自旋无关. 例如, sd- 壳的 ^{24}Mg 壳模型空间, 对所有自旋下都是 $D_{\rm VAP} = 64$. 由于 $d_{\mu\nu}$ 是复数, 故独立的 VAP 参量数目是 $2D_{\rm VAP}$. 所以初始的 $|\Phi_0\rangle$ Slater 行列式, 通过在公式 (8.22) 中任意地选择非零参量 $d_{0,\mu\nu}$ 而随机地建立起来.

我们在 VAP 计算刚开始时, 通过设置公式 (8.1) 中的 d 为零, 使得 $|\Phi\rangle = |\Phi_0\rangle$. 然后开始进行变分, 直到 E_J 的一阶偏导数的值小于 0.1keV 时, 迭代终止. 这是一个非常重要且严格的条件, 以保证最后得到收敛的能量能够到达精确的最小值. 而且, 为了确定找到真正的最小能量值, 我们通过不同的初始态来进行多次 VAP 计算. 我们将所有的收敛值收集起来, 找出最低的能量值. 我们把这个最低的能量值作为最终的结果.

由于在 HF 平均场中时间反演对称性破缺, 目前的 VAP 可以推广到偶偶核的奇自旋态, 奇-A 核和奇奇核的所有 Yrast 态. 目前的计算我们采用的是 USDB 哈密顿量 [144]. 作为试例, 计算了 ^{24}Mg, ^{25}Mg, ^{26}Mg 和 ^{26}Al 原子核的所有自旋态下的 Yrast 态能量. 这些原子核分别代表了偶偶核, 奇-A 核和奇奇核. 所有的计算都用的是相同的计算程序. VAP 的能量值和壳模型的能量值体现在图 8.1 中. 我们应该提醒, 在高自旋态的计算中, 有一个新的困难, 就是规范的高 K 投影态通常是非常小的. 这导致在处理 VAP 矩阵元时出现了大量的计算错误. 为了避免这一困难, 我们实际上省略了这些 $K \geqslant 5$ 的投影组态. 从图 8.1 可以看出, VAP 的计算结果与壳模型给出的精确结果非常接近. 然而我们只用了单 Slater 行列式而且只做了角动量投影. 目前的结果表明, 角动量投影是建立良好的壳模型近似的关键.

为了更加清楚地展现出 VAP 和 SM 之间的差异, 我们还计算了 $E_{\rm VAP} - E_{\rm SM}$ 的值, 如图 8.2 所示, 清晰地给出了其值随角动量 J 的变化趋势. 角动量在 (($J \leqslant 6$) 时, 能量差 $E_{\rm VAP} - E_{\rm SM}$ 的值在 200~600keV 范围内. 然而, 随着自旋的逐渐增高, 能量差却逐渐减小, 甚至到最高的两个自旋时, 能量差变成了 0. $E_{\rm VAP} - E_{\rm SM}$ 的这种行为, 我们猜测可能与壳模型的组态空间取值有一定的关系, 如图 8.3 所示. VAP 方法中组态空间的维度数是不随角动量的改变而改变的. 换句话说, 对于一个给定的原子核, VAP 方法中变分参量 $d_{\mu\nu}$ 矩阵元的数目不依赖于自旋. 而壳模型的组态空间维度是角动量的函数. 从图 8.3 我们可以看到, 在 $J > 4$ 范围时, 体系的壳

模型空间维度数随着角动量 J 的增加而减小. 这样类似的倾向表明, 如果壳模型组态空间越小, 那么 VAP 的波函数与壳模型的波函数越相近. 然而, 对于 $J \leqslant 4$, 情况就有所不同了. 壳模型的空间维度数会随着 J 的增加而增加. 但是, $E_{\mathrm{VAP}} - E_{\mathrm{SM}}$ 的值却大致保持不变. 对此, 我们认为基态可能是一个超流动态, 而一个 Slater 行列式不能充分说明对效应. 这可能就是 $E_{\mathrm{VAP}} - E_{\mathrm{SM}}$ 没有随着壳模型组态空间的缩小而减少的一个原因.

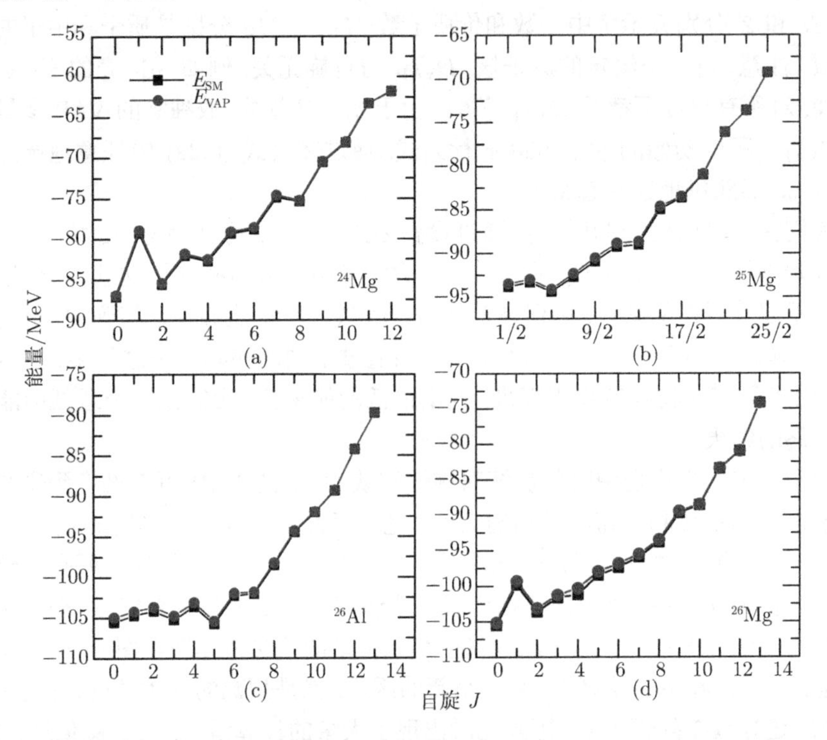

图 8.1 原子核 ^{24}Mg, ^{25}Mg, ^{26}Al 和 ^{26}Mg 的 VAP 能量计算值 E_{VAP} 和壳模型能量计算值 E_{SM} 的对比图

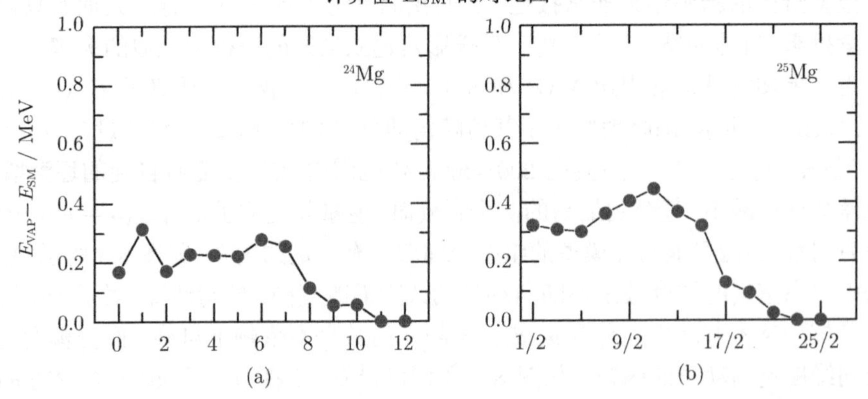

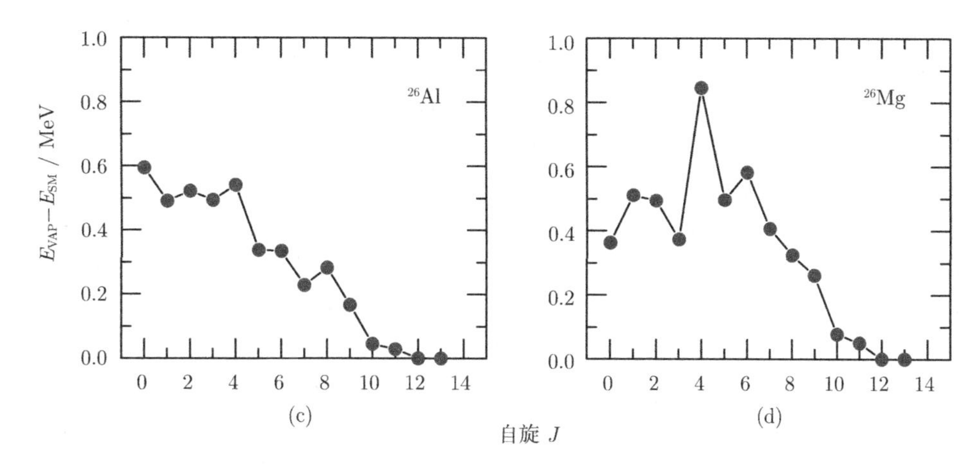

图 8.2 原子核 ^{24}Mg, ^{25}Mg, ^{26}Al 和 ^{26}Mg 的 VAP 能量 E_{VAP} 和壳模型能量 E_{SM} 的能量差随角动量的变化情况

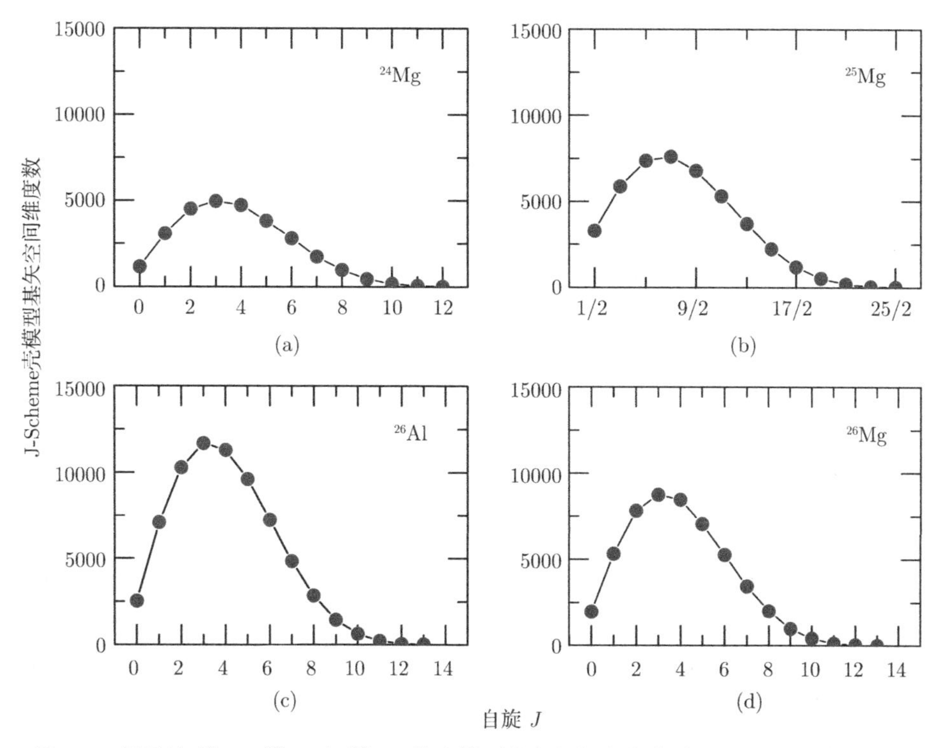

图 8.3 原子核 ^{24}Mg, ^{26}Al 和 ^{26}Mg 的壳模型的空间组态维度随角动量 J 的变化情况

然而, 在前期的 VAP 计算中, 我们在 HFB 真空态的基础上做了角动量 (J), 同位旋 (T) 和粒子数 (A) 投影, 即 JTA 投影. 具有 JTA 投影的 VAP 理论正确地

解释了对效应. 但是在 VAP-JTA 计算时, 所选的 HFB 平均场保持了时间反演对称性, 变分参量 $d_{\mu\nu}$ 是实数, $e^{i\pi\hat{J}_z}$ 具有轴对称性等特点, 因此, 这个 VAP-JTA 的计算只能用于偶偶核的偶自旋的计算. 在上面的约束下, 对于整个 sd- 壳偶偶核的计算, VAP-JTA 参数的数目是 42. 将 $J = 0$ 时的能量差 $E_{\text{JTA}} - E_{\text{SM}}$ 与目前的 $E_{\text{VAP}} - E_{\text{SM}}$ 相比较, 如图 8.4 所示. 我们意外地发现, 尽管 VAP-JTA 在 HFB 真空态的基础上做了所有量子数的投影, 但是目前的 VAP 能量还是比 E_{JTA} 大能量要低. 然而, 目前的 VAP 计算中, HF 平均场同时破坏了时间反演对称性、轴对称性和转动 $e^{i\pi\hat{J}_z}$ 不变性, 而且变分参量 $d_{\mu\nu}$ 是复数. 这使得参数的数目为 $2D_{\text{VAP}}$, 要比 VAP-JTA 大很多. 因此, 目前的 VAP 波函数可能比壳模型波函数有更大的叠积. 然而, 如果我们假设对 VAP-JTA 做与目前的 HF 平均场一样的限制, 这会相对减少 VAP 的参数. 因此, 相应的 VAP 能量 E_{PHF} 已经在文献 [141] 中计算过了, 也在图 8.4 中给出, 比 E_{JTA} 和 E_{VAP} 都高, 但是其与壳模型的差值任然在 1.5MeV 之内.

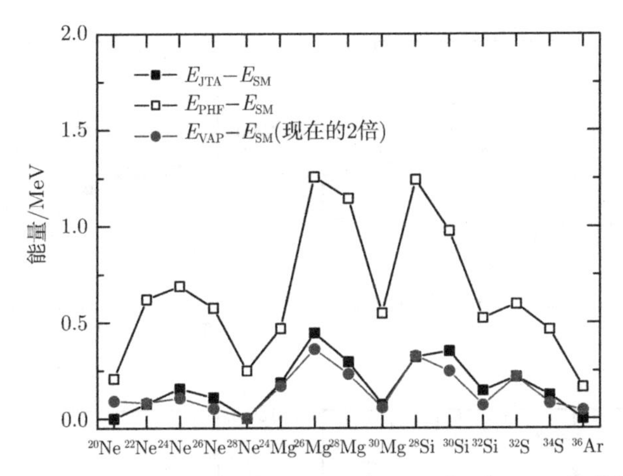

图 8.4 现在的 VAP 能量 E_{VAP}, 原来的 VAP 能量 E_{JTA}[141] 和 E_{PHF}[141] 相对于壳模型能量 E_{SM} 的差值比较图

为了检验二阶偏导数是半正定的或者没有达到能量极小值, 我们计算了 Hessian 的本征值 λ_i, 如图 8.5 所示. 初始的 HF 真空态 $|\varPhi_0\rangle$ 的本征值可能是正的或是负的. 这意味着 Hessian 矩阵是不确定的. 另外, 我们能看到几乎一半的本正值都是 0. 这证明 Hessian 在能量最小时是半正定的.

目前的 VAP 波函数实际是一个投影的 Slater 行列式, 见 (8.10) 式, 这里除去了粒子数投影算符 P^N 和 P^Z, 而且 $|\varPhi\rangle$ 能够由一个 Slater 行列式替代, 看上去是原子核波函数的简单形式, 可以应用于重核的计算.

采用这种 VAP 波函数, 我们还可以计算其他可观察量. 作为初步应用, 我们采用图 8.1 中的能量计算了 $B(E2: I \longrightarrow I-2)$ 的值, 如图 8.6 所示. 从图 8.6 可以看出, VAP 方法计算得到的 $B(E2)$ 的值与壳模型给出的结果十分接近. 这进一步表明目前的 VAP 方法波函数是壳模型波函数非常好的近似.

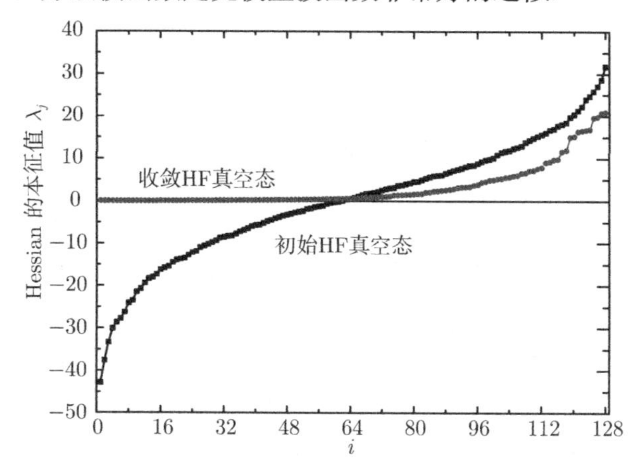

图 8.5 原子核 ^{24}Mg 基态投影能量的 Hessian 矩阵本征值

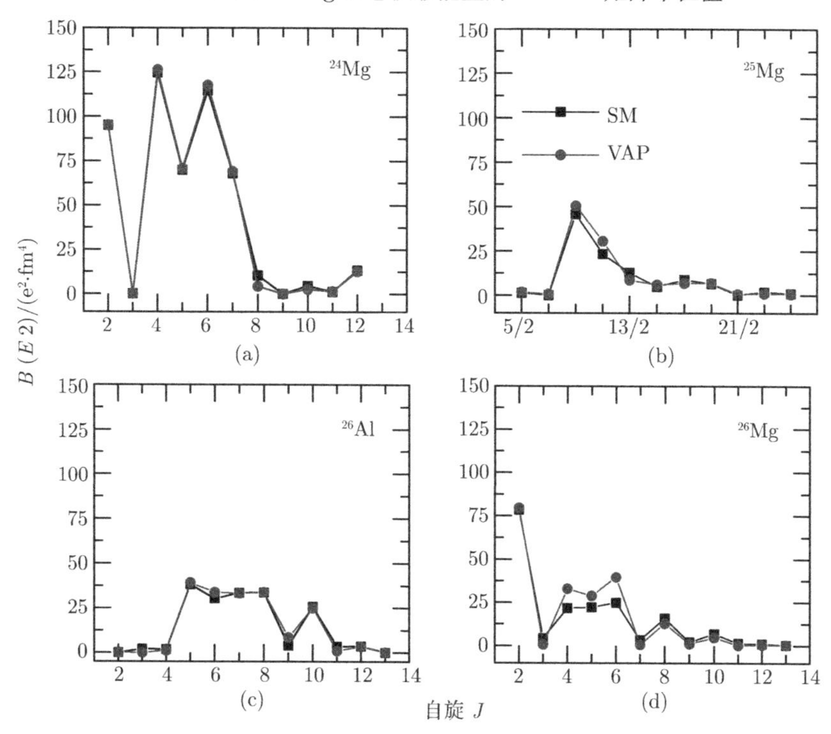

图 8.6 图 8.6 中的 VAP 能量和壳模型能量计算的 $B(E2: I \rightarrow I-2)$ 值比较图, 有效电荷分别取 $e_n = 0.5e, e_p = 1.5e$, 振荡值取为 $\hbar\omega = 45A^{-1/3} - 25A^{-2/3}$ (MeV). (实心圈对应 VAP 计算, 实心方块对应壳模型计算)

8.3 小结

基于时间反演对称性破缺的 HF Slater 行列式, 我们成功建立了新的 VAP 计算技术. 这种方法可以应用于计算不同的原子核 (包括偶偶核, 奇奇核, 奇-A 核) 的 Yrast 态. 在目前的 VAP 中, 我们成功地计算了 Hessian 矩阵和投影能量的一阶偏导数, 这使 VAP 计算的收敛值更加稳定. 尽管只做了角动量投影, 目前的 VAP 方法仍然是壳模型的非常好的近似, 甚至比原来的同时考虑角动量、同位旋和粒子数投影的 VAP-JTA 结果更好. 这再次证明了, 角动量投影是建立壳模型近似的关键. 我们期待通过对多个 SD 行列式进行投影, 将这种方法进一步发展. 这样不仅可以提高目前的计算效果, 同时使得这种方法推广到激发态成为可能, 像 VAMPIR 激发态的计算那样, 但是 VAMPIR 方法中, HFB 真空态是时间反演对称和轴对称的, 这使计算量会减少. 在我们的方法里, 我们计划用时间反演对称和轴对称破缺的 HF SD 行列式来进行计算. 这一工作正在进行, 我们期望新的 VAP 计算结果在不久的将来可以给出非晕态的计算.

参 考 文 献

[1] Anderson G, et al. Nucl. Phys. A, 1976, **268**: 205

[2] Bengtsson K, et al. Phys. Lett. B, 1975, **57**: 310

[3] Polikanov S M, et al. Sov. Phys. JETP, 1962, **15**: 1016

[4] Twin P J. Phys. Rev. Lett., 1986, **57**: 811

[5] Möller P, Nilsson S G, Sheline R K. Phys. Lett. B, 1972, **40**: 329

[6] Pashkevich V V. Nucl. Phys. A, 1971, **169**: 275; Berger J F, et al. Nucl. Phys. A, 1989, **502**: 85c; Pal M K. Nucl. Phys. A, 1993, **556**: 201

[7] Chen Y S, Sun Y, Gao Z C. Phys. Rev. C, 2008, **77**: 061305(R)

[8] Liu C, Wang S Y, et al. Phys. Rev. Lett., 2016, **116**: 112501

[9] Bringle P, Englehardt C, et al. Phys. Rev. C, 2007, **75**: 044306

[10] 陈永寿. 核技术, 1989, **12**(8/9):498

[11] Hackman G, et al. Phys. Rev. Lett., 1997, **79**: 4100

[12] Bengtsson R, et al. Nucl. Phys. A, 1987, **473**: 77

[13] Rutz K, et al. Nucl. Phys. A, 1994, **590**: 680

[14] Blons J, et al. Phys. Rev. Lett., 1978, **41**: 1282

[15] Blons J, et al. Phys. Rev. Lett., 1975, **35**: 1749

[16] Krasznahorkay A, et al. Phys. Lett. B, 1999, **461**: 15

[17] Krasznahorkay A ,et al. Phys. Lett. B, 1998, **80**: 2073

[18] Byrski T, et al. Phys. Rev. Lett., 1990, **64**: 1650

[19] Nazarewicz W, et al. Phys. Rev. Lett., 1990, **64**: 1654

[20] Stephens F S, et al. Nucl. Phys. A, 1990, **520**: 91c

[21] Stephens F S, et al. Phys. Rev. Lett., 1991, **66**: 1378

[22] Baktash C, Haas B, Nazarewicz W. Ann. Rev. Nucl. Part. Sci., 1995, **45**: 485

[23] Szymanski Z. Phys. Rev. C, 1995, **51**: R1090

[24] Baktash C, et al. Nucl. Phys. A, 1993, **557**: 145c

[25] Stephens F S, et al. Phys. Rev. C, 1998, **57**: R1565

[26] Baktash C, et al. Phys. Rev. Lett., 1992, **69**: 1500

[27] Flibotte S, et al. Phys. Rev. Lett., 1993, **71**: 4299

[28] Hamamoto I, Mottelson B. Phys. Lett. B, 1994, **333**: 294

[29] Cederval B, et al. Phys. Rev. Lett., 1994, **72**: 3150

[30] Cederval B, et al. Phys. Lett. B, 1995, **346**: 240

[31] Krüchen R, et al. Phys. Rev. C, 1996, **54**: R2109

[32] Semple A T, et al. Phys. Rev. Lett., 1996, **76**: 3671

[33] Haslip D S, et al. Phys. Rev. Lett., 1997, **78**: 3447

[34] Yan J, et al. Phys. Rev. C, 1993, **48**: 1046

[35] Schnack-Petersen H, et al. Nucl. Phys. A, 1995, **594**: 175

[36] Schmitz W, et al. Nucl. Phys. A, 1992, **539**: 112
[37] Schmitz W, et al. Phys. Lett. B, 1992, **303**: 230
[38] Yang C X, et al. Euro. Phys. J. A, 1998, **1**: 237
[39] Wu X G, et al. Chin. Phys. Lett., 1997, **14**: 17
[40] Bringel P, et al. Euro. Phys. J. A, 2003, **16**: 155
[41] Törmänen S, et al. Phys. Lett. B, 1999, **454**: 8
[42] Li Y. Master Thesis, 2003
[43] Amro H, et al. Phys. Lett. B, 2001, **506**: 39
[44] Sarantites D G, et al. Phys. Rev. C, 1998, **57**: R1
[45] Ya T, et al. Nucl. Phys. A, 2010, **848**: 260-278
[46] ϕdegård S W, et al. Phys. Rev. Lett., 2001, **86**: 5866
[47] Bohr A, Mottelson B R . New York: Nuclear Structure Vol Ⅱ, 1975
[48] Lagergren K, et al. Phys. Rev. Lett., 2001, **87**: 022502
[49] 刘祖华, 杨春祥. 高能物理与核物理, 2000, **24**: 541
[50] Frauendorf S, Meng J. Nucl. Phys. A, 1997, **617**: 131
[51] Frauendorf S. Rev. Mod. Phys., 2001, **73**: 463
[52] 孟杰, 张双全. 原子核物理评论, 2001, **18**(2): 65
[53] Dimitrov V I, et al. Phys. Rev. Lett., 2000, **84**: 5732
[54] Koike T, et al. Phys. Rev. C, 2001, **63**: 061304(R)
[55] Starosta K, et al. Phys. Rev. Lett., 2001, **86**: 971
[56] Tonev D, et al. Phys. Rev. Lett., 2006, **96**: 052501
[57] Petrache C M, et al. Phys. Rev. Lett., 2006, **96**: 112502
[58] Ayangeakaa A D, et al. Phys. Rev. Lett., 2013, **110**: 172504
[59] Kuti I, et al. Phys. Rev. Lett., 2014, **113**: 032501
[60] Hamamoto I, et al. Phys. Rev. C, 2002, **65**: 044305
[61] Asaro F, Stephens F S, Perlman I. Phys. Rev., 1953, **92**: 1495
[62] Stephens F S, Asaro F, Perlman I. Phys. Rev., 1954, **96**: 1568; 1955, **100**: 1543
[63] Lee K, Inglis D R. Phys. Rev., 1957, **108**: 774
[64] Butler P A, Nazarewicz W. Rev. Mod. Phys., 1996, **68**: 349
[65] Alder K, et al. Rev. Mod. Phys., 1956, **28**: 432
[66] Li X, Dudek J. Phys. Rev. C, 1994, **49**: R1250
[67] Yamagami M, Matsuyanagi K. Report No. KUNS, 1998: 1529
[68] Takami S, Yabana K, Hamamoto I. Phys. Lett. B, 1998, **431**: 242
[69] Dudek J, Gozdz A, Schunck N, Miskiewicz M. Phys. Rev. Lett., 2002, **88**: 252502
[70] Dudek J, et al. Phys. Rev. Lett., 2006, **97**: 072501
[71] Xing-Lai C H E, et al. Chin. Phys. Lett., 2006, **23**(2):328
[72] Mayer M G. Phys. Rev., 1949, **75**: 1968; Haxel O J, Jensen J H D, Suess H E.Phys. Rev., 1949, **75**: 1766; Mayer M G, Jensen J D. Elementary Theory of Nuclear Shell

Structure. New York: JohnWiley Sons, 1955; de-Shalit A, Talmi I. Nuclear Shell Theory. New York and London: Academic Press, 1963
[73] Inglis D R. Phys. Rev., 1954, **96**: 1059; Phys. Rev., 1956, **103**: 1786
[74] Bengtsson R, Bengtsson T, et al. Nucl. Phys. A, 1994, **569**: 469
[75] Jensen D R, et al. Nucl. Phys. A, 2002, **703** : 3
[76] Jensen D R, et al. Phys. Rev. Lett., 2002, **89**: 142503
[77] Bringel P, et al. Eur. Phys. J. A, 2003, **16**: 155
[78] Schönwaβer G, et al. Phys. Lett. B, 2003, **552**: 9
[79] Schönwaβer G, et al. Nucl. Phys. A, 2004, **735**: 445
[80] Zhang Y C, Ma W C, et al. Phys. Rev. C, 2007, **76**: 064321
[81] Hartley D J, Janssens R V, et al. Phys. Rev. C, 2009, **80**: 041304(R)
[82] Bengtsson T, Ragnarsson I. Nucl. Phys. A, 1985, **436**: 14
[83] Törmänen S, et al. Phys. Lett. B, 1999, **454**: 8
[84] Bringel P, et al. Phys. Rev. C, 2007, **75**: 044306
[85] Bengtsson R, et al. Eur. Phys. J. A, 2004, **22**: 355
[86] Pattabiraman N S, et al. Phys. Lett. B, 2007, **647**: 243
[87] Wang X, et al. Phys. Rev. C, 2007, **75**: 064315
[88] Chen Y S, Gao Z C. Phys. Rev. C, 2000, **63**: 014314
[89] Elliott J P. Proc. Roy. Soc., 1968, **245**: 128, 557
[90] Hara K, Iwasaki S. Nucl. Phys. A, 1979, **332**: 61; Hara K, Iwasaki S. Nucl. Phys. A, 1980, **348**: 200; Iwasaki S, Hara K. Prog. Theor. Phys., 1982, **68**: 1782; Hara K, Iwasaki S. Nucl. Phys. A, 1984, **430**: 175; Hara K, Sun Y. Nucl. Phys. A, 1991, **529**: 445; Hara K, Sun Y. Nucl. Phys. A, 1991, **531**: 221; Hara K, Sun Y. Nucl. Phys. A, 1992, **537**: 77; Hara K, Sun Y. Int. J. Mod. Phys., 1995, **E4**: 637
[91] Sun Y, Zhang J Y, Guidry M. Phys. Rev. Lett., 1997, **78**: 2321
[92] Myers W D, Swiatecki W. Ark. Fys., 1967, **361**: 343
[93] Myers W D, Swiatecki W. Nucl. Phys. A, 1966, **81**: 1
[94] Strutinsky V M. Nucl. Phys. A, 1967, **95**: 420
[95] Strutinsky V M. Nucl. Phys. A, 1968, **122**: 1
[96] Gao Z C, Chen Y S, Sun Y. Phys. Lett. B, 2006, **634**: 195
[97] Sheikh J A, Hara K. Phys. Rev. Lett., 1999, **82**: 3968
[98] Orce J N, Bruce A M, et al. Phys. Rev. C, 2006, **74**: 034318
[99] Wyss R, Granderath A, et al. Nucl. Phys. A, 1989, **505**: 337
[100] Podolyyak Z S, et al. Phys. Lett. B, 2000, **491**: 225
[101] Camaano M, et al. Eur. Phy. J. A, 2005, **23**: 201
[102] Walker P M, Xu T R. Phys. Lett. B, 2006, **635**: 286
[103] Mcgowan F K, Johnson N R, et al. Nucl Phys. A, 1991, **530**: 490
[104] Mcgowan F K, Johnson N R, et al. Nucl Phys. A, 1994, **580**: 335

[105] Möller P, Bengtsson R, et al. Phys. Rev. Lett., 2006, **97**:162502
[106] Möller P, Sierk A J, Bengtsson R, et al. Atomic Data and Nuclear Data Tables, 2012, **98**: 149
[107] Gao Z C, Horoi M, Chen Y S. Phys. Rev. C, 2015, **92**: 064310
[108] Bender M, Heenen P H. Phys. Rev. C, 2008, **78**: 024309
[109] Bally B, Avez B, Bender M, et al. Phys. Rev. Lett., 2014, **113**: 162501
[110] Rodríguez T R, Egido J L. Phys. Rev. C, 2010, **81**: 064323
[111] Rodríguez T R. Phys. Rev. C, 2014, **90**: 034306
[112] Delaroche J P, Girod M, Libert J, er al. Phys.Rev. C, 2010, **81**: 014303
[113] Yao J M, Meng J, Ring P, et al. Phys. Rev. C, 2010, **81**: 044311
[114] Nomura K, Shimizu N, Vretenar D, et al. Phys. Rev. Lett., 2012, **108**: 132501
[115] Nikšić T, Marević P, Vretenar D. Phys. Rev. C, 2014, **89**: 044325
[116] Lönnroth T, Vajda S, et al. Z. Phys. A, 1984, **317**: 215
[117] 图雅. 奇奇核 ^{168}Lu 高自旋态及引起三轴超形变的微观机制. 内蒙古民族大学硕士毕业论文, 2004
[118] Paul E S, Boston A J, et al. Nucl. Phys. A, 1997, **619**: 177
[119] Kirwan A J, Bishop P J, et al. J. Phys. G, 1989, **15**: 85
[120] Clark R M, Lee I Y, et al. Phys. Rev. Lett., 1996, **76**: 3510
[121] Santos D, Gizon J, et al. Phys. Rev. Lett., 1995, **74**: 1708
[122] Hammarén E, Schmid K W, et al. Nucl. Phys. A, 1986, **454**: 301
[123] Rao M N, Johnson N R, et al. Phys. Rev. Lett., 1986, **57**: 667
[124] Wyss R, Bengtsson R, Nyberg J, et al. Private Communication, 1989
[125] Mcgowan F K, Johnson N R, et al. Nucl. Phys. A, 1991, **530**: 490
[126] Espino J, Garrett J D, et al. Nucl. Phys. A, 1994, **567**: 377
[127] Apranamian A, Sun Y. Nature Phys., 2005, **1**: 80
[128] Walker P M, Carroll J. J. Phys. Today, 2005, **58**: 39
[129] Walker P M, Dracoulis G D. Nature, 1999, **399**: 35
[130] Sherman M S. Science Technol. Rev., 2005, 24
[131] Ahmad I, Banar J C, Becker J A, et al. Phys. Rev. C, 2005, **71**: 024311
[132] Jain, Sheline and Sood.Rev. Mod. Phys., 1990, **62**: 400
[133] Hayes A B, Cline D, Wu C Y, et al. Phys. Rev. Lett. 2002, **89**: 242501
[134] Mullins S M, Dracoulis G D, Byrne A P, et al. Phys. Lett. B, 1997, **400**: 401
[135] Mullins S M, Dracoulis G D, Byrne A P, et al. Phys. Lett. B, 1997, **393**: 279
[136] Sun Y, Zhou X R, et al. Phys. Lett. B, 2004, **589**: 83
[137] Bengtsson R, Frauendorf S, May F R. At Data Nucl. Data Tables, 1986, **35**: 15
[138] Möller P, Bengtsson R, et al. Phys. Rev. Lett., 2006, **97**: 162502
[139] 王竹溪, 郭敦仁. 特殊函数概论. 北京：科学出版社, 1965: 364
[140] Schmid K W. Prog. Part. Nucl. Phys., 2004, **52**: 565

[141] Gao Z C, Horoi M, Chen Y S. Phys. Rev. C, 2015, **82**: 064310

[142] Ring P, Schuck P. The Nuclear Many-Body Problem. New York, Heidelberg, Berlin: Springer Verlag, 1980

[143] Ya T, et al. Phys. Rev. C, 2017, **95**, 064307

[144] Brown B A, Richter W A. Phys. Rev. C, 2006, **74**: 034315

附录一　非轴对称 Nilsson 单粒子能级

椭球形谐振子哈密顿量为

$$H_{s.p.}=\frac{P^2}{2m}+\frac{1}{2}m(\omega_x^2x^2+\omega_y^2y^2+\omega_z^2z^2),\tag{A.1}$$

如果引进四极形变 (ε_2,γ) 以及拉长坐标系 (ξ,η,ζ), 则可以重新表示为

$$H_{s.p.}=\frac{1}{2}\hbar\omega_0(-\varDelta_t+\rho^2)+\sqrt{\frac{2\pi}{15}}\hbar\omega_0\rho^2\left[\varepsilon_{22}(Y_{22}+Y_{2-2})-\sqrt{\frac{8}{3}}\varepsilon_{20}Y_{20}\right],\tag{A.2}$$

加上自旋–轨道耦合项 $l\cdot s$ 和 l^2 项即得到非轴对称的四极形变 Nilsson 单粒子哈密顿量为

$$\begin{aligned}H_{s.p.}=&\frac{1}{2}\hbar\omega_0(-\varDelta_t+\rho^2)+\sqrt{\frac{2\pi}{15}}\hbar\omega_0\rho^2\left[\varepsilon_{22}(Y_{22}+Y_{2-2})-\sqrt{\frac{8}{3}}\varepsilon_{20}Y_{20}\right]\\&-\kappa\hbar\omega_{00}\left[2\boldsymbol{l}\cdot\boldsymbol{s}+\mu(\boldsymbol{l}^2-\langle\boldsymbol{l}^2\rangle_N)\right],\end{aligned}\tag{A.3}$$

其中, $\hbar\omega_{00}\approx 41A^{-1/3}(\mathrm{MeV})$, 在 (A.3) 式基础上还可以加上八极形变 (P_3) 和十六极形变 (P_4) 项, 最后可以得到非轴对称形变 Nilsson 哈密顿量的表达式:

$$\begin{aligned}H_{s.p.}=&\frac{1}{2}\hbar\omega_0(-\varDelta_t+\rho^2)+\sqrt{\frac{2\pi}{15}}\hbar\omega_0\rho^2\left[\varepsilon_{22}(Y_{22}+Y_{2-2})-\sqrt{\frac{8}{3}}\varepsilon_{20}Y_{20}\right]\\&+\rho^2(\varepsilon_3P_3+\varepsilon_4P_4)-\kappa\hbar\omega_{00}\left[2\boldsymbol{l}\cdot\boldsymbol{s}+\mu(\boldsymbol{l}^2-\langle\boldsymbol{l}^2\rangle_N)\right].\end{aligned}\tag{A.4}$$

选取球形谐振子本征波函数 $|Nlj\varOmega\rangle$ 为基底是方便的, (A.4) 式中各项在基底 $|Nlj\varOmega\rangle$ 上的矩阵元容易算出:

$$\langle Nlj\varOmega|\boldsymbol{l}\cdot\boldsymbol{s}|Nlj\varOmega\rangle=\frac{1}{2}\left[j(j+1)-l(l+1)-\frac{3}{4}\right],\tag{A.5}$$

$$\langle Nlj\varOmega|\boldsymbol{l}^2-\langle\boldsymbol{l}^2\rangle_N|Nlj\varOmega\rangle=l(l+1)-N(N+3)/2.\tag{A.6}$$

球形谐振子径向波函数

$$R_{nl}(\rho)=\sqrt{\frac{2n!}{\varGamma(l+3/2+n)}}\rho^l\mathrm{e}^{-\frac{\rho^2}{2}}L_n^{l+1/2}(\rho^2),\tag{A.7}$$

其中 $L_n^{\mu}(z)$ 称为 Laguerre 多项式, 由如下积分公式 [139]:

$$\int_0^\infty z^\lambda \mathrm{e}^{-z} L_n^\mu(z) L_{n'}^{\mu'}(z)\mathrm{d}z$$
$$=(-1)^{(n+n')}\Gamma(\lambda+1)\sum_k \begin{pmatrix} \lambda-\mu \\ n-k \end{pmatrix}\begin{pmatrix} \lambda-\mu' \\ n'-k \end{pmatrix}\begin{pmatrix} \lambda+k \\ k \end{pmatrix} \tag{A.8}$$

可得

$$\int_0^\infty R_{nl}(\rho)\rho^\lambda R_{n'l'}(\rho)\rho^2\mathrm{d}\rho \tag{A.9}$$
$$=\sqrt{\frac{n!n'!}{\Gamma(l+3/2+n)\Gamma(l'+3/2+n')}}(-1)^{n+n'}\Gamma\left(\frac{l+l'+3+\lambda}{2}\right)$$
$$\times\sum_k \begin{pmatrix} (l'-l+\lambda)/2 \\ n-k \end{pmatrix}\begin{pmatrix} (l-l'+\lambda)/2 \\ n'-k \end{pmatrix}\begin{pmatrix} (l'+l+1+\lambda)/2+k \\ k \end{pmatrix}, \tag{A.10}$$

其中

$$\begin{pmatrix} x \\ n \end{pmatrix} = \frac{x(x-1)\cdots(x-n+1)}{n!}. \tag{A.11}$$

另外, 我们有

$$\langle l'j'||Y_\lambda||lj\rangle=(-1)^{l+l'+j-j'}\left[\frac{(2\lambda+1)(2j+1)}{4\pi(2j'+1)}\right]^{1/2}\langle j1/2\lambda_0|j'1/2\rangle\left[\frac{1+(-1)^{l+l'+\lambda}}{2}\right]$$
$$=(-1)^{l+l'}\left[\frac{(2\lambda+1)}{4\pi}\right]^{1/2}\langle j'1/2\lambda_0|j1/2\rangle\left[\frac{1+(-1)^{l+l'+\lambda}}{2}\right], \tag{A.12}$$

并应用 Winger-Eckart 定理

$$\langle l'j'\Omega'|Y_{\lambda\mu}|lj\Omega\rangle = \langle j\Omega\lambda\mu|j'\Omega'\rangle\langle l'j'||Y_\lambda||lj\rangle, \tag{A.13}$$

可以求得矩阵元 $\langle Nlj\Omega|\rho^2 Y_{\lambda\mu}|N'l'j'\Omega'\rangle$.

求得 Nilsson 哈密顿量矩阵元后, 应用对角化程序可以求得 Nilsson 能级及其波函数. 下面简单介绍一下对角化.

为了方便, 本书记 $c^\dagger(c)$ 为球形单粒子产生 (湮灭) 算符, $b^\dagger(b)$ 为 Nilsson 单粒子产生 (湮灭) 算符, 粒子真空态记为 $|0\rangle$, 于是有

$$H_{sp}b_\nu^\dagger|0\rangle = \varepsilon_\nu b_\nu^\dagger|0\rangle, \quad b_\nu^\dagger = \sum_\alpha W_{\nu\alpha}c_\alpha^\dagger \ \ (\alpha = Nlj\Omega). \tag{A.14}$$

H_{sp} 具有时间反演不变性, $b_{\bar{i}}^\dagger|\rangle$ 也是它的本征态. 如果式 (A.14) 对角化已求出, 则对 (A.14) 式做时间反演操作, 有

$$b_{\bar{\nu}}^\dagger = \sum_\alpha W_{\nu\alpha}c_{\bar{\alpha}}^\dagger \ \ (\bar{\alpha} = Nlj\bar{\Omega}), \tag{A.15}$$

这里, 由于基底中的球谐函数采用 Condon-Shortley 位相约定, 矩阵 $\boldsymbol{W}$ 是实的.

由上面分析可以知道, 若一个 Nilsson 态已知, 其时间反演态可以通过 (A.15) 式求得, 并与原态简并. 本书约定, $\alpha>0$ 表示 Ω 取 $\frac{1}{2},-\frac{3}{2},\frac{5}{2},\cdots$ 值, 而 $\alpha<0$ 表示 Ω 取 $-\frac{1}{2},+\frac{3}{2},-\frac{5}{2},\cdots$ 值. 实际计算时, 只对角化 $\alpha>0$ 的态, $\alpha<0$ 的态可以通过时间反演操作给出, 这样做会带来很大方便.

附录二 处理对关联的 BCS 方法

Nilsson 单粒子能级求出以后, 需要进一步考虑对关联. 设含对力的哈密顿量为

$$H = H_{sp} - GP^{\dagger}P, \tag{B.1}$$

其中, H_{sp} 为单粒子哈密顿量, $P^{\dagger} = \sum\limits_{\alpha>0} c_{\alpha}^{\dagger}c_{\bar{\alpha}}^{\dagger} = \sum\limits_{\nu>0} b_{\nu}^{\dagger}b_{\bar{\nu}}^{\dagger}$, G 为对力强度, 记 $a^{\dagger}(a)$ 为准粒子产生 (湮灭) 算符, 引入 Bogoliubov-Valatin 变换:

$$\begin{cases} a_{\nu} = U_{\nu}b_{\nu} - V_{\nu}b_{\bar{\nu}}^{\dagger}, \\ a_{\bar{\nu}} = U_{\nu}b_{\bar{\nu}} + V_{\nu}b_{\nu}^{\dagger}, \end{cases} \tag{B.2}$$

其中 $U_{\nu}^2 + V_{\nu}^2 = 1$, U_{ν} 和 V_{ν} 为实数. 上式的逆变换为

$$\begin{cases} b_{\nu} = U_{\nu}a_{\nu} + V_{\nu}a_{\bar{\nu}}^{\dagger}, \\ b_{\bar{\nu}} = U_{\nu}a_{\bar{\nu}} - V_{\nu}a_{\nu}^{\dagger}. \end{cases} \tag{B.3}$$

BCS 真空态记为 $|\mathrm{BCS}\rangle$, 则有

$$|\mathrm{BCS}\rangle = \prod_{i}\left(U_i + V_i b_i^{\dagger}b_{\bar{i}}^{\dagger}\right)|0\rangle. \tag{B.4}$$

把 $H' = H - \lambda N$ 用准粒子算符表示出来, 忽略四准粒子部分, 并且令 $a^{\dagger}a^{\dagger}$ 部分与 aa 部分为零, 则可以得到

$$\begin{cases} U_{\nu}^2 = \dfrac{1}{2}\left[1 + \dfrac{\varepsilon_{\nu}^{'} - \lambda}{\sqrt{(\varepsilon_{\nu}^{'} - \lambda)^2 + \varDelta^2}}\right], \\ V_{\nu}^2 = \dfrac{1}{2}\left[1 - \dfrac{\varepsilon_{\nu}^{'} - \lambda}{\sqrt{(\varepsilon_{\nu}^{'} - \lambda)^2 + \varDelta^2}}\right]. \end{cases} \tag{B.5}$$

其中

$$\begin{cases} \varepsilon_{\nu}^{'} = \varepsilon_{\nu} - GV_{\nu}^2, \\ \varDelta = G\sum\limits_{\nu} U_{\nu}V_{\nu}. \end{cases} \tag{B.6}$$

λ 由 $N = 2\sum\limits_{\nu} V_{\nu}^2$ 确定. 准粒子能量为

$$E_{\nu} = \sqrt{(\varepsilon_{\nu}^{'} - \lambda)^2 + \varDelta^2}. \tag{B.7}$$

实际应用时用 ε_{ν} 取代 $\varepsilon_{\nu}^{'}$, GV_{ν}^2 是小量, 忽略不计.

附录三　D 函数及其对称性

转动算符

$$\hat{R}(\Omega) = \mathrm{e}^{-\mathrm{i}\alpha\hat{J}_x}\mathrm{e}^{-\mathrm{i}\beta\hat{J}_y}\mathrm{e}^{-\mathrm{i}\gamma\hat{J}_z}, \tag{C.1}$$

其中, $\Omega=(\alpha,\beta,\gamma)$ 称为 Euler 角. 对一个 $\hat{j}^2$ 与 j_z 的本征态 $|jm'\rangle$, 作用一个转动算符, 有

$$\hat{R}(\Omega)|jm'\rangle = \sum_m D^j_{mm'}(\Omega)|jm\rangle, \tag{C.2}$$

其中

$$D^j_{mm'}(\Omega) = \langle jm|\hat{R}(\Omega)|jm'\rangle, \tag{C.3}$$

称为 D 函数, 将 (C.1) 式代入 (C.3) 式得

$$D^j_{mm'}(\Omega) = \mathrm{e}^{-\mathrm{i}(m\alpha+m'\gamma)}d^j_{mm'}(\beta), \tag{C.4}$$

其中

$$d^j_{mm'}(\beta) = \langle jm|\mathrm{e}^{-\mathrm{i}j_y\beta}|jm'\rangle. \tag{C.5}$$

$d^j_{mm'}(\beta)$ 的解析表达式为

$$\begin{aligned} d^j_{mm'}(\beta) = &\sqrt{(j+m)!(j+m')!(j-m)!(j-m')!} \\ &\times\sum_k \frac{(-1)^{j-m'-k}(\cos\beta/2)^{2k+m+m'}(\sin\beta/2)^{2j-2k-m-m'}}{k!(j-m-k)!(j-m'-k)!(k+m+m')!}, \end{aligned} \tag{C.6}$$

根据 (C.6) 式 $d^j_{mm'}(\beta)$ 可以得到如下对称性:

$$d^j_{mm'}(\beta) = (-1)^{m-m'}d^j_{m'm}(\beta),$$

$$d^j_{mm'}(\beta) = d^j_{-m'-m}(\beta),$$

$$d^j_{mm'}(\pi-\beta) = (-1)^{j+m}d^j_{m-m'}(\beta) = (-1)^{j-m'}d^j_{-mm'}(\beta).$$

记

$$T = ij_y k, \quad T|jm\rangle = (-1)^{j+m+l}|j-m\rangle,$$

$$d^j_{m\bar{m}'}(\beta) = \langle jm|\mathrm{e}^{-\mathrm{i}j_y\beta}|j\bar{m}'\rangle = \langle jm|\mathrm{e}^{-\mathrm{i}j_y\beta}|j-m'\rangle(-1)^{j+m'+l} \equiv (-1)^{j+m'+l}d^j_{m-m'}(\beta),$$

有

$$d^j_{\bar{m}\bar{m}'}(\beta) = d^j_{mm'}(\beta),$$

$$d^j_{m\bar{m}'}(\beta) = -d^j_{\bar{m}m'}(\beta).$$

附录四 BCS 准粒子基下的转动矩阵元

将附录 (C.2) 式用二次量子化方法表示出来即

$$\hat{R}(\Omega)c_{\alpha}^{\dagger}\hat{R}(\Omega)^{-1}=\sum_{\alpha'}D_{\alpha'\alpha}(\Omega)c_{\alpha'}^{\dagger}, \tag{D.1}$$

这里 $D_{\alpha'\alpha}(\Omega)=\delta_{NN'}\delta_{ll'}\delta_{jj'}D_{m'm}^{j}(\Omega)$. 这种求和取遍所有可能的 m', 因而转动将 $\alpha>0$ 和 $\alpha<0$ 的态 (定义见附录三) 混合了起来, 我们可以写成矩阵的形式:

$$\hat{R}(\Omega)\begin{bmatrix} c \\ c^{\dagger} \end{bmatrix}\hat{R}^{\dagger}(\Omega)=\begin{bmatrix} D(\Omega) & 0 \\ 0 & D^{*}(\Omega) \end{bmatrix}\begin{bmatrix} c \\ c^{\dagger} \end{bmatrix}, \tag{D.2}$$

在这种基下得到

$$D(\Omega)=\begin{bmatrix} D(\Omega) & \bar{D}(\Omega) \\ -\bar{D}^{*}(\Omega) & D^{*}(\Omega) \end{bmatrix}. \tag{D.3}$$

再应用准粒子变换式 (附录 (B.3) 式) 及由 $\begin{bmatrix} b \\ \bar{b} \end{bmatrix}=\begin{bmatrix} W & 0 \\ 0 & W \end{bmatrix}\begin{bmatrix} c \\ \bar{c} \end{bmatrix}$ 得到

$$\hat{R}(\Omega)\begin{bmatrix} a \\ a^{\dagger} \end{bmatrix}\hat{R}^{\dagger}(\Omega)=\begin{bmatrix} X(\Omega) & Y(\Omega) \\ Y^{*}(\Omega) & X^{*}(\Omega) \end{bmatrix}\begin{bmatrix} a \\ a^{\dagger} \end{bmatrix}, \tag{D.4}$$

其中

$$X(\Omega)=\begin{bmatrix} X(\Omega) & \bar{X}(\Omega) \\ -\bar{X}^{*}(\Omega) & X^{*}(\Omega) \end{bmatrix},\quad Y(\Omega)=\begin{bmatrix} \bar{Y}(\Omega) & Y(\Omega) \\ Y^{*}(\Omega) & \bar{Y}^{*}(\Omega) \end{bmatrix}, \tag{D.5}$$

$$\begin{cases} X_{\nu\nu'}(\Omega)=Z_{\nu\nu'}(\Omega)(U_{\nu}U_{\nu'}+V_{\nu}V_{\nu'}), \\ \bar{X}_{\nu\nu'}(\Omega)=\bar{Z}_{\nu\nu'}(\Omega)(U_{\nu}U_{\nu'}+V_{\nu}V_{\nu'}), \\ \bar{Y}_{\nu\nu'}(\Omega)=\bar{Z}_{\nu\nu'}(\Omega)(U_{\nu}V_{\nu'}+V_{\nu}U_{\nu'}), \\ Y_{\nu\nu'}(\Omega)=Z_{\nu\nu'}(\Omega)(U_{\nu}V_{\nu'}+V_{\nu}U_{\nu'}). \end{cases} \tag{D.6}$$

并

$$Z(\Omega)=W^{t}D(\Omega)W,\quad \bar{Z}(\Omega)=W^{t}\bar{D}(\Omega)W. \tag{D.7}$$

(D.4) 式的一个基本变换式, 可以写成如下的形式:

$$\begin{cases} \hat{R}(\Omega)a_\nu = \sum_\mu (X_{\nu\mu}(\Omega)a_\mu + Y_{\nu\mu}(\beta)a_\mu^\dagger)\hat{R}(\Omega), \\ \hat{R}(\Omega)a_\nu^\dagger = \sum_\mu (Y_{\nu\mu}^*(\Omega)a_\mu + X_{\nu\mu}^*(\Omega)a_\mu^\dagger)\hat{R}(\Omega). \end{cases} \tag{D.8}$$

对上式第一式取关于 $\langle \mathrm{BCS}|$ 与 $a_{\nu'}^\dagger|\mathrm{BCS}\rangle$ 的矩阵元, 得到如下关系式 (将 $|\mathrm{BCS}\rangle$ 缩写成 $\rangle$):

$$\langle a_v \hat{R}(\Omega) a_{v'}^\dagger \rangle = \langle \hat{R}(\Omega) \rangle \left[X^{-1}(\Omega) \right]_{\nu\nu'}, \tag{D.9}$$

类似地, 取关于 $\langle \mathrm{BCS}|a_{\nu'}$ 与 $|\mathrm{BCS}\rangle$ 的矩阵元有

$$\langle a_v a_{v'} \hat{R}(\Omega) \rangle = \langle \hat{R}(\Omega) \rangle \left[X^{-1}(\Omega) Y(\Omega) \right]_{\nu\nu'}, \tag{D.10}$$

最后对 (D.8) 式第二式取关于 $\langle \mathrm{BCS}|$ 与 $a_{\nu'}^\dagger|\mathrm{BCS}\rangle$ 的矩阵元有

$$\langle \hat{R}(\Omega) a_v^\dagger a_{v'}^\dagger \rangle = \langle \hat{R}(\Omega) \rangle \left[Y^*(\Omega) X^{-1}(\Omega) \right]_{\nu\nu'}. \tag{D.11}$$

引进如下算符将会带来方便:

$$[\Omega] = \frac{\hat{R}(\Omega)}{\langle \hat{R}(\Omega) \rangle}, \tag{D.12}$$

则上面的三个关系式就可以写成

$$\begin{cases} C_{\nu\nu'}(\Omega) \equiv \langle a_v \, [\Omega] \, a_{v'}^\dagger \rangle = \left[X^{-1}(\Omega) \right]_{\nu\nu'}, \\ B_{\nu\nu'}(\Omega) \equiv \langle a_v a_{v'} \, [\Omega] \rangle = \left[X^{-1}(\Omega) Y(\Omega) \right]_{\nu\nu'}, \\ A_{\nu\nu'}(\Omega) \equiv \langle [\Omega] \, a_v^\dagger a_{v'}^\dagger \rangle = \left[Y^*(\Omega) X^{-1}(\Omega) \right]_{\nu\nu'}. \end{cases} \tag{D.13}$$

一旦矩阵 $X(\Omega)$ 与 $Y(\Omega)$ 求出, $A(\Omega)$, $B(\Omega)$, $C(\Omega)$ 可如下求得

$$\begin{cases} C(\Omega) = X^{-1}(\Omega) = \begin{bmatrix} C(\Omega) & \bar{C}(\Omega) \\ -\bar{C}^*(\Omega) & C^*(\Omega) \end{bmatrix}, \\ B(\Omega) = C(\Omega)Y(\Omega) = \begin{bmatrix} B(\Omega) & \bar{B}(\Omega) \\ -\bar{B}^*(\Omega) & B^*(\Omega) \end{bmatrix}, \\ A(\Omega) = Y^*(\Omega)C(\Omega) = \begin{bmatrix} A(\Omega) & \bar{A}(\Omega) \\ -\bar{A}^*(\Omega) & A^*(\Omega) \end{bmatrix}, \end{cases} \tag{D.14}$$

下面我们求 $\langle \hat{r}(\beta) \rangle$ 的值, 为此, 需要用到以下一些公式. 对于单体厄米算符 $\hat{G}$ 可以写成如下形式:

$$\hat{G} = \hat{G}^\dagger = \sum_{\alpha\alpha'} c_\alpha^\dagger G_{\alpha\alpha'} c_{\alpha'} = G^{(0)} + \sum_{\nu\nu'} \left\{ a_\nu^\dagger G_{\nu\nu'}^{(1)} a_{\nu'} + \frac{1}{2} [a_\nu^\dagger G_{\nu\nu'}^{(2)} a_{\nu'}^\dagger + h.c.] \right\}, \tag{D.15}$$

其中

$$G^{(0)} = \langle \hat{G} \rangle, \quad G^{(1)}_{\nu\nu'} = \left\langle a_\nu [\hat{G}, a^\dagger_{\nu'}] \right\rangle, \quad G^{(2)}_{\nu\nu'} = \left\langle a_\nu [\hat{G}, a_{\nu'}] \right\rangle. \tag{D.16}$$

注意有

$$\mathrm{Tr}[G] = 2G^{(0)} + \mathrm{Tr}[G^{(1)}], \tag{D.17}$$

考虑如下形式的幺正算符:

$$\exp(-\mathrm{i}\hat{G}),$$

假设此幺正变换下准粒子算符按下式变化:

$$a_\nu(t) = \mathrm{e}^{-\mathrm{i}t\hat{G}} a_\nu \mathrm{e}^{\mathrm{i}t\hat{G}} = \sum_\mu \left\{ X_{\nu\mu}(t) a_\mu + Y_{\nu\mu}(t) a^\dagger_\mu \right\}, \tag{D.18}$$

由 $\dot{a}_\nu(t) = \dfrac{\mathrm{d}}{\mathrm{d}t} a_\nu(t) = \mathrm{i}[a_\nu(t), \hat{G}]$, 对 (D.18) 式两边求导得

$$\sum_\mu \left\{ \dot{X}_{\nu\mu}(t) a_\mu + \dot{Y}_{\nu\mu}(t) a^\dagger_\mu \right\} = \mathrm{i} \sum_\mu \left\{ X_{\nu\mu}(t)[a_\mu, \hat{G}] + Y_{\nu\mu}(t)[a^\dagger_\mu, \hat{G}] \right\}, \tag{D.19}$$

对上式两边取关于 $\langle \mathrm{BCS}|$ 与 $a^\dagger_{\nu'}|\mathrm{BCS}\rangle$ 的矩阵元得

$$B(t) G^{(2)*} = G^{(1)} + \mathrm{i} X^{-1}(t) \dot{X}(t), \tag{D.20}$$

这里

$$B_{\nu\mu}(t) = [X^{-1}(t) Y(t)]_{\nu\mu} = \frac{\langle a_\nu a_\mu \mathrm{e}^{-\mathrm{i}t\hat{G}} \rangle}{\langle \mathrm{e}^{-\mathrm{i}t\hat{G}} \rangle}, \tag{D.21}$$

于是有

$$\begin{aligned}
\mathrm{i} \frac{\mathrm{d}}{\mathrm{d}t} \langle \mathrm{e}^{-\mathrm{i}t\hat{G}} \rangle = \langle \hat{G} \mathrm{e}^{-\mathrm{i}t\hat{G}} \rangle &= \langle \mathrm{e}^{-\mathrm{i}t\hat{G}} \rangle G^{(0)} + \frac{1}{2} \sum_{\nu\mu} \langle a_\nu a_\mu \mathrm{e}^{-\mathrm{i}t\hat{G}} \rangle G^{(2)*}_{\mu\nu} \\
&= \langle \mathrm{e}^{-\mathrm{i}t\hat{G}} \rangle \left[G^{(0)} + \frac{1}{2} \mathrm{Tr}\{ B(t) G^{(2)*} \} \right] \\
&= \langle \mathrm{e}^{-\mathrm{i}t\hat{G}} \rangle \left[\frac{1}{2} \mathrm{Tr}\{G\} + \frac{\mathrm{i}}{2} \mathrm{Tr}\{ X^{-1}(t) \dot{X}(t) \} \right],
\end{aligned} \tag{D.22}$$

积分以上方程可以得到 (t=1 时)

$$\begin{aligned}
\langle \mathrm{e}^{-\mathrm{i}\hat{G}} \rangle &= \exp\left[-\frac{\mathrm{i}}{2} \mathrm{Tr}\{G\} + \frac{1}{2} \mathrm{Tr}\{ \mathrm{In} X \} \right] \\
&= \exp\left[-\frac{\mathrm{i}}{2} \mathrm{Tr}\{G\} \right] \sqrt{\det X}.
\end{aligned} \tag{D.23}$$

由于 $\hat{T}|0\rangle = |0\rangle$, $\hat{T}\hat{G}\hat{T}^\dagger = -\hat{G}$, 而且 $\mathrm{Tr}\{G\}$=0, 故有

$$\langle \hat{R}(\varOmega) \rangle = \sqrt{\det X(\varOmega)}. \tag{D.24}$$

附录五　PSM 本征方程的对角化

PSM 本征方程为

$$\sum_{K'\kappa'} \left\{ H^I_{K\kappa,K'\kappa'} - EN^I_{K\kappa,K'\kappa'} \right\} F^I_{K'\kappa'} = 0, \tag{E.1}$$

归一化条件

$$\sum_{K\kappa,K'\kappa'} F^I_{K\kappa} N^I_{K\kappa,K'\kappa'} F^I_{K'\kappa'} = 1, \tag{E.2}$$

其中

$$\begin{aligned} H^I_{K\kappa,K'\kappa'} &= \langle \Phi_{K\kappa'} | HP^I_{K\kappa,K'\kappa'} | \Phi_{K'\kappa'} \rangle, \\ N^I_{K\kappa,K'\kappa'} &= \langle \Phi_{K\kappa'} | P^I_{K\kappa,K'\kappa'} | \Phi_{K'\kappa'} \rangle. \end{aligned} \tag{E.3}$$

以下为了方便, 将 (E.1) 式简写如下:

$$\sum_{K'} \left\{ H_{KK'} - EN_{KK'} \right\} F^E_{K'} = 0. \tag{E.4}$$

首先将矩阵 N 对角化得

$$\sum_{K'} N_{KK'} U^\sigma_{K'} = n_\sigma U^\sigma_K, \tag{E.5}$$

将 F^E_K 展开

$$F^E_K = \sum_\sigma \frac{V^E_\sigma U^\sigma_K}{\sqrt{n_\sigma}}, \tag{E.6}$$

代入 (E.4) 式

$$\sum_{K'} \left\{ H_{KK'} - EN_{KK'} \right\} \sum_{\sigma'} \frac{V^E_{\sigma'} U^{\sigma'}_K}{\sqrt{n_{\sigma'}}} = 0, \tag{E.7}$$

左乘 U^σ_K 并对 K 求和得

$$\sum_{KK'} \left\{ U^\sigma_K H_{KK'} - U^\sigma_K EN_{KK'} \right\} \sum_{\sigma'} \frac{V^E_{\sigma'} U^{\sigma'}_{K'}}{\sqrt{n_{\sigma'}}} = 0, \tag{E.8}$$

即

$$\begin{aligned}\sum_{\sigma'}\left\{\sum_{KK'}\frac{U_K^{\sigma}H_{KK'}U_{K'}^{\sigma'}}{\sqrt{n_{\sigma'}}}\right\}V_{\sigma'}^E &= E\sum_{\sigma'}\left\{\sum_{KK'}\frac{U_K^{\sigma}N_{KK'}U_{K'}^{\sigma'}}{\sqrt{n_{\sigma'}}}\right\}V_{\sigma'}^E \\ &= E\sum_{\sigma'}\left\{\sum_{K}\frac{U_K^{\sigma}n_{\sigma'}U_{K'}^{\sigma'}}{\sqrt{n_{\sigma'}}}\right\}V_{\sigma'}^E \\ &= E\sum_{\sigma'}\delta_{\sigma\sigma'}\sqrt{n_{\sigma'}}V_{\sigma'}^E = E\sqrt{n_\sigma}V_\sigma^E. \end{aligned} \tag{E.9}$$

上式两边同时除以 $\sqrt{n_\sigma}$ 得

$$\sum_{\sigma'}\left\{\sum_{KK'}\frac{U_K^{\sigma}H_{KK'}U_{K'}^{\sigma'}}{\sqrt{n_\sigma n_{\sigma'}}}\right\}V_{\sigma'}^E = EV_\sigma^E, \tag{E.10}$$

令

$$G_{\sigma\sigma'} = \sum_{KK'}\frac{U_K^{\sigma}H_{KK'}U_{K'}^{\sigma'}}{\sqrt{n_\sigma n_{\sigma'}}}, \tag{E.11}$$

最后得本征方程

$$\sum_{\sigma'}G_{\sigma\sigma'}V_{\sigma'}^E = EV_\sigma^E, \tag{E.12}$$

从 (E.12) 式求得的本征值就是 (E.4) 式的本征值, F_K^E 可按 (E.6) 式算出.